環境地質學

魏稽生、嚴治民—編著

五南圖書出版公司 印行

本書說明

環境地質學係屬應用地質學，以地質資訊解決土地利用的問題，降低環境的災害、並可達到人類最佳的生存環境。故利用地質知識、技術解決的環境問題包括有兩項，一：自然環境災害如山崩、土石流、地震、火山、河川、海岸等，以減少人類生命財產之損失。二：人類活動引起的環境災害，如礦業、工程、都市等資源或土地開發以及水資源、海岸等水體資源開發造成的環境災害。

凡是因自然地質作用及人類引起危害到人類生存環境的安全與衛生問題即稱之爲環境地質，亦爲地球科學分支的一專門學科，其目的在於了解研究人類與周遭環境之間的相互影響關係。

本書擬分爲六大部分，十四章節，其簡介如下：

一、第一部分爲「環境地質與人類之關係」

第一章　環境地質的概念

第二章　環境地質與人類的關係

本部分章節介紹何謂環境地質？及其在科學上的觀念。人類在地球上生存可能造成哪些環境災害問題？以及環境地質對周遭人類生存，甚至對社會、文化的影響，人類如何意識到以及對問題的解決。

二、第二部分爲「地質作用及地質物質：岩石、礦物、土壤、水體」

第三章　地質作用與地質環境

第四章　地質物質：岩石、礦物、土壤、水體

本部分章節述及何謂地質作用及其起因？其可造成的地質體（岩石、礦物、土壤、水）等，這些的地質物質對人類周遭的土地、水體，甚至大氣等環境影響及其造成的危害。

三、第三部分爲「天然的地質環境災害」

第五章　山崩、土石流災害

第六章　地震災害

第七章　火山災害

第八章　河流災害

第九章　海岸災害

本部分章節介紹主要的天然災害有哪些？其造成的原因？及對人類環境的影響與危害性？如何去預測這些天然災害？對這些災害如何評估及解決？

四、第四部分爲「人爲引起的地質環境災害」

第十章　人爲開發引起的地質環境問題

第十一章　廢棄物處置引起的地質環境問題

本部分章節述及人類因工商業及都市發展活動而引起的地質環境災害有哪些？及其造成的原因爲何？其對人類環境的影響與危害性？這些包括因工程建設開發造成的邊坡、地盤下陷問題；礦業開發引起的環境破壞與汙染問題；以及河川、海岸、水庫工程造成的水體環境問題，甚至都市引發的環境地質問題等等。並針對這些人爲環境災害該如何評估，防範與保護，甚至解決問題。

五、第五部分爲「地質環境變遷」

第十二章　全球環境變遷

本部分章節介紹環境的變遷係因地球上岩石圈、水圈、大氣圈、生物圈之間的交互作用而影響危害到人類周遭環境，甚至延展到區域性、全球性環境問題。故本章節介紹因地質變遷引發全球性的暖化、溫室、酸雨、臭氧、沙漠化、鹽化、熱島效應、懸浮微粒等等現象及其造成的原因，以及這些現象效應對環境的影響與危害性？並述及有何防範之策略。

六、第六部分爲「環境地質調查及環境影響評估」

第十三章　環境地質調查評估

第十四章　環境影響評估

本部分章節述及環境地質問題，須以地質科學與環境的概念來進行地質調查、分析、評估及解決問題。故介紹環境地質的調查方法、地質資料的整合運用（地理資訊系統），引申出的環境地質圖幅及地質評估報告，並進一步介紹地質環境相關之環境影響評估以及資料成果。

自 序

21 世紀的地球充滿著人類與自然環境的共存問題。環境地質學是討論人類與周遭環境之間的一門地質科學，是屬於應用地質學一環之學問，同時也爲工程地質學、水文地質學等之先修學科。由於國內外均積極發展工程建設，如興建道路、水庫、隧道，開發坡地、農地；甚至自然引發的火山、地震等均可導致人類環境的危害或衝擊。而環境地質學即是針對這些問題提供基本的專業知識以及環境安全與衛生的研判，供作解決治理方案的重要參考。

本書第一作者累積了 30 餘年的經濟地質與環境地質領域的知識與經驗，主持或參與國家重要的礦床探勘與規劃、地質資源評估、環境地質災害等近 40 餘件的研究計畫案，同時長期教授此兩領域的專業課程。在專業生涯中，深感人類在經濟、文化與民生發展的進程中，充斥著與環境的矛盾。有感國內這類書籍鮮少，而全球環境議題愈顯重要，因此著手編著此書，希望能將環境地質學的重要性傳達與學子及關心環境人士。第二作者亦長期追隨第一作者學習並參與礦床與環境地質的研究計畫與專業知識，並以廢棄煤礦的地盤下陷災害爲題完成博士學位。目前從事地質探勘與環境災害領域之研究，同時也在大學校院兼任助理教授，教授環境與地理相關之課程。

本書涉及領域甚廣，包括了自然災害的山崩、土石流、地震、火山、河流、海岸等，以及人類活動引起的礦業、工程、都市、土地開發及海岸、水資源開發等造成的環境災害均包含在本書章節。可提供在地球科學、環境科學的學子作爲教科書外，亦可提供其它領域如地理、生物、物理、化學等學子們了解環境與地質之間的關聯。此外，本書對正在研習或考慮從事工程、環境、建築、設計的專業人士亦有所助益。期望大家能在地球與人類互動的複雜關係中，對環境地質有更完整的認識。

目錄

第一章　環境地質的概念

一、簡介環境地質

環境地質學係屬應用地質學，以地質資訊解決土地利用的問題，降低環境的災害、並可達到人類最佳的生存環境。利用地質知識、技術解決的環境問題包括有兩項，一是：自然環境災害，如山崩、土石流、地震、火山、河川、海岸等；二是：人類活動引起的環境災害，如礦業、工程、都市等土地資源開發以及水資源、海岸等水體資源開發造成的環境問題。凡是因自然地質作用及人類活動引起而危害到人類生存環境安全與衛生的問題即稱之為環境地質，亦為地球科學分支的一專門學科。環境地質學關注的領域如圖 1-1，其目的在於了解人類與周遭環境之間的相互影響關係。

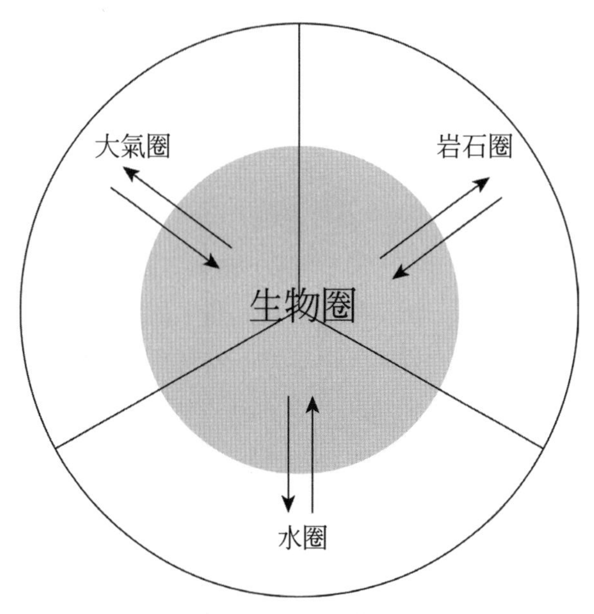

圖 1-1　環境地質學所關心的領域除了地球系統中基本的大氣圈、岩石圈、水圈等系統外，更在意的是生物圈與其他系統相互作用及影響的議題

現今人類因社會不斷的進步及追求生活的品質，而漸漸重視人類生存的環境問題，更因人口的增加及資源的需求殷切而開始注意土地、水體、空氣等之破壞、汙染等問題，甚而引申到全球氣候變遷、溫室效應等等議題。

二、環境地質之基本概念

前述環境地質係探討人類與環境之間的地質問題，故有幾項環境的觀念須提出思考：（一）人口增加、（二）永續、（三）自然變化定律、（四）有限的資源、（五）均變學說、（六）災害危機、（七）地質是環境的基本科學、（八）未來的責任。

（一）人口增加

第一，人口增加是造成環境問題的第一要素。人口增加，需求的資源也就增加，因而造成環境上的問題。至 2000 年世界人口增加到 6.2 億，稱之爲人口爆炸。科學家認爲，由於人口增加而追求高生活水準的環境，將無法滿足資源的需求。就地方、區域、甚至國家、世界均會造成不小的環境問題，其包括地表、地下水的汙染、廢棄物、甚至自然地質作用的山崩土石流、地震、火山、洪氾等問題。同時因人口增加而涉及到農業、糧食、土地等問題。人口問題不易解決，唯世界各國均計劃控制或管制生育問題，才是解決根本之道。

（二）永續或持續

人類需要足夠的生存資源，如林業、漁業、礦業、工業、商業等以滿足人類所需。而永續或持續這些資源的不斷，卻又不危害到人類生存的環境，即是環境地質觀念的第二要項。資源的永續，除持續資源的供應外，尙需有管理、經濟的觀念，人口增加和資源的需求開發也的確會影響到地球上的土地、空氣、水的汙染及環境的破壞。

何謂永續經濟？其有幾項意義，即：1. 人類及其他生物體須與自然界的空氣、水、土地相容協調；2. 任何能源政策不應汙染大氣，造成地球暖化及未預期的風險；3. 水、森林、土地、漁業等再生資源（renewable resources）的利用不應枯竭資源及破壞生態（ecosystems）；4. 非再生資源（nonrenewable resources）的利用不應破壞地球環境，並使其非再生資源得以永續利用；5. 爲永續而設立的立法、政策，以全球經濟性爲出發點。因此，世界的人口數量須與環境組成相符合。

爲達成全球永續經濟、須待完成下列事項：

1. 有效人口控制策略。
2. 重新考慮能源政策，訂定多項能源政策，由傳統化石能源（煤、石油、天然氣）轉而依賴太陽能、風能等非再生能源。

3. 建立經濟政策，宣導節約能源使用。
4. 建立社會、立法、政治、教育的改變，以使地方區域，甚至全球能達到環境和諧之地步。

（三）自然變化定律

想了解地球環境就必須先了解地球系統，因它們的變化是環境問題的所在。對能源而言，地球本身是屬開放系統（open system）；但對地球物質而言，卻是封閉系統（closed system）。系統（system）是指宇宙萬物的某一特定部分，如火山、河流、海洋、盆地等。

若將地球視爲一種系統，其包括有四大部分，即大氣圈、水圈、生物圈、岩石圈，這四部分相互作用影響，即任何一部分的改變（如作用的規模、頻率）將造成另一部分的變化。例如：山脈的抬昇改變降雨型態而影響大氣，逕流入海洋盆地，進而影響局部水圈。另一案例說明，陡坡影響岩石圈，增加侵蝕率，改變沉積物的速率及種類，這些系統中的交互作用並非雜亂無章，而是可了解到在一空間分布，一個變數作用可改變另一變數。水圈中的變化可導致大氣中降雨的多寡而影響大氣圈的變化。

故可了解到地球不是靜態，而是動態系統的演變發展，可使物質和能量達到均衡的變化。此種動態係指地球屬開放系統，也就是隨環境而交換能量或物質。例如地球接受太陽能量並可幅射回太空。

另外，地球也可視爲封閉系統，如水圈、岩石圈，降雨終究可回到大氣中，沉積物終可轉變成堅硬的岩石。再者，若在系統中談及物質或能量的輸入輸出分析，則更可明白了解其相對速率之變化。舉例說明系統中發生的三種情況如下（圖 1-2(a)、(b)、(c)）：

一是，當一所學校在修業期間，若新生入學人數等於畢業人數時，則屬恆量（constant rate）變化，而未有淨變化（net change）。此情形下，不發生短缺或過剩問題的總量管制，即輸入等於輸出。第二種情形是系統中的輸入小於輸出，例如，在一系統中，燃料能源量的不足供應導致使用量短缺、不足則會發生環境上的問題。第三種是輸入大於輸出，例如工業開發過度，而導致重金屬汙染湖泊、河川、土壤等事件，因發生過剩（量）現象而產生環境的問題。最重要的是，我們可由此一系統的輸入輸出的分析，進而了解到此系統的變化速率，亦即所謂作用的規模與頻率。

事實上，此系統係屬極複雜的系統，雖說自然界中要達到一平衡情況，但系統內在涉及的因素複雜，準確性不易，例如：考慮常年的河流，均有其特定（常態）的規模流量，若發生一次大規模的洪氾，則上游產生大規模的沖刷，而下游發生淤積，也就是上游的侵蝕作用和下游的沉積作用規模未必相同，甚至影響生態環境的改變，此即所謂系統內部作用變化複雜性。地球系統既然是由大氣圈、水圈、岩石圈、生物圈之組合，它們之間的形成、變化、影響均可使人類週遭環境大大改變。

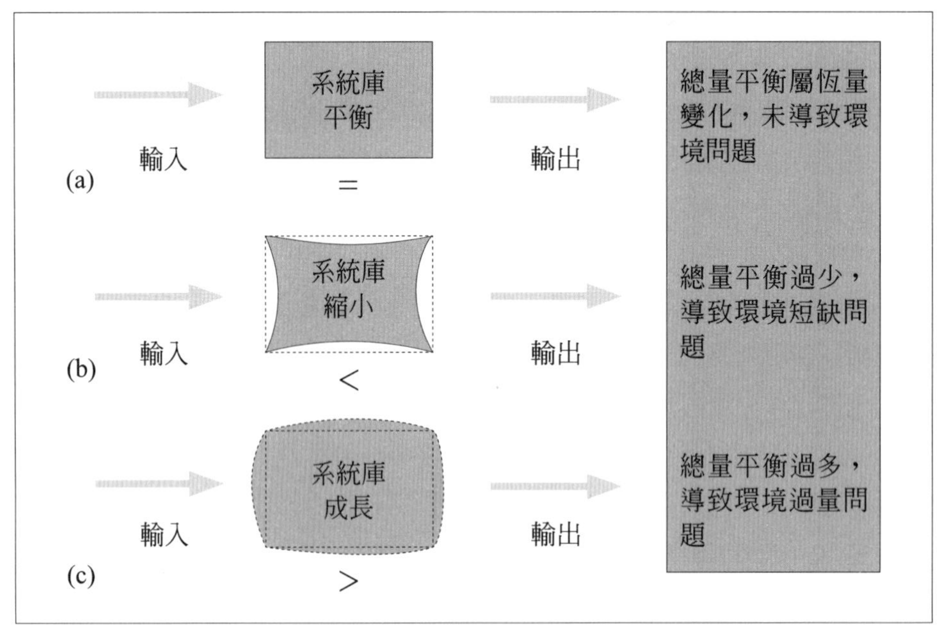

圖 1-2 開放系統平衡概念圖（參見文中說明）

（四）有限的資源

居住在地球上的人類需求大量的資源，然而地球上的資源是有限的。容易開採的資源多漸漸用盡，剩下即是低品質、稀少或不易開發的資源。但地球上的任何資源均有其利用價值，惟從探、採、選、煉及應用技術層次的創新、改變進步，以及資源的回收使用技術才是未來解決資源短缺的方法。

（五）均變學說（Uniformitarianism）

現今地球上任何地質作用的規模大小及頻率均可依過去地球上發生的定律去獲得推測應用。這項觀念也可預測未來可能地質事件之發生，即所謂地質上的均變學說（自然的地質作用永遠受同一不變的物理、化學原理控制，現今和過去、未來均一樣，惟速率和規模可能不同）。除不能避免自然界發生的地質作用外，因人類活動的干擾更可能加速改變其作用的規模、速率及對環境的影響變化。

（六）地質作用之危害

有些地質作用會危害到人類的生活環境，應了解自然地質作用之發生及避免，以降低人類生命與財產之損失。因地質作用而造成人類生命及財產之損失包括有地震、火山活動、山崩土石流等，這些作用的規模與頻率多涉及氣候、地質、植生等多項因子。故若能夠認識這些自然的地質作用，並能考慮上述因子條件，就可用來預測發生之機率。若環境地質學家可以評估這些地質災害作用，就有責任告知這些專業資訊給計畫者、決策者，以降低生命財產損失之風險。

（七）地質學是環境科學的基本學科

地質學是了解人類週遭環境的基本學科，其涉及廣泛的知識領域，也擴及到其他相關學科，其包括有地形學、岩石學、沉積學、構造地質學、水文學、土壤學、經濟地質學、工程地質學等專業學科，此外，亦須了解生物、保育、大氣、化學、環境法律、建築、工程，甚而文化、經濟、景觀、都市等學門。故環境地質學門可廣泛應用到土地利用、工程開發、廢料處理、礦產資源、道路開發等。

（八）對未來的責任

人類對這塊土地的用途有保護的責任，自早期年代人類即懂得土地利用，從農業的土地種植，後有礦產資源開採，以至工業建設開發，多少均會破壞週遭的環境，但如何進行土地利用規劃，以達到經濟和環境共存的平衡情況是我們這一代人類須加以謹慎評估的課題，這也是我們未來的責任。

三、環境地質師之任務責任

下列幾項是環境地質師應有的任務責任：

1. 環境地質師是研究人類與自然環境之間的相互作用關係以及人類不同活動對環境之影響。
2. 環境地質師的工作是促使環境的安全與衛生，及對人類的助益。
3. 環境地質師需有專業背景，須作野外調查採樣工作，室內分析、研判，提出報告給予建議。
4. 環境地質師須進行環境整復（remediation），針對汙染調查、研究、監測、安全，例如垃圾掩埋場處置，故屬多元化的技術知識。

5. 環境地質師亦研究天然災害，如地震、火山、山崩土石流、洪水氾濫等，這些災害問題可提供主事者防災的預防、治理及方法。
6. 環境地質師也在任何土地開發之前，作一調查評估，提供環境安全；如水庫、道路、公共建設基地的安全實用。
7. 環境地質師對地球資源的利用、永續，進行調查研究，如資源開發造成的環境危害。
8. 環境地質師亦需對土地上各種工業或其他汙染事件引起的訴訟案件進行查證。

習題評量

1. 討論環境地質的基本概念有哪些？
2. 試述環境地質師應有的任務責任有哪些？

第二章　環境地質與人類的關係

一、環境地質與人類發展之關係

人類生存在地球上，其和環境之間的關係是隨歷史的演變而發生不同的變化。人類對環境的觀念是人類在歷經社會、環境變遷以及經濟發展下，漸漸重視而關懷的問題。從地球科學觀點而言，地球係由大氣圈、水圈、岩石圈及生物圈等四大圈構成，其間有相互影響的自然作用，以達平衡的關係。若以生態學觀點而言，環境可分類爲生物環境和非生物環境，前者指動物、植物、微生物及其他具有生命的物質；後者包括空氣、陽光、水分及各種無機元素成分，即涵蓋於大氣圈、水圈及岩石圈。

自然界中，因自然或人爲因素造成環境品質的破壞或汙染即稱之爲環境問題，進一步面臨到人類生存的安全和衛生危機。在人類發展的不同階段有不同的環境問題，在古老的石器時代，因人類大規模狩獵和燃燒荒地，造成了物種瀕於絕跡。到了農業社會，因不合理開墾農田，伐林而導致水土流失、河流氾濫、鹽化，後由都市化發生垃圾汙染，甚至大型工業化的發展也成了大規模環境問題（圖 2-1）。

圖 2-1　都市化迅速的擴張帶來了人與自然爭地的現象，也改變了環境

二、天然引發的地質環境災害

人類對地質環境面臨的災害問題包括有兩大類，一類是「天然的地質環境災害」；另一類是「人爲引起的地質環境災害」。

天然的地質環境包括自然界發生的山崩、土石流、地震、火山、河流、海岸及其他的天然災害，這些均爲自然發生，由地質作用引發，多屬突然事件，不易預測，準確性低，預警不易。當然對人類造成災害性亦較大，如在美國重要天然災害潛在性研究中，以地震、洪水、火山、颶風災難潛在性高，因其造成的範圍與危害性較廣、較大；而海岸侵蝕、膨脹性土壤等之其他災難之潛在性較低，因多屬局部發生，涉及範圍亦較有限；而山崩、土石流及乾旱的災難潛在性則介於其間。

人類生存在地球上，前述的天然災害無法預期發生，因爲我們居住的地球係一動態，而不是靜態的。由於大氣的自然變遷，地殼的自然起伏變化移動，水體的循環流動等皆爲地球上自然發生的現象，但是這些現象的發生卻可引發災難性，對人類的安全、衛生，甚至生命、財產均可造成相當大的損失。而對這些自然作用的規模與週期更是我們人類所關注與懼怕的，因這些現象的來臨、大小均不易預測先知，但由科學觀點仍是可以告知發生的地點、機率、原因。當然藉科學技術是可以進行一些風險評估、預警的工作，雖不易，未必準確，但其資料仍可提供相當的參考價值與貢獻。

三、人爲引起的地質環境災害

至於人爲引起的地質環境災害，多與工商業及都市發展有密切關係。這類的環境災害包括有工程建設開發造成的邊坡問題、超抽地下水及廢礦引起的地盤下陷問題；因礦業、農業開發引起的環境破壞與汙染問題；以及河川、海岸、水庫等工程造成的水體環境問題；甚至都市開發引起的環境地質問題等等。這些災害係因人類的活動行爲造成，原本在自然地質條件下，或許發生的機率、規模不是這麼大，而因人類的行爲造成該災害的加速擴大及其嚴重性。

例如人類居住的平地面積有限，而須遷往山坡地居住開發，引發山崩、土石流問題（圖 2-2）。因水資源缺乏須建設水庫，或因運輸建造港口引起的侵蝕、淤積問題。又因工商業開發造成了土地、水資源甚至空氣汙染問題，因垃圾廢棄物的棄置引發的環境汙染問題。此外也因居住在臨近河川地而造成的河岸侵蝕、土壤冲刷問題，當然尚有農地、景觀的開發而引發的種種土地環境問題。此等環境係隨人口之增加，商業社會之進步及歷史的變遷而演化發展出的問題。若我們回顧美國環境保育的起始過程，可回溯早期因人類打獵，未有動物保育觀念而使野生動物漸漸消失。又因森林的過度砍伐與火災致未重視森林保育。其後農地開墾導致土壤沖蝕與生產力衰減而影響到土壤環境保育。再而牧場過度放牧致沙漠化，這些也影響到土壤環境。最後因都市化、工商業化而產生的土地、空氣、水的汙染危害與安全問題等，都是所謂的環境和土地利用問題。

圖 2-2　山坡地開發常常造成山崩與土石流的邊坡環境災害

習題評量

1. 說明天然引起的地質環境災害有哪些？
2. 說明人爲引起的地質環境災害有哪些？

第三章　地質作用及地質環境

人類生存在地球表面，所看見的山脈、河流、海洋、平原等的造成及其形成的作用就是所謂的地質作用。地球體係一動態系統，而非一靜態，其與地球上所謂的四圈，生物圈、岩石圈、大氣圈、水圈等均有相互密切的關係。生物圈即指地球上依賴水、空氣、土壤而生存的生物體，包括動物、植物。

岩石圈指地球外部的固體部分，由不同種類的岩石以及受自然風化作用而形成的岩屑和土壤。水圈則指地球外部的自然水體，其包括河流、湖泊、海洋、冰川，以及包含在地下岩體內的地下水和空氣中的水蒸氣。大氣圈是圍繞地球外部的氣體和水氣等，其主要成分爲氮、氧，其餘有二氧化碳、水蒸氣、惰性氣體等。主要在地質作用下產生風、雲、雨、雪等之氣候變化。

依地球科學觀點，地質作用可分爲兩大類，即內營作用和外營作用。內營作用即指發生在地球內部地下深處的岩漿及其相關引起的活動，如地震、火山等，其不易察覺到何時發生，而是突發性；但此作用卻可危害或影響到地表上的動、植物，當然也包括人類。

而外營作用係指發生在地球表面，較易察覺到的作用，如風化、侵蝕、搬運、沉積等之地質現象，雖然這些自然現象也未必一時察覺到，但歷經長時期的觀測，可證實確有發生過變化的現象。圖 3-1 爲地球自然營力作用（地質作用）示意圖。

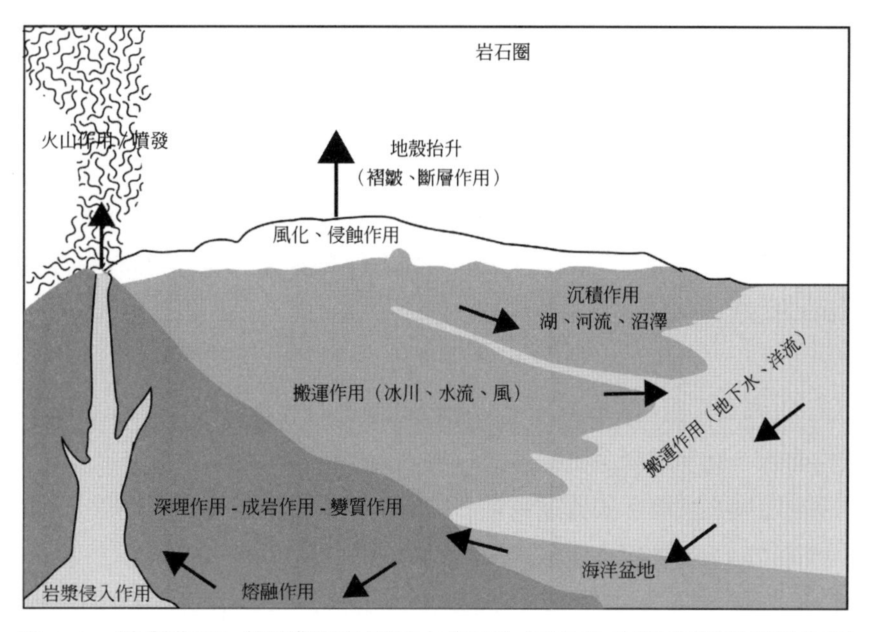

圖 3-1　地質作用（地球的自然營力作用）可分為內營作用與外營作用

一、內營力作用（Endogenetic Process）

內營作用是指由地球內部力量引起的地形演變過程，能量來自地球內部的岩漿（magma）儲存的熱量，而造成地表岩層的震動、擠壓、扭曲以至斷裂，而使岩石發生移動、斷層、褶皺及地震、火山等變化。

內營作用產生的地殼變動造就了地表的地貌，如山脈、海洋、裂谷、火山等地形。這些地貌又不斷被地球表面的外營作用改變，造成更複雜的地形。

有三項重要的內營作用，即褶皺、斷層、火山，皆發生在板塊界線（plate boundaries），亦即板塊邊緣處，這些地帶脆弱，可造成主要的地形現象（landform）。因內營作用源自地球內部之能量，此作用包括地殼運動、岩漿作用（magmatism）、變質作用及地震作用（seismic activity），主要能量來源是熱，以及地球內部物質的再分配（依重力分異作用造成密度的差異）。

（一）地殼運動或構造運動（Earth Movement / Tectonic Movement）

此運動係指地球內部的動力，可使岩石圈地殼發生構造成變形的運動，其包括海陸的上昇、下沉；山脈、海洋的形成；火山活動、地震以及岩層受應力、應變產生的擠壓、扭曲、斷裂等地質現象。

1. 海陸的上升、沉降

在板塊的邊緣地帶，即活動地帶，地殼因持續受碰撞擠壓作用而發生了造山運動，也就是地殼經過變動而造成山脈的運動。由於橫向或側方壓力的推擠，在地槽內的沉積物經褶曲而隆起成高山，並伴隨發生大規模的斷層作用，如喜馬拉雅山、洛磯山脈。若主要以垂直、上下的運動，可使岩層造成寬廣波狀起伏的高原、台地、穹丘或地殼下沉的盆地。

地殼的上升和下沉可以地殼均衡說（Isostasy）來解釋（圖 3-2）。岩石圈的山脈、高原、平原、海底等都須達到浮力平衡狀態，地殼上的各個地塊均可自由上升或下降，此謂地殼均衡說。此學說強調山脈代表厚地殼而高的部分，其密度必然小；而深入地函的部分，其密度必然高，如此達到地殼均勢的平衡。也就是說，地殼不同的高低，均需要有不同的比重或體積來達到相同的岩壓。

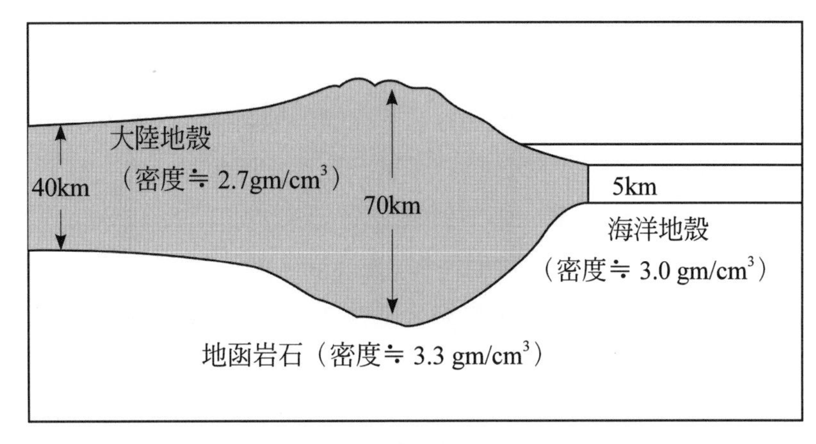

圖 3-2 地殼均衡學說

進一步舉例說明，若地殼的某部分重量增加，就需要下沉；而某部分的重量減少，就要上升，這就是地殼均衡的原理。上升高的地塊密度較小，下沉低的地塊密度必然較大，其結果各地塊的總質量相等，維持平衡。

2. 山脈、海洋的形成

地球上的山脈形成可以用地質界中普遍認同的板塊構造學說來解釋（請參閱第四章）。位於活動的聚合板塊邊緣或分離板塊邊緣的板塊構造運動所造成。這類主要的造山運動，也伴隨火成岩活動、壓力變形和變質作用等。

海水面對陸地而言，是可以發生相對的升降運動，其可來自冰川的形成和融解作用，外加潮汐、風暴作用均可使海水面發生升降運動。

前述因地殼運動或構造運動造成的山脈、海洋地形之外，由於板塊之間持續的運動位移，常發生地震或火山作用，也可發生地殼的上升或沉降運動，這些運動可使地殼發生變形而改變地貌。明顯之例子爲在高山的地層中找到了海中生物的化石，其說明原先在海中沉積的岩層經過地殼運動而隆起成高山，且在陸地上出現海中的生物體。另一例爲常在煤層中找到植物遺跡。義大利威尼斯（Venice）城市逐年下沉到亞得利亞海中（Adriatic Sea），爲說明海岸慢慢下降之例子。另外許多地區均有海岸階地的抬昇等等，均證明地球內部力量不斷發生變動。

不論抬升或下沉地殼，也會影響到人類的環境變遷，如海岸下沉地區或陸地上升地區，長久來看，均會造成人類生活環境的改變，也具有災害性。

（二）岩漿活動

岩漿活動係指地球內部約 100 到 200 公里深處的地函或地殼，因溫度、壓力變化而發生岩石局部熔融的流體沿地殼的裂隙地帶（板塊互撞地帶或隱沒帶）上升至地表下或地表上凝固而成之火成岩體。地下岩漿的成分隨時間而發生成分的分異作用而造就成不同的火成岩類（圖 3-3）。噴出地表上凝固的稱之爲噴出岩體或火山岩體；在地表下凝固的稱之爲侵入岩體或深成岩體，也就是地表下的堅硬地盤。

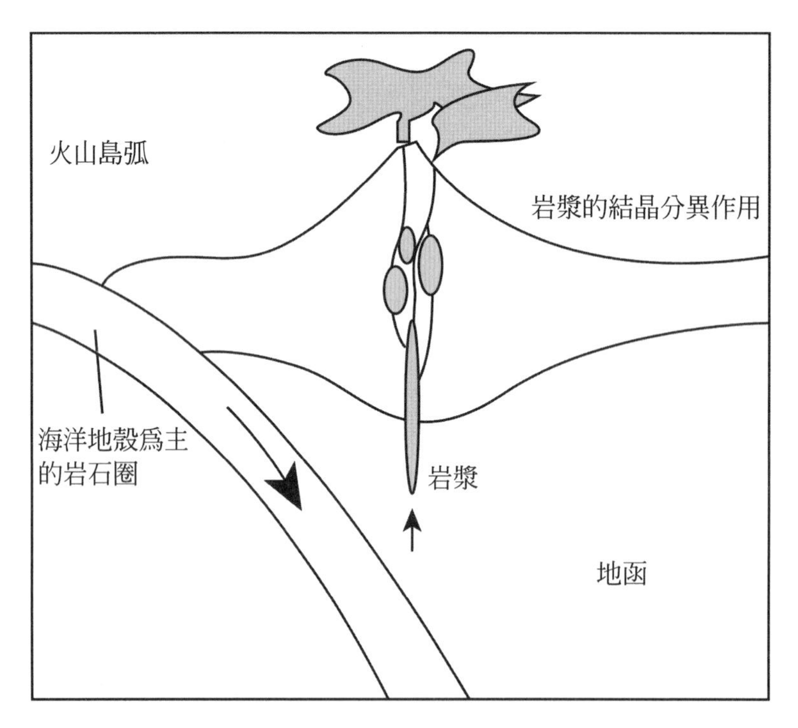

圖 3-3　岩漿的活動與分異作用

至於岩漿噴至地表的火山活動可形成不同的地質、地形現象，如火山錐、火山頸、火雲、盾形火山等地形，以及如火山熔岩、火山碎屑岩、凝灰岩等岩類名稱，並同時釋放出火山噴發出的液體、氣體和固體，分別稱之爲熔岩流、火山氣及火山碎屑物等（圖 3-4）。

圖 3-4　大屯火山群的紗帽山是由火山熔岩噴發後形成的火山錐體

眾所周知，因岩漿活動造成的火山災害，而影響到人類的環境，包括有火山噴發出的火山熔岩流、火山灰、火山碎屑等均會影響人類居住的環境，尤以火雲最爲嚴重；熔岩流快速流動往往人類來不及撤離；火山灰塵漫佈大氣中的傳輸影響到空氣環境及造成飛行危害；火山泥流與釋放出的酸性氣體影響到人類的健康及建築物的損害。故火山地形的環境也是人類居住需要考慮之項目。

（三）變質作用

變質作用係指已經存在的岩類（岩石），經由溫度、壓力或化學環境的變化轉變成另一種重新結晶、組合的成分，或新組成構造的岩石種類稱之爲變質岩。變質作用限岩石在固態下發生的變化，但都發生在地下較深之處，其作用營力來自熱力、壓力和可進行化學反應的流體。變質作用也可依其發生的產狀再細分爲接觸、區域和壓碎等三種主要變質作用。由於變質作用可使地殼岩石的物理、化學性質改變，因此除了轉變成不同種類組成的岩石外，尚可發生彎曲、斷裂現象，即地質學上所謂的褶皺、斷層、葉理等地質構造（圖 3-5）。這些地質構造可能是造成岩石的脆弱、滑動地帶；例如變質岩的葉理、片理易發生滑動、滲水，尤其地震發生之際，更易發生山崩、土石流，以至在建築、工程施工上多少會具有危險性，是工程上須注意的地方。

圖 3-5 台灣東部受造山運動影響，岩體受擠壓而變形，常可見褶皺與斷層等現象

（四）地震作用

地震作用是指地球內部的變動力造成地殼在受變動時產生的壓力不斷累積，使岩石發生變形，以致發生斷裂。在發生的彈性應變能釋放出而產生的運動，也就是地殼發生的變動現象，使岩層發生相對的位移，地質名稱上稱之爲斷層。世界上大多數地震的發生均與斷層作用有密切之關係，尤其與活動斷層更是相關。規模大的地震常因活動斷層的再活動而發生，並在地表形成明顯的破裂現象。活動斷層則指斷層在某特定期間內曾發生錯移，而未來再發生活動的可能性大；當然亦有因火山作用而發生的地震，稱之爲火山地震。

因此，地震作用可造成嚴重的災難，此外地震作用連帶發生大規模的山崩，房屋、橋樑的損毀（圖 3-6），甚至海底地震造成之海嘯等均造成人類生命財產的極大損失。

圖 3-6　1999 年台灣中部地區的 921 大地震，因斷層錯動使得河床右側抬昇，橋樑應聲斷裂

二、外營力作用（Exogenetic Process）

地質的外營作用包括兩大作用：(1) 剝蝕或陵夷作用（denudation）和 (2) 沉積作用（deposition）。剝蝕作用是指自暴露在地表的岩石或物質剝離下來，同時也對未風化岩石進行破壞，並不斷的改變地形、地貌之作用稱之。這些作用是藉由重力、雨水、河流、地表水、地下水、風、冰川、海水、潮流等營力切蝕地表，並以機械或溶解方式將造成的碎屑物搬運到另一處地點。因此剝蝕作用包括機械、化學、生物等之風化侵蝕岩體過程、移動固體顆粒，以及溶解物質等作用。影響剝蝕作用的因素有地形、地質、氣候、構造活動（或地殼活動）、生物活動，甚至人類活動等條件。

剝蝕作用在炎熱乾旱地區進行的慢，而寒冷潮濕、冰川高地則快。故其作用不僅移走地表物質，消滅外，也可使地面下降，直至作用力消失或陵夷成平地減緩。一般而言，剝蝕速率比抬升速率緩慢，但在活動板塊邊緣處，其速率差異不大。剝蝕作用可暴露出地下次火山構造，如火山頸、火成岩脈等。因此，剝蝕作用可說是包括風化、侵蝕、搬運等作用，其後即進行沉積作用。

（一）風化作用（Weathering）

風化作用是指岩石出露在大氣中，以空氣中的氧和二氧化碳爲主的氣體與水分結合，或因生物體活動發生的化學、物理變化，改變了岩石的物理性質和化學成分，使得原先較堅硬的岩石轉變成鬆軟的碎屑物或土壤稱之爲風化作用。先前形成在地表下的岩石體，若因地殼運動被抬升到地表時，就變得不安定，爲適應新的物理、化學環境，須經風化作用瓦解而達到新平衡的安定環境。風化作用又分爲機械風化和化學風化，前者是指岩石體內大塊變成小塊的過程（圖 3-7）；後者是指岩石中發生礦物或成分的化學變化而形成新礦物。故風化是破壞岩石的一種作用，使大塊岩石變成碎屑，再轉而變成土壤。化學風化可產生風化的礦物，一般多形成黏土類礦物，氧化物及含水礦物類。但如石英等氧化矽礦物多能保留下來。

圖 3-7　台灣北海岸野柳地質公園的「豆腐岩」係為砂岩長期受機械風化作用的結果

機械或物理風化作用可由剝離（岩石形成一層層的剝落行爲）、凍裂（水分滲入岩石裂隙，結冰時體積增加而崩裂的行爲）、生物（植物根或動物鑽入岩石縫隙中而造成岩石的破裂鬆動）、氣溫變化（日夜及冬夏季的溫度差異，使岩石受到熱脹冷縮影響而使岩石崩裂）等過程造成岩石的崩解。

同樣的，化學風化作用也可藉由氧化（岩石中的礦物和大氣或水中的氧結合形成氧化鐵鏽易發生腐爛）、水解（岩石中的礦物遇水形成含水的黏土礦物）、碳酸化（岩石受到大氣中的二氧化碳和水化合成的碳酸，以及再分解成氫和次碳酸根離子）、水化（岩石中的礦物被水吸收而膨脹，體積增加而崩解）等過程造成岩石的分解。

機械風化造成的粒度減小，可使表面積增加，又以水分、空氣的接觸，而加速化學風化作用的進行；在化學風化作用下可形成新的黏土礦物類。體積的膨脹也可加速原來岩石的崩解。基本上，機械和化學兩種風化作用是相輔相成的進行。

（二）侵蝕作用（Erosion）

侵蝕作用係指藉重力、風力、水力、冰川、海洋、波浪等動能的營力，將風化後的岩屑、土壤搬運或溶解到另一處堆積之作用稱之爲侵蝕作用。也是水土流失的現象，因而可改變地貌。前述的風化作用是靜態瓦解作用；而侵蝕作用是動態的能量作用，兩者關係密切，往往其作用具有連續性。

1. 水蝕

水是重要的侵蝕營力，如雨水、逕流水、河水、海水等。雨滴的降落、打擊，和逕流沖蝕的分離作用，都可造成沖蝕溝。影響沖蝕的自然因子包括降雨強度、坡度、坡長、地形、地質等，此外，人爲的土地利用方式亦有影響。其中以河流的侵蝕爲甚，在強而有力河流的沖擊、磨蝕及溶解等作用下，不但可使下游河谷加深、加長和加寬外，甚至河谷不斷的向上游發源處切蝕加長，亦稱之爲向源或溯源侵蝕（圖 3-8）。

圖 3-8　太魯閣峽谷立霧溪下切河谷侵蝕作用

2. 風蝕

風蝕多發生在沙漠地區，是屬機械性的破壞作用。其依風速、地形、高度、植生、地質等條件而有不同的程度，其中以吹蝕作用和磨蝕作用爲主。其結果可形成沙丘地形。

3. 波蝕

波蝕的侵蝕發生在海濱地區，侵蝕方式有波浪衝擊與水壓、磨蝕作用及溶蝕作用等。暴風和破浪可產生強烈的水壓以及海岸地質的軟弱，或裂隙岩層爲最易受到水力的溶蝕。海浪中挾帶的砂、礫則對海崖有磨蝕作用，造成海崖後退、波蝕海崖或波蝕台地，易溶的石灰岩海岸則因溶蝕作用造成窪穴。

4. 冰蝕

冰川係指流動的冰體，由再結晶的雪、融水、岩石碎屑組成，在重力運動下由冰粒間所含的水薄膜發生流動。冰川的侵蝕爲機械作用。依冰川的厚度重量、存留時間、流動速度及底岩的抗磨蝕能力，以挖蝕、磨蝕、冰川融化水的凍結、融解，和體積漲縮等條件下發生侵蝕作用。

故侵蝕作用造成的水土流失，多因自然因素的岩層地勢陡峭、脆弱、降雨量大，或由於土地過度放牧、開墾、伐森等人類活動而導致土地退化、沙泥淤積、河流改道、洪水氾濫、山崩土石流等災害而影響人類的生存環境。

（三）搬運作用（Transportation）

搬運作用是指沉積作用過程中，由自然營力將風化物質或沉積物從某一處轉移到他處之過程，其作用的營力同樣包括水、風、冰川及重力等。

當岩體風化、侵蝕後的碎屑物，再經搬運作用運送到他處堆積成沉積物的過程稱之。其主要營力，同樣包括有河流、海洋、冰川或地下水水體，以及風、重力等。但自然界中仍以河流、海洋和風的搬運作用爲主。

1. 河流的搬運作用

在河流的搬運過程中，其搬運的物質大小、形狀，多依河道的流速、坡度、形狀、荷重量、深度及底部粗糙、光滑度等而產生不同的摩擦、搬運力效應（圖 3-9）。

圖 3-9　河流的搬運：台灣西部河川的搬運作用常帶來礫石堆積導致河床淤積

河流的搬運力（搬運物質的大小）和其侵蝕作用有關，而侵蝕作用又與流速有關。搬運顆粒的大小取決於流速，大顆粒比小顆粒需要較大的流速來搬運；此外，搬運力對不同的顆粒度，需視其結合力而有不同的效應：例如細砂最易受侵蝕搬運，然較更細的細泥或較粗的粗砂就需要較大水速發生侵蝕搬運作用。

河流搬運的物質可分爲溶解物質、懸浮物質及河床物質三種；分別有不同的搬運方式。溶解物質係指次碳酸鹽、硫酸鹽、鈣、矽、氯、鈉、鎂、鉀等鹽類成分，主要來自河流或地下水對岩石、土壤的化學風化產物。懸浮物質是指由泥、粉砂、細砂、細小顆粒組成的物質，其不容易下沉到河底而多懸浮於河中搬運，是造成河水混濁的原因。河床物質多是河床底部的大礫塊物質，須較大流速、流量才能搬運，主要藉跳動、滾動、滑動等方式搬運，也是造成河道加深、加寬的主要原因。

至於搬運作用中，除顆粒大小外，顆粒的比重、形狀、圓度等均是相關的因素，如靜水環境下，比重大的比小的顆粒下沉得快，球形比扁平狀顆粒沉降的快，以及搬運時間長久造成的圓度等也是搬運過程中的變數。

2. 海水的搬運作用

海水的運動過程可將攜帶的物質搬運至他處，主要的搬運作用可分類爲濱海、淺海地帶的海浪；近岸、海彎處的潮流以及深海區的洋流。

3. 波浪的搬運作用

波浪或海浪具有相當大的搬運力，可將波浪剝蝕的海岸物質和自河流攜帶的物質搬運到海水深處。被搬運的碎屑因受海水不斷對海岸、海底的磨蝕而漸漸形成細粒、圓粒的碎屑物。海水動能也依海底深度而減弱，最後造成粒徑大、比重大的碎屑物被搬運到近岸而停積；粒徑小、比重小的顆粒被搬運到離岸之處。

4. 潮流的搬運作用

潮流是具有一定方向，週期性流動的海水運動，在漲潮時，其搬運力相當大，可將河口的砂、泥搬運至深海區。尤其在海灣、河口灣、海峽內的潮流作用強大而明顯。

5. 洋流的搬運作用

洋流的流程遠，流速小，搬運力弱，僅能將細小懸浮的碎屑物搬運至深海地帶。另一種局部性的洋流含有多量的懸浮物質，稱之濁流；因溫度、鹽度、含懸浮物的不同，造成海水的密度大。在動力作用產生密度流，流動過程中可使密度大的海水沉到密度小的海水面之下，將粗的砂礫搬運至深海、半深海中發生沉積。

6. 風的搬運作用

風的沙粒搬運，以滾動和跳動方式爲主；而塵粒或粉砂粒則以懸浮爲主。大而圓的沙粒受風吹襲而以滾動方式沿地面往前搬運，沙粒之間的互撞可使沙粒發生跳動搬運，更細小的沙粒則可受衝擊而上升到空氣中。塵粒無法被風吹起，藉空氣中的亂流可使塵粒懸浮搬運，其搬運量相當大。

7. 冰川的搬運作用

冰川藉由冰粒之間所含水的薄膜在重力作用下向前流動。由於冰體重量形成的壓力可使冰川底部沿坡面向下發生流動，而在冰川流動過程中可攜帶流出侵蝕下來的礫、砂而堆積在冰川前面的山谷或平原中成爲冰水沉積。

在岩石裂隙內所含冰川融化的水，經過反覆的凍結和融解，體積發生漲縮，其張力可使岩層破碎，爲冰川所帶動向前移進。

在搬運過程中，除底岩受到冰川的挖蝕造成崎嶇不平剖面外，也因磨蝕而造成底岩擦痕或刻槽。

8. 地下水的搬運

地下水是以重力由地表流向地下水面，再以高壓至低壓處之不同點，不斷發生流動，因此地下水在地下岩層的節理孔隙內經緩慢流動，並由剝蝕及溶蝕作用下隨水搬運、破壞鬆散顆粒細小的粉砂和黏土物質，經長期此種作用下擴大而形成地下洞穴及暗河。而溶解作用多發生在易起可溶性反應的鹵化物、碳酸鹽、硫酸鹽等鹽類岩層中。

9. 重力般運

重力搬運是指地表上由風化侵蝕過程中造成的岩塊、岩屑或出露的岩層可沿山坡或山崖向下發生崩落、移動的作用或稱塊體運動（Mass Movement）（圖 3-10）。除了重力作用因素之外，另外坡度、水分、植生等因素也有影響的關係，其中以水分的因素最爲重要，地表物質富含水分時，重量增加，水易成潤滑介質，減小顆粒間摩擦力、內聚力加速運動。重力搬運過程可發生墜落、滑動、流動等類運動；可因富含水分而搬運作用快速發生，也可因表層土壤的緩慢移動，稱之潛移或蠕動（Creep）。

圖 3-10　塊體運動（mass movement）

（四）沉積作用（Deposition）

沉積作用是指前述岩石受風化、侵蝕後，藉搬運作用將碎屑物質（砂、礫、黏土等）在搬運途中堆積或停頓下來的作用。其作用之發生係因搬運營力的能力不足，或溶解於水體中的物質成分因物理、化學環境之變化而發生蒸發沉澱；也可由生物、有機等作用而形成沉積或沉澱。自然環境常見的礫岩、砂岩、頁岩、石灰岩、煤等均屬此類作用造成的岩類或礦床。

沉積作用又可因河流、海洋、風、冰川、重力等不同的營力，在不同的沉積環境下造成不同的沉積物質或成分。

1. 河流的沉積作用

河流在搬運的碎屑物之際，若因流速、流量減低及河谷斷面形狀改變時，因無法向下游搬運而發生沉積作用。河流的沉積是自然的淘選作用，按搬運顆粒的大小、形狀、比重可在不同的地點發生沉積作用。

例如沉積物在平地與山坡交界處可形成扇形沉積作用，稱之爲沖積扇（圖 3-11）；河流流入湖泊或海洋等較平靜地帶，可沉積成三角洲；河流在曲流河道的內彎處，因流速緩慢而發生沙洲的沉積。也有因河流氾濫溢出河道，在其兩側發生由礫、砂、粉砂和泥組成的沖積層。

圖 3-11 沖積扇（alluvial fan）

此外，河流中的溶解物質可因溫度、壓力的物理環境改變，水分的蒸發和化學作用而發生沉澱。

2. 海洋的沉積作用

波浪和沿岸流搬運的碎屑物在濱海動能較低地帶可發生沉積作用。海灘就是一例，主要以未膠結的沙及少量的礫石和細黏土組成。碎屑物也可向海中搬運，而在遠離海岸但與海岸略約平行，由砂礫組成沙洲或沙嘴。

另外，在熱帶、亞熱帶地區，因珊瑚死亡後，遺骸及動植物分泌的石灰質膠結、堆積成石灰礁或稱珊瑚礁。

海洋中的碎屑物依不同的地形深度而可分爲大陸棚（大陸邊緣至水深 200 公尺之海底）上的泥土爲主及砂、礫的沉積物；大陸斜坡（水深至海底約 4000 公尺的深海地區）上的砂、礫、泥沉積物；以及深海中的細粒、泥質爲主的沉積物，係由黏土、石英、雲母、火山物質等組成的質軟紅黏土。深海中，也有由微體浮游生物的鈣或矽質成分構成的軟泥。此外，也有挾帶泥砂礫，在海洋重流、濁流環境下的海洋盆地（水深約 5000 公尺之海底）堆積成碎屑沉積物。另海中自生的錳和其他金屬元素經海水沉積及化學作用下可形成錳核。

3. 風的沉積作用

風的沉積作用是當風速慢慢減弱時，將所挾帶的沙粒和塵沙向下沉落到地表面之作用稱之。所搬運的物質多以砂粒、粉砂粒的碎屑物爲主，故沉積物多是砂和黃土。

在風的長期吹襲下，沙粒沿著向風面移動，並跳躍至丘頂端後，可在背風面較靜止氣流處發生自然堆積（圖 3-12）。除風速、風向、來源量和植生外，亦受地形控制而形成不同的沙丘類型，黃土則以塵粒爲主，具有較強的結合力，不受地形限制，而沉積可散布到山坡、河谷、平原等面積廣大的地形。

圖 3-12　桃園觀音海岸旁的沙丘（sand dune）

4. 冰川的沉積作用

冰川的沉積方式可直接來自冰川沉積的物質，稱之冰積物；是礫至粉土狀粗、細混合淘選度差，無層次的沉積物，也可因經受冰川融化後遺留下的砂、礫。成層的冰積物都是在冰川運動停止後，內部融化的冰水帶著沉積物流出，後受到融化後冰水的沖刷、淘選而依顆粒堆積成層。

5. 地下水的沉積作用

地下水的沉積過程是溶解在地下水中的矽、鈣、鐵等礦物質流經岩石的裂隙、解理時，因溫度、壓力變化，而發生沉積或與地下水以及水中其他物質發生化學反應而造成沉積作用。

6. 重力的沉積作用

重力的沉積作用多來自陡坡，因風化碎屑的岩石、土壤受重力作用向坡腳下崩落或滑動堆積而成。堆積物顆粒大小混雜，而無淘選作用。重力沉積作用的快速或緩慢運動，除依碎屑物砂、礫、泥的組成外，更因碎屑物中含水量多，坡度大而有所不同；若碎屑物中含水量多，坡度傾角大則可形成快速的崩落或滑動流動而發生堆積。因此在塊體運動的分類中，即有崖錐、岩屑流、泥流、土流、崩瀉等不同碎屑物的堆積或沉積名稱。

習題評量

1. 地質內營力作用可造成哪些地質現象？
2. 地質外營力作用可造成哪些地質現象？

第四章　地質物質（岩石、礦物、土壤、水體）

本章節述及因地質作用而產生的岩石、礦物、土壤、水等，均和我們人類生活具有環境上之關係。地質作用發生在岩石圈內，地球除岩石圈外，尚有與水圈、大氣圈、生物圈等關係密切。本章介紹岩石、礦物、土壤、水體等地質物料的產生及其對人類環境之影響及危害。

一、地球之分層與組成

地球是由數層不同的物質組成，自外部向內部可分類爲地殼、地函和地核三層（圖 4-1），這些分層是由地震波速傳遞速率的變化而獲得出不同物質的構成，即不同物理性質和化學成分的變化。分層界線在地表下至約 70 公里深處爲地殼部分，再下延深約 2900 公里處爲地函部分；2900 公里至 6371 公里處爲地核部分。此外根據震波資料，地殼本身又可分爲以矽和鋁元素爲主，比重較輕的矽鋁層以及矽和鎂元素組成，比重較大的矽鎂層。地函也以地表下約 400 公里深處，略分出上部（70 ～ 400 公里處）和下部地函（700 ～ 2900 公里處）。地核範圍亦根據地震波的變化研判，可在約 5200 公里深處分界外核和內核部分。

二、板塊運動及大陸漂移

基本上，地球爲一動態球體，而非靜態。根據地球物理震測資料，在距地球表面約 70 ～ 100 公里至 250 ～ 300 公里深處範圍出現一低速度震波帶，此帶認爲是極熱的部分熔融岩石地帶，即所謂的岩漿發源處，或稱之爲軟流圈。此圈係由軟弱流動的物質組成，而在軟流圈上層的岩石圈，係由冷而剛強的岩石構成；也就是板塊構造學說中所謂的板塊（圖 4-2）。板塊可在軟流圈上自由移動、漂移，軟流圈和其上層的岩石圈是在於物理性質的不同，而非化學性質的不同。

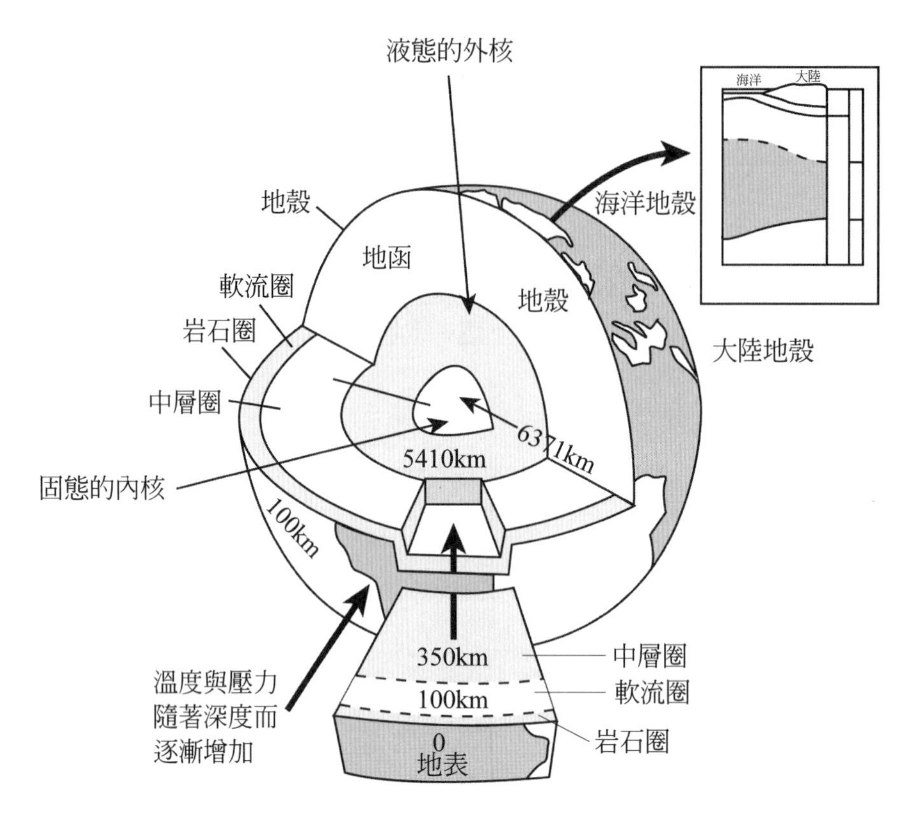

圖 4-1 地球內部的構造與分層

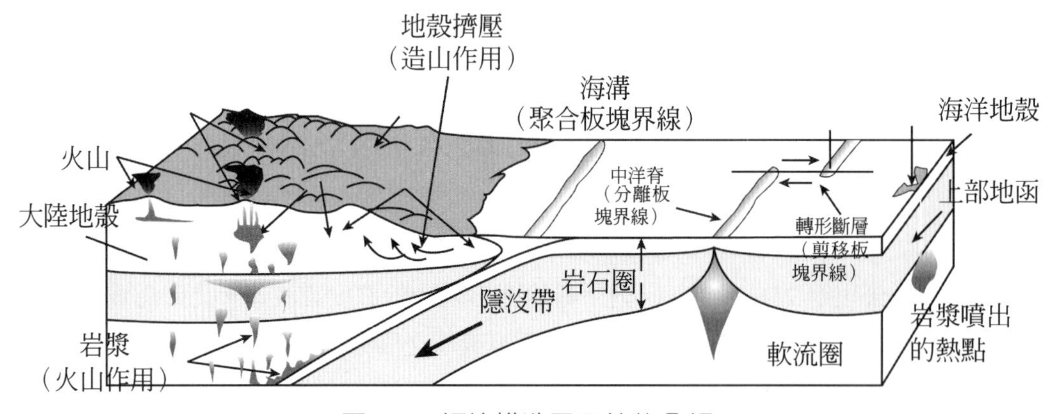

圖 4-2 板塊構造及界線的分類

地球的結構由外而內分為地殼、地函以及地核三部分，而岩石圈則是指地殼與上部地函的部分。岩石圈代表著地球冷而剛硬的岩石，也就是地質學家所說的板塊（plate）。

板塊構造學說，除可說明地球板塊的形成外，亦可解釋構造運動造成的海陸上升、沉降，山脈、海洋的形成，火山活動，地震以及岩層受應力、應變發生的擠壓、扭曲、斷裂等地質現象。

板塊構造學說係源自大陸漂移說，早期1620年代至1950年代，先後多位學者根據古氣候、化石、岩層、地質構造等證據提出大陸漂移說，證明所有的大陸最早期是連在一起，其後再發生漂移。因板塊的觀念來自大陸漂移學說，已知在地殼上分布約有20塊大小的板塊相互漂浮移動（圖4-3），並彼此碰撞。而板塊間的界線爲不規則，有些板塊是由大陸地殼組成，有些是由海洋地殼組成。其相鄰交界邊緣處多是地殼上的活動地帶，也即是地震、火山的活動地帶。至於板塊的漂移，一般地質學界都普遍認爲係因地球內部熱流的不均勻分布而導致的對流作用是造成板塊運動的主要原因。

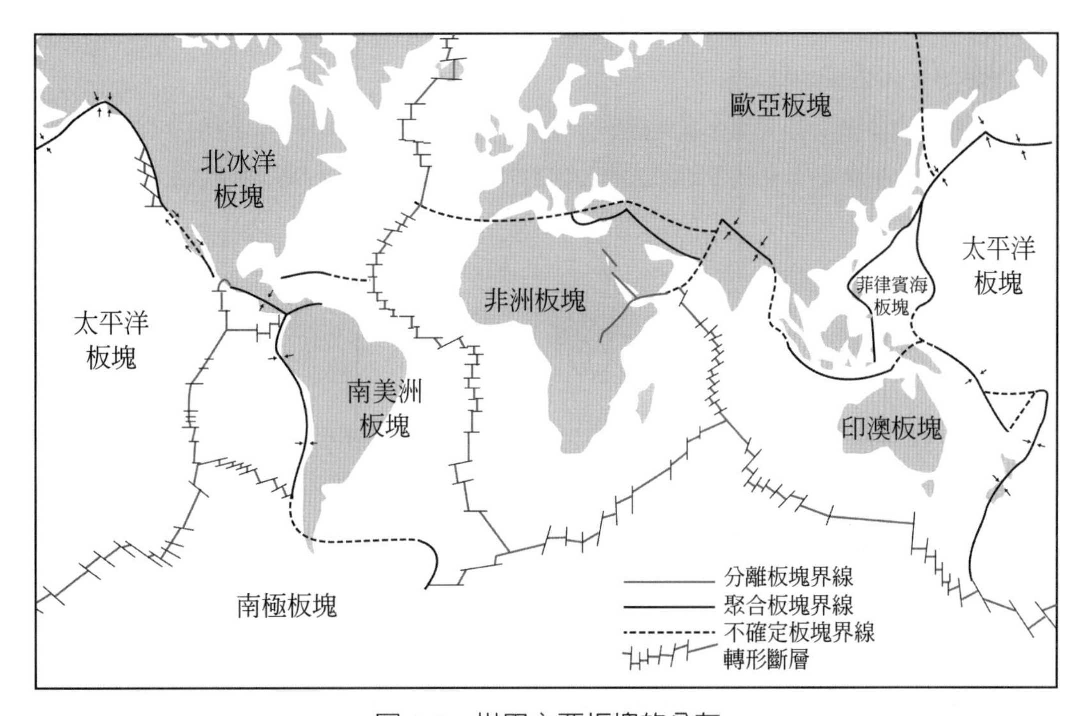

圖4-3　世界主要板塊的分布

在上述板塊的邊界，也是發生動力作用之地帶，相互板塊交界可發生相互的分離，相互的碰撞擠壓，使較重板塊隱沒到較輕板塊之下，稱之爲隱沒帶或使板塊發生錯動。故在這些板塊的交界處，即是地質構造運動明顯之地帶，而來自其下軟流圈的岩漿可從邊界線中產出，而造成各項地質內營作用，包括地殼運動、岩漿活動和變質作用等。

地球內的板塊運動，除可造成前述的山脈、海洋、盆地等不同地形外，也是造成不同岩石種類的起因。在軟流圈上方的地殼及上部地函係由不同的板塊構成，板塊間之活動可發生聚合、分離、轉形等作用。

三、岩漿作用

岩漿的形成是地表下約 50 ～ 200 公里深的地殼下部及上部地函之局部融熔作用，其可造成地球表面不同種類的岩石體，也係由不同的岩漿產生。故岩漿依成分可分類爲基性、酸性及中性三種岩漿，也因而可凝固成不同種類的岩性。

基性岩漿源自上部地函（約地表下 100 ～ 200 公里深處）的分離裂隙板塊地帶，經局部融熔該處的超基性成分而形成玄武岩質岩漿。

中性岩漿發生在兩板塊互撞的隱沒帶上，並加入基性海洋板塊以及板塊上濕的沉積物再經局部熔融作用形成。

酸性岩漿多發生在大陸上部地殼內部熱點（地表下約 35 ～ 40 公里），但也發生在隱沒帶處，由深處上升的基性或中性岩漿分異作用，並加入濕的沉積物大陸地殼物質經局部融熔作用形成。

四、岩石種類

地殼上的岩石可分爲三大岩類：依其岩漿作用、沉積作用、變質作用分類爲火成岩、沉積岩和變質岩。傳統上，每一岩類又依其組成的礦物成分、組織或構造給予不同的岩石命名（表 4-1）。

表 4-1　工程地質學常見的岩石及其抗壓強度（$10^6N/m^2$）

	岩類	組構	主要礦物組成	抗壓強度（$10^6N/m^2$）
火成岩類	侵入岩			
	花崗岩體	粗粒	長石、石英	100~280
	超基性岩體	粗粒	鐵鎂礦物、± 石英	相當低
	噴出岩			
	玄武岩體	細粒	長石、± 鐵鎂礦物、± 石英	50~280 或以上
	火山角礫岩體	粗細混合	長石、± 鐵鎂礦物、± 石英	
	凝灰岩體	細粒火山灰	玻璃質、長石、± 石英	小於 35

表 4-1（續）

	岩類	組構	主要礦物組成	抗壓強度（$10^6 N/m^2$）
沉積岩類	碎屑性			
	頁岩	細粒	黏土礦物	2~215
	砂岩	粗粒	石英、長石、岩屑	40~110
	礫岩	粗細混合	石英、長石、岩屑	90
	化學性			
	石灰岩	粗～細	方解石、貝殼、鈣質藻類	50~60
變質岩類	葉理構造的		母岩材料	
	板岩	細粒	頁岩或玄武岩	180
	片岩	粗粒	頁岩或玄武岩	15~130
	片麻岩	粗粒	頁岩、玄武岩或花崗岩	160~190
	無葉理構造的			
	石英岩	粗粒	砂岩	150~600
	大理岩	粗粒	石灰岩	100~125

註：1. 工程上，粗粒侵入岩體包括了花崗岩、閃長岩、輝長岩；細粒噴出岩體則包括玄武岩、安山岩、流紋岩。
2. 組構的粗粒係指肉眼可分辨其組成礦物顆粒；細粒則指肉眼無法分辨者。

（一）火成岩

火成岩係由地球內部上部地函軟流圈的熔融岩漿經結晶作用凝固而成，若岩漿在地下深處凝固成的火成岩稱之為侵入岩或深成岩（如花崗岩、閃長岩、輝長岩）。若岩漿沿地下裂隙流經到地表冷卻凝結的火成岩稱之為噴出岩或火山岩（如流紋岩、安山岩、玄武岩）。噴出岩又依噴出產狀可再細分為熔岩流、火山碎屑岩、凝灰岩等。

（二）沉積岩

沉積岩係指已存在岩石由風化、侵蝕成碎屑後，經各種營力搬運到不同環境地點，發生堆積、膠結、壓縮結晶造成的岩石；或由水體中的物質成分發生物理化學的變化而沉澱成的岩石；前者稱之為碎屑狀沉積岩（如礫岩、砂岩、粉砂岩、頁岩等）；後者稱之為非碎屑狀沉積岩（如石灰岩、白雲岩、岩鹽、石膏等）。

（三）變質岩

變質岩是指已存在的岩石，在固態下經溫度、壓力或化學變化而轉變成另一種類的岩石；也可由前述三種變質因素而再分類爲接觸變質岩、區域變質岩和壓碎變質岩三類。接觸變質岩係因岩漿侵入圍岩，相接觸而發生溫度增高及離子交換造成的岩石（如矽卡岩等）。區域變質岩則因溫度、壓力雙重作用環境下造成的岩石（如片岩、片麻岩、大理岩等）。壓碎變質岩則是受擠壓力或剪應力作用下造成碎裂或粉壓的岩石（如糜嶺岩等）。

（四）岩石循環

岩石圈中的三大岩類，經與大氣圈、水圈、生物圈的交互作用下，形成了循環的關係（圖 4-4）。就物質或能量而言，它不是一個密閉的系統。岩石圈中，岩石循環始於原始岩漿的凝固形成了火成岩類；繼而在風化與侵蝕、搬運與沉積，成岩與岩化作用下形成了沉積岩；可再受到不同程度的變質作用形成了變質岩；或歷經深熔作用、再生作用造就了新岩漿。故在火成岩、沉積岩與變質岩之間，經由岩漿活動、沉積作用與變質作用形成了岩石循環，此循環可反覆進行，以致組成了地殼的岩石、礦物、元素；也可相繼發生破壞或改變而形成了新的物質。

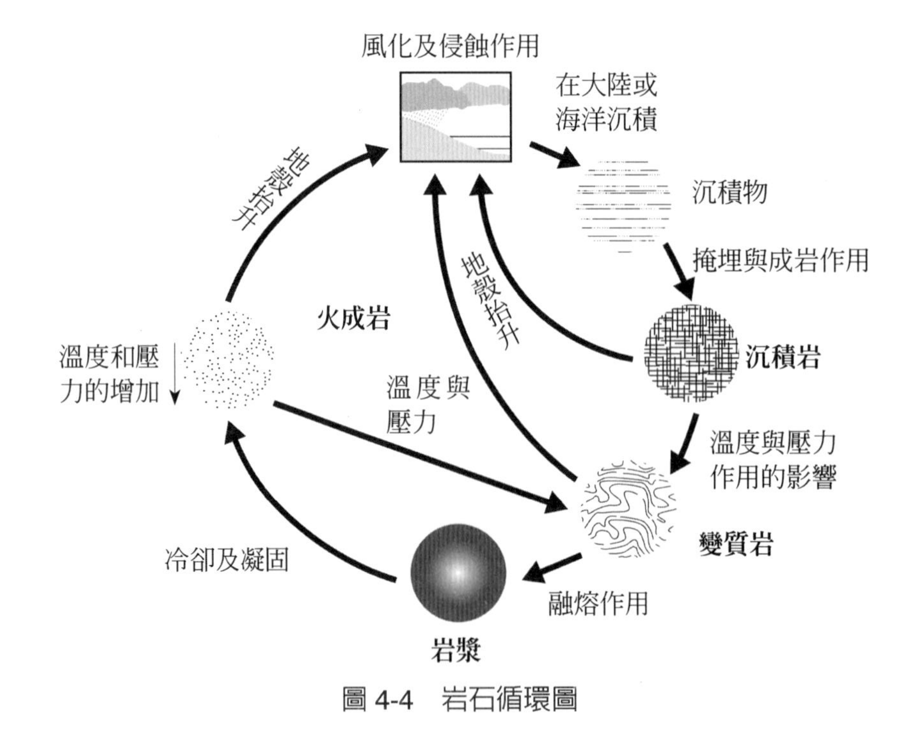

圖 4-4 岩石循環圖

五、岩石之地質影響

各類岩石均有其相對堅硬或軟弱之處，對環境地質而言，有易造成危險之處。如岩石中含有鐵染（鐵鏽）、黏土化、有機質、硫化物、絹雲母化、受應力的礦物（石英）、易蝕變礦物等均須注意，是造成岩體軟弱所在。

先就火成岩類而言，火成岩則依其內含的礦物組成與組織、構造以及噴出或侵入之岩體而決定其危害性。舉例而言，均勻等粒狀火成岩比具有方向性或碎屑組成的火成岩體強度大，如花崗岩優於火山碎屑岩；粗粒比細粒組成的花崗岩強度大；新鮮火成岩比受風化之岩體強度大。一般而言，侵入岩或深成岩優於噴出岩或火山岩，例如噴出的玄武岩易發生冷卻收縮造成的節理裂隙；火山碎屑岩或集塊岩膠結度較差，易發生崩落；火山凝灰岩易黏土化而發生體積膨脹；火山熱水換質帶易形成黏土化而變成軟弱地帶。

沉積岩也同樣依組成成分及組織、構造分類，但較重視其中的黏土含量、溶蝕成分以及顆粒度的大小與排列型態（所謂的淘選）、膠結度等。舉例如下，粗粒砂岩透水性高，極細粒頁岩透水性低。以環境地質觀點，均有其優缺點，一般沉積岩，其層理、節理之處爲弱面或不連續面，易發生滲水、崩落；頁岩中含黏土，易吸水膨脹，遇水軟化、滑動、壓縮性大；石灰岩遇水易溶蝕；鹽類沉積岩雖遇水易溶解，但再結晶時可變成更堅硬。沉積岩的強弱亦依何種膠結物（氧化矽、碳酸鈣、黏土、氧化鐵等）而定。沉積岩或土壤中若含鐵分、有機質，均是易成風化、瓦解之處；風化沉積岩或土壤化沉積岩皆易成鬆軟之弱岩；覆蓋的土壤層與岩層（火成、沉積或變質岩）之交界面常是形成不穩定，易發生山崩、土石流之處。

變質岩也是依礦物組成和組織、構造分類，但其組織構造最爲重要，尤以變質岩形成的褶皺、斷層構造之處係爲危險所在（圖 4-5）。背（向）斜的軸部易成裂隙（張力或擠壓裂隙），而造成滲水；具葉理（片理、劈理）或方向性排列的變質岩類更是易剝落、滲水；變質岩中的某些礦物易蝕變成綠泥石化、絹雲母化等礦物而減弱其強度；再結晶造成的等粒狀比片狀變質岩強度大（如片麻岩）；由氧化矽成分構成的變質岩比他類變質岩類緻密、強度大；而碳酸鹽類再結晶作用造成的大理岩易溶蝕造成洞孔。

圖 4-5 台灣中部山區道路常沿變質岩區開發，邊坡滑動與落石不斷常造成道路養護困擾

六、礦物

前章中談到岩石係由岩漿冷卻凝固形成，但岩石中又由多種的礦物構成，而礦物卻又由一種以上的化學元素組成。因此，在原始岩漿中就賦含有約百餘種的化學元素。當岩漿逐漸凝固之際，這些元素的正、負離子就相互結合成化合物，結晶成不同的礦物類而被包含在凝固的岩石內；也可說是，岩石係由礦物組成，礦物又由元素組成。

前述的岩石圈係由三大岩類構成，岩石又爲礦物的集合體，故三大岩類在岩石的命名中多依組成的礦物和組織分類。但是，岩石中的礦物種類、成分對於地質環境的影響卻具有重要性。當地殼上的岩石類受大氣圈、水圈及生物圈的相互影響，以及受地球內、外部的內營和外營作用時，也就對人類生存的環境中造成了一些問題。

礦物是天然的均質固體，由單一元素或無機化合物組成，具有一定的原子或離子排列構造，一定的化學成分和物理性質，係由無機作用形成（圖 4-6）。自然界中，已知的礦物類約有 3000 多種，在礦物的物理性質中，有些礦物具有不同的硬度、韌度、解理、斷口、比重、熱性、磁電性、放射性等，因此有些礦物在不同的環境下，可以發生變化。同樣的在化學性質上，也可發生溶解、沉澱、交換以及暴露在大氣中發生的氧化、水化、水解化、碳酸化等不同的變化。

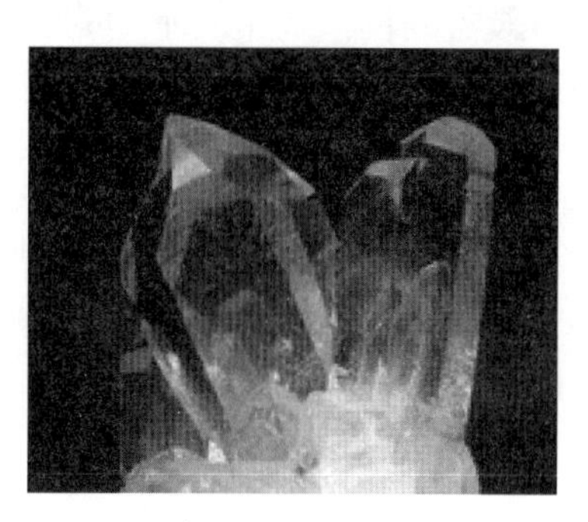

圖 4-6　水晶（Rock crystal）是具有六方晶系結晶構造的 SiO_2 礦物

在原始岩漿的結晶分異過程中，早期至晚期（高溫至低溫）結晶的礦物類，均有其形成順序的關係，但這些礦物在風化過程中，耐風化、穩定性的礦物順序卻是相反（圖 4-7）。因此，岩石中所含的礦物類對於自然環境的影響就有可能發生變化，而造成人類的危害性。在化學風化作用下，岩石中組成的鐵、鎂類礦物（如輝石、角閃石類等），易使矽酸鹽結構瓦解成含水分的氧化鐵礦物（褐鐵礦）而成鐵染。若含硫化物礦物，則易氧化成硫酸，使岩石腐爛。岩石中的長石礦物經水解作用而轉變成黏土礦物。其化學反應式如下。

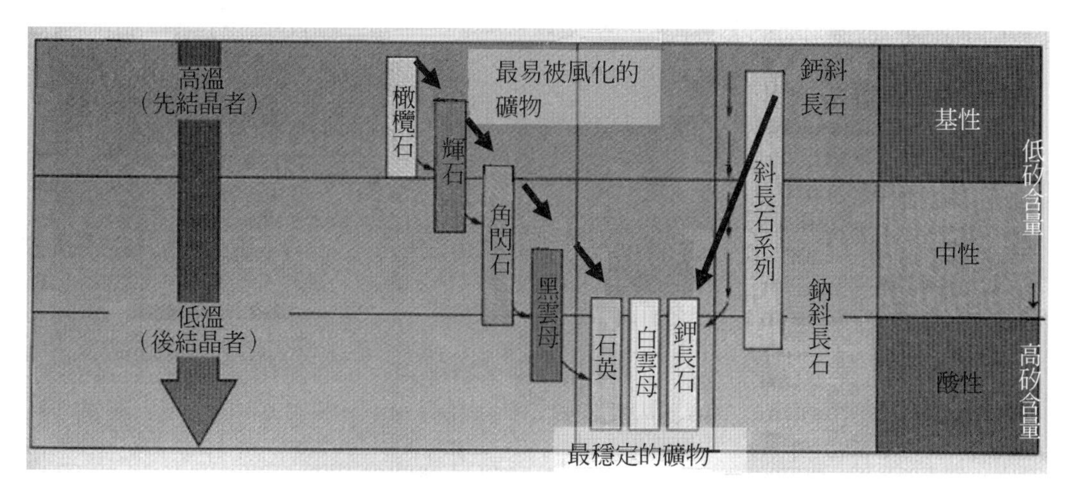

圖 4-7　礦物的形成順序（Bowen series）與穩定性

$$2KAlSi_3O_8 + 2H^+ + H_2O \rightarrow Al_2Si_2O_5(OH)_4 + 2K + 4SiO_2$$

（鉀長石）　　　　　　（高嶺土）

水解作用是指水分進入矽酸鹽礦物構造中，水中的氫離子分解礦物而變爲含水礦物，使岩石強度減弱。礦物也可因水化作用，吸收水分而膨脹，體積增加，造成岩石的崩解。

空氣中的二氧化碳與水分化合成碳酸，再分解成氫和次碳酸根離子，其對碳酸類的岩石（如石灰岩等）特別容易溶解，造成孔洞。含鹽的礦物類，一方面遇水分易溶解，但另一方面，乾燥而發生的再結晶作用，可以使礦物結晶度變得更緻密堅硬。相反的，岩石中的石英在風化過程中則屬較安定的礦物類，僅會受到極微量的溶解，但因具有脆性，可能會受到機械風化的碎裂作用。

岩石中的雲母類礦物，因其本身爲片狀結構，即所謂的解理（圖 4-8），故在風化或略受壓力作用下易發生分裂。此外，在物理或機械風化過程下，岩石及其中的礦物易受解壓作用而剝離，冰凍作用而崩裂，溫度熱漲冷縮的改變而崩解，以及生物作用的鑽孔以及植物根部的生長，使岩石碎屑及土壤鬆動。

台東縣—向陽雲母採礦場

圖 4-8　雲母為具有片狀結構、容易剝落的解理常受風化作用而黏土化

七、土壤

土壤是岩石風化過程中造成的最終疏鬆的自然體，由礦物、岩石碎屑、黏土、有機質、氧化物、鹽分、硫酸鹽、水分、空氣、冰等構成，但最主要以黏土礦物、砂、礫、粉砂、泥等組成，並含有空氣、水分和腐植質等。在岩石經風化作用的產物中，鋁、矽、鐵成分常由原來礦物中分離出而成爲氧化物或重新組成矽酸鹽黏土礦物，故黏土礦物是土壤中的主要成分。

土壤的形成過程涉及因素複雜，多和氣候、生物、母岩、地形、時間等自然環境因素相關（圖 4-9）。其中母岩對土壤發育初期影響較大，但長期成土作用下，氣候則是關鍵因素，決定風化的速度與土壤的發育深度；地形決定土層的厚薄；生物供應土壤中的有機物質，增進肥沃性；時間影響土壤之發育演變。

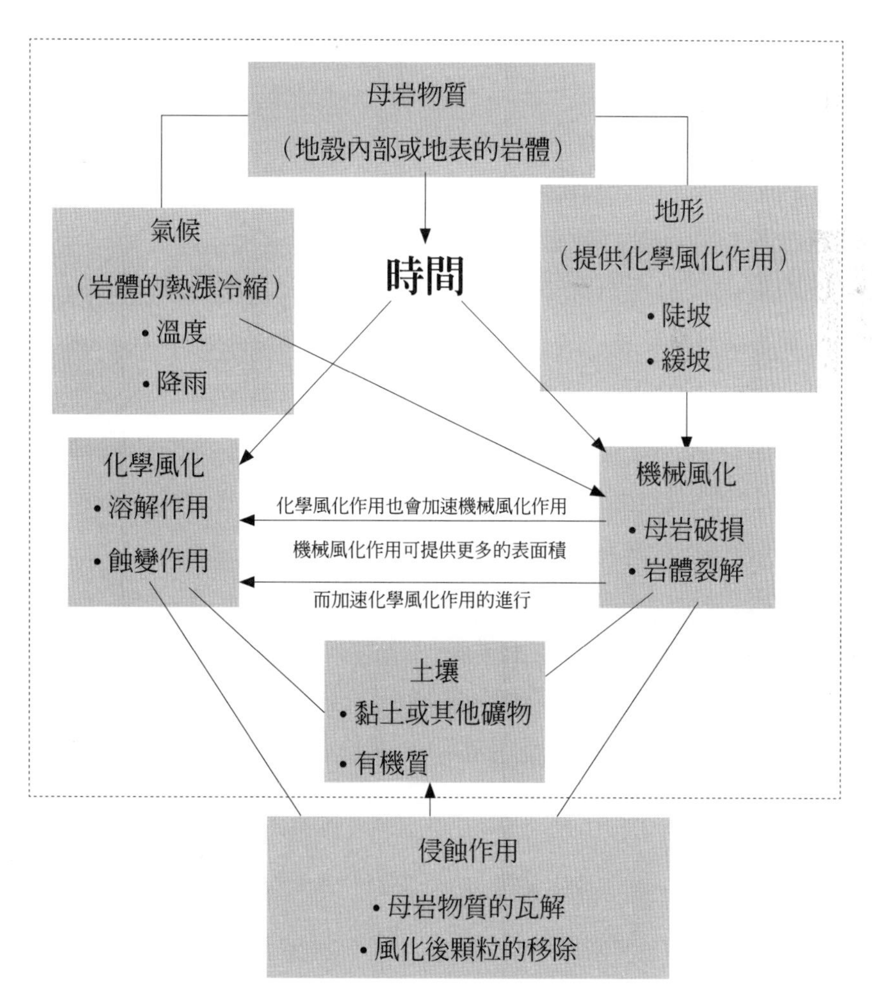

圖 4-9　土壤的形成過程

（一）土壤分層

岩石由風化作用歷經長期的成土作用可形成土壤化育層，即是一個發育成熟的土壤分層，自上而下可分為（圖4-10）：

1. 暗棕色或黑色富含有機質層，此層含有分解的樹枝、樹葉，稱為 O 層。
2. 淺黑棕色，由礦物質、有機質構成的 A 層，此屬係由上層地表水溶解物質下來的淋濾層。
3. 淺色，由淋濾作用攜帶的黏土、鈣、鎂、鐵等成分形成之 E 層；AE 層合併，統稱為淋溶帶。
4. B 層係由上層淋溶下來的黏土、氧化鐵、氧化矽、碳酸鹽構成的富集層。
5. C 層是部分風化的母岩，可能含有紅色氧化鐵的鐵染。
6. R 層是指未風化的母岩。

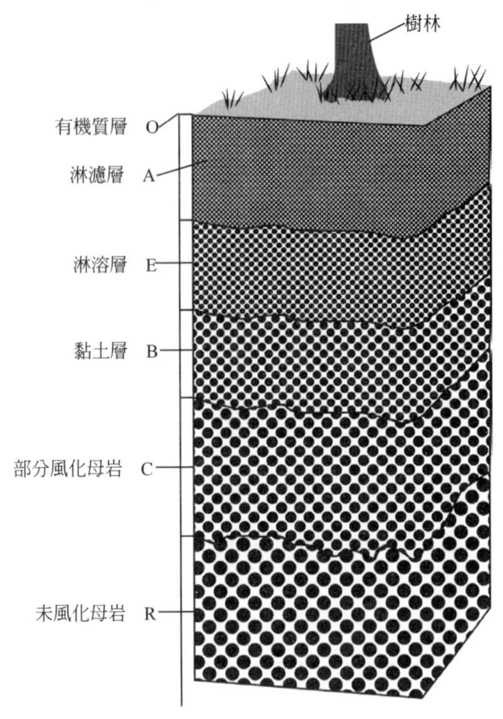

圖 4-10　土壤剖面的分層

（二）土壤的工程性質

一般而言，土壤多依粒徑（礫、砂、粉砂、黏土）的百分比以及有機質的含量來分類。土壤在週遭環境的影響，可造成土壤沖蝕、土壤淤積、土壤汙染、土壤鹽化，土壤膨脹性；因此，土壤在規劃利用（例如土壤用於農耕、建築基地），及在工址的選擇就有其優劣點。

以環境、工程地質立場而言，重要的是土壤對工程上的影響，其包括土壤的塑性、強度、敏感性、壓縮性、侵蝕性、透水性、腐蝕性、易開挖、膨脹性（圖4-11）等。

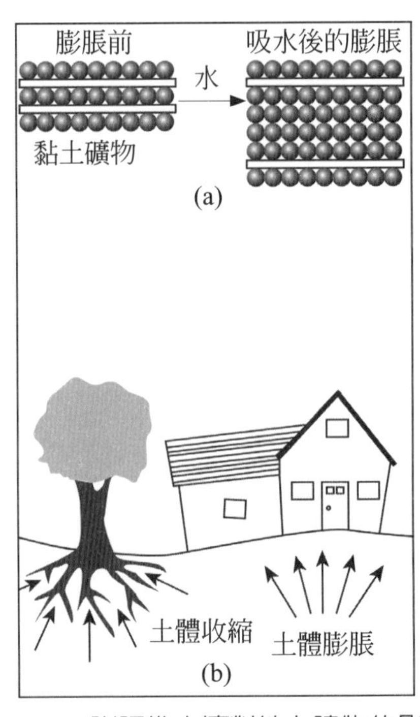

圖 4-11　膨脹性土壤對地上建物的影響

1. 強度：土壤的強度係依顆粒間的內聚力和摩擦力之總和，若含黏土和有機質則易造成危險。
2. 敏感性：土壤中含有過量的黏土，則易造成擾動不穩或含過量水而形成土壤液化。
3. 壓縮性：細粒有機質土壤，其壓縮性大；粗粒不含有機質土壤，其壓縮性小。
4. 侵蝕性：若土壤中含超過 20% 的黏土，或膠結性土壤，則有較低的侵蝕率。
5. 滲透率：含黏土的土壤比乾淨不含黏土的土壤滲透率低。
6. 溶蝕性：土壤的溶蝕性則依土壤的化學性質和含水量而定。
7. 開挖性的難易程度。
8. 土壤的膨脹性則依含水的吸附程度。
9. 塑性：土壤中的含水量可決定構成半固態或半液態狀況，以致影響到土壤的膨脹與收縮性質。

（三）土壤的地質環境

土壤的分類有根據土壤的質地或顆粒大小，分爲砂土、壤土、黏土等。根據土壤的酸鹼性而分爲酸性土、鹼性土、中性土等。根據土壤的堆積方式而分爲原積土和運積土兩種。地質上認爲土壤的生成和氣候有關，雨量和溫度兩項因子對土壤的關係最大，植物也是土壤生成的另一個因素。所以在地質上，土壤分類都是以氣候爲主，再以植物的變化爲輔。故在寒帶、溫帶、和熱帶各有不同的土壤發育。

一般土壤分類，可根據其所含的礦物和氣候條件分爲三大類（圖 4-12）：

1. 鈣層土（pedocal）：多發育在乾燥至半乾燥的溫帶氣候下，碳酸鈣和少量的碳酸鎂可沉積在心土中，造成不透水的鈣質層（caliche）或硬盤（hardpan），多發育在草原和灌木氣候區。
2. 鐵鋁土（pedalfer）：發育在潤濕的溫帶氣候，雨量充沛，森林茂盛。經強烈的淋溶作用，易溶解的鈣、鎂等元素受淋蝕而消失，殘留在表土中的是抗風化力強的礦物層，所以鐵、鋁、矽的氧化物或膠質爲主，鋁、矽結合成各種黏土礦物。多發育在森林茂盛氣候區。
3. 紅土（laterite）：發育在熱帶區，溫度高而雨水充沛，多數矽酸鹽礦物發生變化，留下含多量鋁和鐵的氧化物。鈣、鎂、鈉、鉀等易受溶蝕，不易溶解的矽也受淋蝕而消失，原岩中所含鐵鎂礦物，剩下以氧化鐵爲主，多呈紅色。原岩中富含鋁質，造成鋁土礦。紅土因淋溶作用旺盛，其土壤剖面發育不佳。鐵鋁土爲主的土壤代表發育在溫帶潤濕的氣候區，鈣層土爲主代表溫帶乾燥的氣候區。氣候極端的沙漠區和極地，水分稀少，化學風作用微弱，缺少有機物質，所以僅形成零星極薄的土層，是沒有土壤發育的氣候區。

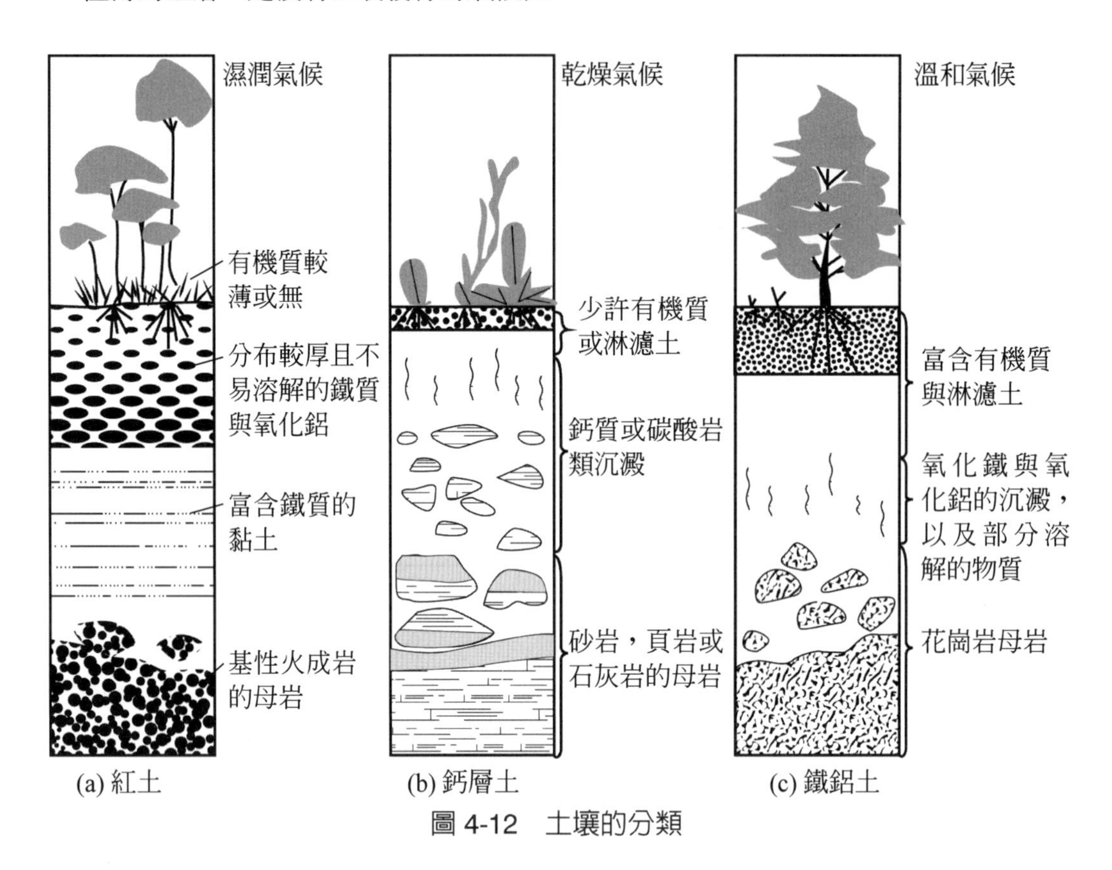

圖 4-12 土壤的分類

（四）台灣的土壤分類

臺灣地區土壤之種類，大多依美國農業部 1949 年所設立之系統來加以歸類，再依臺灣地區特有之土壤特性及性質加以命名而成。主要以「土系」（soil series）爲土壤分類基本單位，通常以地名加以稱呼，如平鎭土系、淡水土系、鹿港土系、林邊土系、瑞穗土系等；並以「大土類」或「土類」稱呼臺灣地區之主要代表性之區域性土壤，但似乎不很適當，因爲其名稱主要係由土壤母質來源或剖面的顏色及其特性來命名，亦是較老的命名方法，以往大家常聽到的名稱，如石質土、灰壤、灰化土、崩積土、黃壤、紅壤、黑色土、老沖積土、新沖積土、混合沖積土、鹽土、臺灣黏土等，都是由民國 40 年被許多人沿用至今之稱呼。但這些名稱均是美國於 1960 年代以前所建立之土壤分類系統下所使用之名詞，有其不適切及困擾處，因此現在已大都不爲學術界使用，但一般農民仍在使用，主要原因是依據土壤的顏色及土壤之母質直接稱呼，非常容易了解與溝通，但在土壤肥培管裡及學術研究上常造成困擾。

美國農部於 1975 年建立新的土壤分類系統（soil toxonomy），此分類系統係由六個分類綱目（category）所組成，最高級綱目爲土綱（soil order）。簡單地分，一般臺灣地區土壤可分成下列幾個土綱，其特性簡述如下：

1. 有機質土（histosols）：在深度 10 公分以上有大於 20% 以上之有機物（或大於 12% 以上之有機碳含量）之土壤，主要分布於高山湖泊中或其旁邊之土壤。彰化縣之快官地區有此土壤。
2. 淋澱土（spodosols）：有一由有機物與鐵、鋁結合之物質被水由上層土壤帶至下層所形成之淋澱化育層者，大都在砂質地之高山平坦地區，有強烈的淋洗作用。阿里山地區及水里的山區有此土壤。
3. 灰燼土（或火山灰土，andisols）：含有火山灰特性之土壤（如土壤很輕，無定型性質很多，對磷吸附力很強等特性），主要生成於火山地形之陽明山國家公園內。
4. 氧化物土（oxisols）：土壤已經化育很老（幾十萬年以上），土壤中僅剩餘氧化鐵、鋁等性質者，土壤肥力很低，B 層有一氧化物層生成者，大都在紅土臺地上。如桃園縣埔心、南投縣埔里、屏東縣老埤等臺地之紅壤。
5. 膨轉土（vertisoils）：在土層一公尺內含有 30% 以上之黏粒（直徑小於 0.002mm 者之土粒），會隨水分多寡而呈膨脹、收縮之特性者，濕時地面突起，乾時龜裂者。在臺灣東部之石雨傘地區有此土壤。
6. 旱境土（aridisols）：臺灣地區實際上沒有乾旱氣候條件，應無此土壤，但因此類土壤包含鹽土，故臺灣西南部沿海地區之鹽土仍可概略歸併爲旱境土。
7. 極育土（ultisols）：在高溫多雨情況下生成的土壤，在 B 層中有一黏粒洗入聚積的層次（黏聚層），因此特別黏，由於強烈淋洗，故肥力低。臺灣地區之丘陵臺地上之紅色土壤大都屬此種土綱。
8. 黑沃土（mollisols）：顧名思義，此種土壤是又黑又肥沃，土層較淺，肥力高，主要分布在臺東縣的成功一帶。
9. 淋溶土（alfisols）：此類土壤與極育土性質類似，但由於淋洗程度較極育土弱，或是農民在極育土上施用大量之肥料而使土壤較肥沃，因此土壤肥力較極育土高，大都分布於臺灣西部主要沖積平原耕地中，爲臺灣地區農業生產之最大產地之一。
10. 弱育土（inceptisols）：顧名思義，此種土壤爲由母質弱度化育生成之土壤，有明顯之土壤構造與顏色轉變，因此稱爲「構造 B 層」，爲臺灣西部主要農耕沖積平原之土壤，或台灣丘陵地上之主要土壤，爲臺灣地區農業生產之最大產地之一。

11. 新成土（entisols）：由母質化育生成之最年輕土壤，大都分布於高山陡峭地、河流沖積三角洲河口、新沖積平原等地，通常土層很淺或整層無變化，土壤非常肥沃，也是農業生產主要分布土壤之一。

（五）土壤的危機

1. 荒質沙漠

所謂沙質荒漠是在當地的氣候不利條件下，加上人類的活動而形成的，沙漠化是指由於植被破壞，地面失去覆蓋，在乾旱氣候，強風作用下起沙的現象，其主要分布在荒漠邊緣乾旱與半乾旱的草原區，這類地區雨量稀少，蒸發量大，氣候乾旱多風，植被一旦被破壞，土壤就會受到嚴重風蝕，造成土地沙漠化。沙漠化也可能是濫墾草原引起的，或是因過度放牧而造成的。由於不合理的墾殖、放牧和氣候變化，全世界沙漠化土地的面積正以驚人的速度增長中，給農牧業生產帶來嚴重威脅。

2. 鹽漬土

土壤學中，一般把表層含有 0.6 ～ 2% 以上易溶鹽的土壤稱爲鹽土，鹽漬土的生成是在乾旱氣候低窪地區，地下水層可通過土壤毛管水上升強烈蒸發，水中所含鹽分便沉澱析出，沉積於土壤中。土壤鹽漬化嚴重時，一般植物很難成活，土地就成了不毛之地，鹽漬土主要分布在內陸乾旱、半乾旱地區和濱海低地。人類的灌溉對鹽漬土的生成也有很大的影響。在乾旱、半乾旱地區，如灌水量過大，灌溉水質不好或不正確的灌溉可導致含水層水位提高，引起土壤鹽漬化。

3. 農藥汙染

農藥對土壤－作物系統的汙染影響很大。農藥汙染直接或間接危害人體健康，有些農藥在自然界或生物體內比較穩定，不易分解；許多農藥水溶性差，但脂溶性強，很容易使農藥在生物體的脂肪內累積起來，通過食物鏈，構成對人體健康的威脅。農藥對環境的汙染是多方面的，除土壤和作物外，還包括了空氣和水體。農藥汙染土壤主要是以施灑農藥的各種方式落入土壤中，附著於作物外表的農藥也隨風吹雨淋而落入土壤中。土壤受汙染的程度與栽培技術和種植的作物種類有關。農藥進入植物體主要有兩種途徑：噴灑的農藥附著於植物表面，經由植物表皮向植物組織內部滲透；以及殘留於土壤中的農藥被植物根系吸收，這是農藥進入植物體內的主要途徑。植物根系對農藥的吸收與農藥的特點和土壤性質有關。植物吸收各種農藥的能力是不同的，農藥在植物體內的遷移情況也不一樣，農藥被吸收後在植物體內的分布量是：根＞莖＞葉＞果。在植物體內農藥的殘留常以半衰期（指植物吸收的農藥量在體內減少到一半所需的時間）爲指標。

4. 汙水灌溉農田的問題——重金屬汙染

汙水中含有作物生長所需要的養料，同時，土壤－植物系統對不少汙染物有很強的淨化能力，進行汙水灌溉一方面可以達到化害爲利的作用。另一方面不當的汙水灌溉可能造成對土壤作物系統的汙染，危害人畜健康。例如由礦場銅礦選礦廢水流入溪流，經附近農田引汙水灌溉則會受到嚴重的銅汙染。含鎘的廢水灌溉使土壤－作物系統受到嚴重的鎘汙染，造成聞名的「痛痛病」事件。都市汙水中一般均含有一定量的工業廢水，極可能含有一些有毒化合物，尤其是重金屬，當汙水灌溉農田後大部分重金屬都會聚積在耕作層中，易爲水稻等所吸收。另外，一些汙水中含鹽量過高，長期灌溉後可引起土壤中鈉離子聚積過多，使土壤物理性質變劣，引起土壤鹽漬化，使植物發芽和幼苗生長受抑制。經汙水灌溉的稻米光澤較差，黏性較低；汙水灌溉的蔬菜味道不佳，易腐爛，不易保存。在不當的地區，用不當的水質，不當的灌溉方式和灌溉量有可能造成對地下水的汙染。汙水中往往也含較多易溶鹽類，其結果，可使被鈣、鎂離子達飽和的碳酸鹽沉積地區的地下水硬度明顯增加。

（六）土地利用－人類活動和農作物的關係

在農、林、牧業生產中土壤被作爲天然植物或栽培作物的基本條件和生長發育基地。土壤具有供給和協調植物生長所需水分和養分的營養條件及溫度和空氣環境條件的能力。食物主要源於高等綠色植物，所有高等綠色植物的生長都是以土壤和土地爲基礎的，離開了土地資源，農業就無法生產。雖有了土地資源，但質量不好，農業生產也不能變好，故土地資源是農業生產的重要物質基礎，也是人類賴以生存的物質基礎。人類爲了自身的存在和發展，必須合理地利用和保護土地。

人類賴以爲生的土壤具備有四個基本功能，一爲維持生物多樣性及生物量之生產；其次是藉由過濾、緩衝及去毒（detoxification）等作用，來調節地質化學循環，改善水與空氣的品質；其三可保存考古、地質與天文等紀錄；第四是維持社會經濟的結構與文化及環境美學上的價值，以及提供各種如道路、建築、水利等工程的基礎。當土壤因爲天然或人爲的作用而喪失這些功能其中的一項或多項，便可定義爲土壤退化。

人類使用約 87 億公頃的土地，其中具有潛在耕作用土地約 32 億公頃中不到一半的土地是用於種植農作物，其他耕地則作爲牧場，森林和林地。最近全球的研究估計，農地的使用雖已相對穩定，但由於近 50 年來的人口增加以及都市化發展，使得全球土地是普遍和整體性的再退化中（圖 4-13）。如在發展中國家（如非洲）其農業生產力已大幅下跌的大約16%；而約有3/4的中美洲國家的農業土地也已嚴重退化。未來的土壤退化有最大的影響是對農業收益的下降、投入成本的增長。而人口稠密，品質較差的國家可能會受害最深。

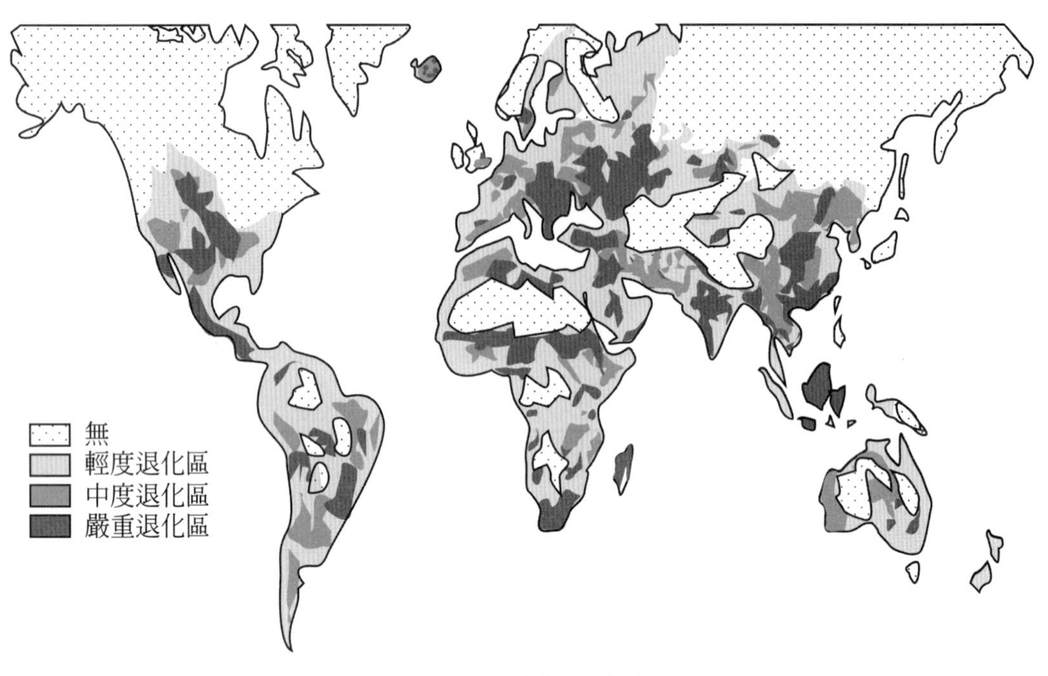

圖 4-13　全球土壤退化

（七）土壤侵蝕與水土保持

土壤侵蝕是指在風或水流作用下，土壤被侵蝕、搬運和沉澱累積的整個過程。在人類活動影響下，嚴重地破壞了土地上的植被後，引起的地表土壤的破壞和土質的流失。在地表缺乏植被覆蓋土質鬆軟和土層乾燥的情況下，以風為動力的土壤風蝕現象，其結果不僅毀壞土壤，被吹運的土壤被重新堆積而掩埋河流、湖泊和農田，甚而降低土壤肥力。以水為動力的水土流失，在暴雨集中的黃土高原地區和雨量充沛的山丘地區最為嚴重，終而導致土地的表層肥沃土粒被沖失，土壤變薄，質地不利，土壤肥力顯著下降，同時使耕地面積大大減少，帶給農業生產很大的困難。水土流失是使土地資源遭受破壞的最重要過程之一。無限制的人為開墾放牧，毀林挖草，植被被破壞，使地面失去保護。

（八）臺灣土壤之主要問題及管理對策

在臺灣地區主要之問題土壤有：1. 強酸性土壤；2. 微量元素缺乏或養分不平衡之土壤；3. 受鹽分影響之鹽土或鹽鹼土；4. 陡坡地易受沖蝕之土壤；5. 排水不良之水田；6. 深層砂土；7. 土壤受壓實；8. 土壤受汙染；及 9. 有機物缺乏等 。目前除部分地區已經投資及運用農業科技加以改良外，大部分地區尚未完全改良。爲了永續性農業發展之需要，未來勢必有必要加以改良。目前已有很多技術可加以改善，例如：1. 可施用天然「石灰物質」以中和強酸性土壤，使土壤爲中性；2. 可用「洗鹽」方法及選擇耐鹽性作物之方法，在鹽土區耕種生產；3. 用「暗管排水法」改善排水不良之土壤；4. 施用硫磺、微量元素或矽酸爐渣法，以調整微量元素缺乏或養分不平衡之問題土壤；5. 使用水土保持方法，防止坡地水土之嚴重流失；6. 利用深耕及施用有機肥等肥培管理法，解決土壤壓實問題等。

八、水體

水體是指在地殼上可以匯集累積水之處，其包括河流、溪流、湖泊、海洋、沼澤、地下水，甚至流域集水區等均屬之。

由自然界水文的循環可知，地球各部分的水體（海洋、湖泊、河川）在太陽照射下，透過水面和地面的蒸發和植物莖葉的蒸散化爲水氣，上升到大氣中，在大氣環流推動下，水氣上升遇冷時便凝結成雨、雪降落地面。一部分水滲入地下，成爲土壤水和地下水；一部分經植物吸收後再經莖葉蒸散至空氣中；一部分又直接從地面蒸發到大氣中；而更多是沿著地表，以逕流方式匯入江河湖泊，再注入海洋，而海洋中的水又再蒸發至大氣中。這種過程循環往復，永無止盡，這就是自然界中的水循環（圖 4-14）。

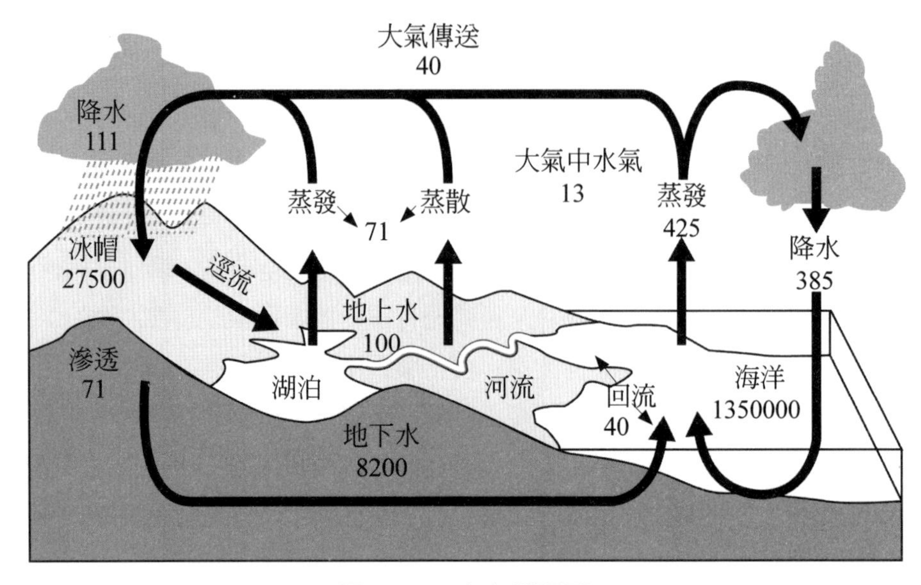

圖 4-14　水文循環圖

對環境地質而言，水體造成的環境影響有自然和人為兩種：包括河川逕流引發的洪水災害，河川的侵蝕與淤積作用，海洋侵蝕造成的海岸後退，湖泊中造成的淤積與優養化問題，以及地下水超抽與汙染問題等。

（一）河流

雨水下降到地面上成逕流，部分在地表上流動，再匯集成河流。河流具有侵蝕、搬運與沉積等作用。影響逕流的因素有降雨量、岩石滲透率、地表植物、溫度和地表坡度。河流可挾帶岩石碎屑或溶解物質，沿河道坡度由上至下流動、搬運及沉積，是屬一種重要的地質營力。當雨水降落在地面，而水量超過滲入地下的水量時，就可沿山坡順流造成地表或表層的侵蝕（如侵蝕溝），其後匯集在主要河道中成為溪流或河流。在上游的河流因為來自各方向的逕流集合而成，侵蝕以斜坡沖刷與表層侵蝕為主。河流在河道中可搬運礫、砂、粉砂、泥等沉積物質，其能力依坡度、河床形狀、流速、河水深度、荷重量及河床底部的粗糙、光滑程度而有所不同。當坡度降低、流速減小，河流搬運能力減弱情況下，就可發生沉積作用。

河流的侵蝕可使河谷加深、加長和加寬，可使河谷改變地形，因而造成曲流、辮狀河、牛軛湖等地形。也因具有搬運、沉積作用而造成氾濫或沖積平原、三角洲、沖積扇、台地等地形。長時期的侵蝕、搬運、沉積作用，可在曲流的外彎處造成切割，而在內彎處造成淤積。當一條河流無法在正常河床範圍內容納，而河水溢出河床範圍外，就會造成洪水災害。

河流除搬運沉積物外，亦含有溶解物質，一般多含次碳酸鹽、鈣、矽、硫酸鹽、氯、鈉、鎂、鉀、硝酸鹽、鐵等成分，此外，如他處的汙染源支流匯集到主流時，河流的物質成分可能就發生變化。因此，河流的侵蝕、搬運、沉積等作用造成的地形變化，如侵蝕、沉積地形，可能會使環境造成問題。

（二）湖泊

湖泊是陸地表面低窪地的積水所形成的水域，屬靜止水體，多由構造運動形成湖盆地形，亦有火山、河流、地下水、海洋等作用形成湖盆。湖水的成分主要受氣候以及湖水源流經的岩性有關，以碳酸鹽、硫酸鹽、氯化物、鉀、鈉、鈣、鎂等爲主要成分。湖泊的地質作用也可發生小規模的剝蝕、搬運作用，但主要以受氣候影響的化學沉積及生物作用爲主。湖泊常因地理位置、氣候、地質條件，過量蒸發而消亡，潮濕地區因泥沙過量淤塞而消失，也可因湖泊逐漸收縮地形而演變成沼澤，以致湖泊淤塞消失。另外，由於湖泊和沼澤地帶的植物茂盛，生長藻類、浮游生物，經細菌分解成富含有機質（腐植質）的沉積盆地，此處易造成下陷。

（三）海洋

地球表面可分爲陸地與海洋，其中約 70% 爲海洋。海洋是一個巨大的儲水盆地，面積廣、深度大，具有潮汐和洋流系統。陸地上的河流和地下水因侵蝕攜帶的物質均可匯入到海洋中。海水強大的動力可塑造成不同的海岸地形，而破壞的碎屑物質又不斷的被搬運到海洋中沉積。同時，海水動力也破壞了海岸、濱海和海底。海水的化學成分複雜，約有 80 多種元素，除氫、氧外，Cl^-，SO_4^{2-}，HCO_3^-，Br^-，Na^+，Mg^{2+}，Ca^{2+}，K^+，Sr^{2+} 等九種元素構成海洋中總物質含量的 99.9%。

海水流動的動能主要是風、海水密度差、熱能、太陽能等，故有波浪、沿岸流、潮汐流、洋流、濁度等的發生而造成海岸和海底的侵蝕、剝蝕等破壞作用，也造就出海蝕洞、海崖、溝槽等地形。同時也可藉搬運、沉積作用造成海灘、沙嘴、沙洲，以至深海的沉積物，如紅黏土、軟泥、錳核等。海水面也可因潮汐和風暴作用，冰川的融解作用，使海水面發生升降運動。這些海水運動就可引發災害性的海岸侵蝕後退、海岸淤積、地盤下陷、濕地破壞、土壤鹽化等環境問題。

習題評量

1. 討論土壤的工程性質有哪些？
2. 試述土壤對地質環境的危機。
3. 討論自然界中的水體有哪些？及其間之關係為何？
4. 討論地殼上岩石和礦物對地質環境之影響。

第五章　山崩、土石流災害

一、簡介

山崩（landslide）、土石流災害可自然發生，亦可因人為活動而加助發生。山崩土石流原位在穩定的山坡，因人為土地開發而引發；但也可在危險坡地之處，因工程技術而得以穩定下來。

山崩之定義係指沿下坡方向快速移動土石物料的現象，廣泛定義稱之為塊體運動。

二、斜坡作用與坡度之穩定

在自然的地形，一般坡度多屬較穩定的靜態；但也可能成為動態。坡面的土石物質，沿下坡移動的速率不同，可能是人類不易察覺的土壤蠕動，或是快速移動的土石崩落（圖 5-1）。在自然的河道中常可看到山谷加寬及其相鄰的氾濫平原即是斜坡作用造成的結果。

圖 5-1　斜坡的穩定性

在討論斜坡作用，幾項要素需先了解，如凸面坡、垂直自由面、岩屑坡度、及凹面坡（或沖積坡）等。不同的斜坡作用均與上述要素相關。凹面坡則與緩慢的土石下坡運動相關，如蠕動。自由面作用多與落石相關。岩屑坡則與自由面物質之堆積相關。岩屑坡的角度稱休止角，係指疏鬆物質在陡坡上維持休止安定的角度。凹面坡多因水流作用產生。陡坡多在半乾燥地區，因強岩的自由面崩落而發生。

在半潮濕地區，多因下部軟岩而造成上凸下凹的緩坡面地形；其斷面多以較弱的下盤岩層和較厚的土壤層構成，並造成坡面上部及下部地形的土壤較厚，而中間的土壤層較薄；此類坡面地形係由氣候與岩石抗蝕性有關。

在半乾燥地區，土壤層多發生在坡面地形上部的凸面坡，以及坡面下部的凹面坡或沖積坡。而在坡面陡峭部分之垂直自由面，其風化後的物質即迅速移動至凹面的沖積坡地帶。

山崩或塊體運動可分類爲下列數種的運動方式；即流動、滑動、崩落、下陷（圖5-2）。

（一）流動（flowage）：指未固結鬆軟的物質向下發生移動的現象，緩慢的移動稱之爲蠕動；而快速的移動稱爲崩瀉，多爲土石與水混合在重力作用下發生流動。

（二）滑動（sliding）：係指固結的物質向下的運動，通常有一深入新鮮岩體之滑動面而造成滑動現象。

（三）崩落（falling）：指岩體或岩塊自岩壁上分離，而以自由落體方式滾動或跳動方式向下發生運動之現象。

（四）下陷（subsidence）：則指在地表或坡面上的物質發生陷落的現象。

通常山崩是滑動和流動的複雜結合，是一複合式的運動。一個完整的弧型山崩型態可分爲發生區、滑動區和堆積區（圖 5-3），即其上方是爲崩移區，下方是堆積區；中間是滑動區。可由崩塌地上部的崩落型態轉變成下部的流動型態。

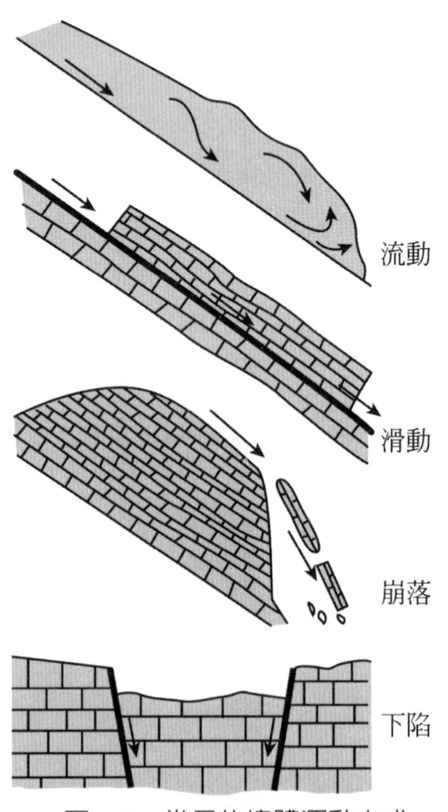

圖 5-2　常見的塊體運動方式

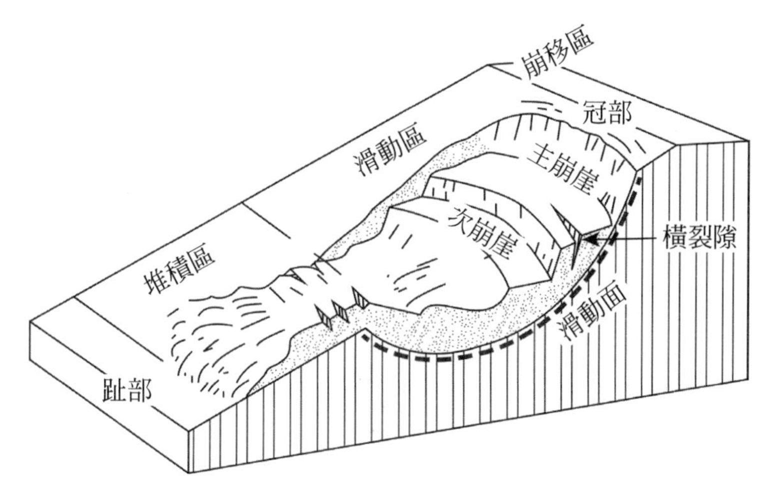

圖 5-3　弧形滑動山崩（Landslide）的區位

山崩的運動方式也可再細分類爲墜落、傾翻、滑動、側滑、流動、複合等以及不同物質的基岩、岩屑、泥流等。其不同名詞參考如表 5-1 及圖 5-4。

表 5-1　山崩（Varnes 塊體運動的分類 ,1978）

<table>
<tr><th colspan="2" rowspan="3">運動種類</th><th colspan="3">物質種類</th></tr>
<tr><th rowspan="2">基岩</th><th colspan="2">工程土壤</th></tr>
<tr><th>粗粒爲主</th><th>細粒爲主</th></tr>
<tr><td colspan="2">墜落</td><td>岩石墜落</td><td>岩屑墜落</td><td>土墜落</td></tr>
<tr><td colspan="2">傾翻</td><td>岩石傾翻</td><td>岩屑傾翻</td><td>土傾翻</td></tr>
<tr><td rowspan="2">滑動</td><td>轉動</td><td>岩石崩移</td><td>岩屑崩移</td><td>土崩移</td></tr>
<tr><td>移動</td><td>岩石岩塊滑動</td><td>岩屑塊滑動</td><td>土塊滑動</td></tr>
<tr><td colspan="2">側滑</td><td>岩石側滑</td><td>岩屑側滑</td><td>土側滑</td></tr>
<tr><td colspan="2" rowspan="2">流動</td><td rowspan="2">岩石流動（深蠕動）</td><td>岩屑流動</td><td>土流動</td></tr>
<tr><td colspan="2">（土蠕動）</td></tr>
<tr><td colspan="2">複合運動</td><td colspan="3">複合兩種或兩種以上之運動方式</td></tr>
</table>

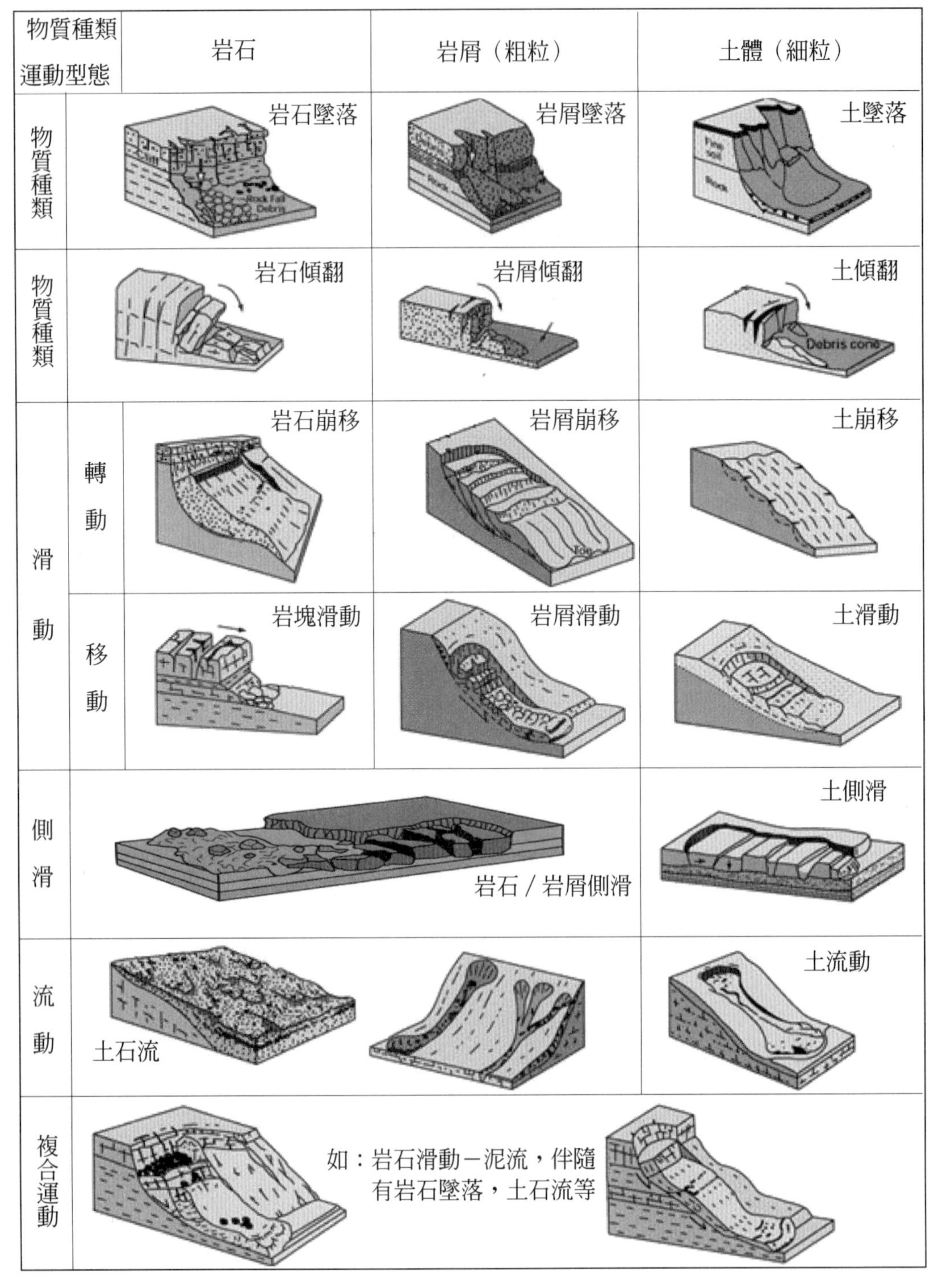

圖 5-4 山崩或塊體運動的分類和其造成的地質現象

三、邊坡穩定

爲了解山崩發生的原因，則需要調查檢測邊坡的穩定性，其涉及的相關因子有物質、坡角、氣候、植被、水和時間。

（一）邊坡的應力

在邊坡上可分爲兩個分力，一是物質沿下坡移動之力，稱之下滑力（剪應力）；另一是抵阻之相反的力，稱之抗剪強度（圖 5-5）。通常下滑力係指在坡面上物質的荷重，其包括植生、覆土、建物等；而阻力係位在潛在滑動面的坡面物質之抗剪強度。抗剪強度是指物質的內聚力和內摩擦力之總和。潛在滑動面係爲坡面物質的地質弱面。

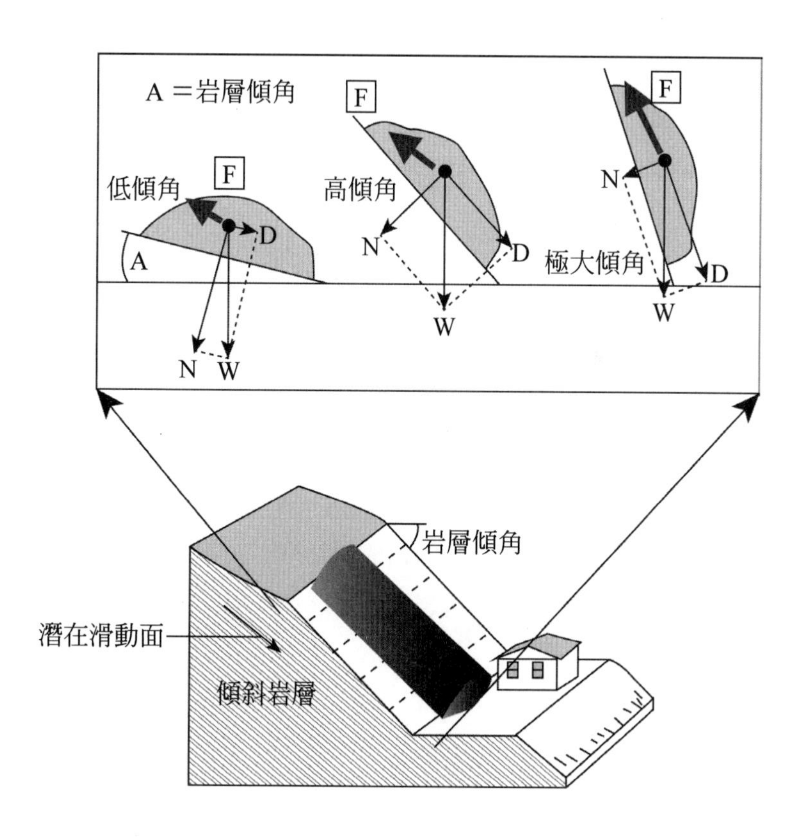

圖 5-5　邊坡滑動的力作用（D 為下滑力又稱剪應力，與其相反之 F 為抗剪強度，W 為重力，N 為正向應力）

邊坡穩定的評估取決於安全係數，其定義爲下滑力和阻力的比值；安全係數大於1，表示阻力大於下滑力，其邊坡穩定；若小於1，則表示下滑力大於阻力，邊坡破壞機率大。

下滑力和阻力並非靜態。局部情況的改變將導致安全係數的增加或減小。例如在邊坡坡腳的潛在滑動面開挖時，將引發邊坡滑動，其因爲移去了坡面物質，減少滑動面長度，導致降低抗剪強度而使整體的邊坡安全係數低於1。

（二）山崩土石流的物質

組成邊坡的物質可影響邊坡運動。基本上滑動可分爲兩種運動：弧型滑動或稱旋滑和平面型滑動或稱平滑。

旋滑式崩移係指滑動沿曲線滑動面發生，由於塊體運動是沿一曲線發生，崩移物質或岩塊的坡面可產生凹面地形。故多數崩移可發生在土壤質斜坡，也可發生在岩層斜坡，特別是弱岩的頁岩層。

平滑則指平面型運動，多沿傾斜坡度的滑動面發生，一般在岩層斜坡的滑動面多是各岩類的裂隙、層理面、沉積岩中的黏土夾層或變質岩中的葉理面。有時淺層滑動是指在平行坡面、岩石上覆的土壤滑動，稱之爲土崩。土崩的滑動面多位在基盤岩層和其上部土壤層之界面，其物質多爲風化岩石，其他物質的混合物或稱之爲崩積物。

崩積也可分爲落石和滑動兩類型，在弱岩上覆抗風化強的岩石可自岩壁上分離後，以自由落體滾動或彈跳方式快速向下運動。通常落石易發生在頁岩上盤的砂岩層。

斜坡運動的規模及頻率則受斜坡上運動的物質有關。例如，蠕動指土壤或岩石緩慢的移動；土流則指飽和的物質沿下坡快速或緩慢的運動。

崩移和土崩多易發生在頁岩或火山碎屑組成的斜坡；較不易發生在抗風化及膠結佳的砂岩、石灰岩或花崗岩斜坡；尤其頁岩地帶常爲眾人所知的易發生山崩地區。

（三）坡度和地形

坡度或坡角可影響邊坡下滑力的程度。當其他條件均爲相等情況時，潛在滑動面的角度增加，下滑力也就增加，故山崩的發生取決於坡角。根據美國舊金山灣區城市的山崩案例研究，該區約 75 ～ 85% 的山崩坡度大於 15%，即 8.5 度。

除坡度外，山崩的運動類型也和地形有關，如落石和岩屑崩落則和極陡坡相關；而淺層土崩則易發生在陡的飽和坡。通常土崩沿斜坡可轉變成土流或泥流而可造成嚴重的災害。泥流在中度坡度就可發生。另外有一名詞稱之岩屑流，係指較粗粒物質的下坡流動，在岩屑物質中約有 50% 的粒徑比砂粒粗。岩屑流依情況，其運動可極慢或極快。

（四）氣候和植生

氣候和植生可影響山崩型態及斜坡運動。氣候控制降雨程度，以及斜坡物質的水分，例如土流和泥流或岩屑流的斜坡運動就和斜坡物質中的水分相關。水分滲入坡面，導致泥流。潮濕地區多河流，易自流域盆地沿坡搬運泥砂物質，而在暴雨下發生岩屑流。

植生在山崩地區扮演的角色較爲複雜，其涉及數項因素，包括氣候、土壤、種類、地形、及焚山歷史。在斜坡穩定上，植生扮有三項的影響：

1. 覆蓋在坡面上的植生可阻止降雨直接衝擊坡面，降低坡面的侵蝕。
2. 植生的根部可深入斜坡岩層內，強化斜坡物質的內聚力。
3. 植生也可增加斜坡的荷重。

另外，若大規模的砍伐植生也可造成一些問題，如導致樹葉蒸散率降低，轉而增加土壤中水分，使邊坡穩定性降低。或融雪期間滲入坡面中的水分增加；也可能隨時間，植生根部腐爛瓦解，因而降低斜坡內的抗剪強度，此爲常見淺層山崩發生的原因。

（五）水

水在山崩運動中扮演不可或缺之角色。在岩石的風化過程中，使其漸漸降低剪力強度之原因，是因爲岩石或土壤和水的化學作用之故。自然界的水常和大氣、土壤中的 CO_2 反應而形成弱酸，即碳酸（H_2CO_3），其化學式爲 $H_2O + CO_2 \rightarrow H_2CO_3$，尤其在石灰岩地區，易受弱酸而風化分解。

河川或海浪侵蝕斜坡時，可移去物質，並降低其安全係數。在開挖或整修道路坡腳時，尤其重要，須注意此問題。

水在山崩和邊坡問題上的效應不少，水在岩石中可增高孔隙水壓，例如，斜坡上的孔隙水壓增加，則斜坡的抗剪強度降低，其下滑力增加，其結果的安全係數降低。這對土崩及岩屑崩落係一重要因素。許多山崩在發生之前，其斜坡物質中的孔隙水壓已經有增加之趨勢。

當某地區因暴雨而發展成棲止地下水面上升到地表的非飽和層時，此時斜坡的抗剪強度降低，安全係數小於 1，而發生土崩。另外，河岸的水位若突然下降，造成孔隙水壓的異常變化，失去支撐而降低抗剪強度，增加下滑力，可導致河岸的塌陷。此爲常見的河川遇河水氾濫後，常引發河岸塌陷的現象。

山崩也可在斜坡上，因黏土質沉積物遇水而造成土壤液化，當受擾動，黏土失去其抗剪強度而發生流動。另外，人爲滲水而進入鄰近坡地，增加孔隙水壓，降低抗剪強度，又因加重荷重而導致山崩。

（六）時間

斜坡上的「力」不論是剪應力或剪阻力均依季節的水位變化或含水量而發生變化，尤其在潮濕時期。斜坡上的抗剪強度多隨時間而降低，因爲風化而降低斜坡物質的內聚力，或因天然或人爲原因造成水壓的增加，故斜坡運動的穩定性隨時間而降低。

邊坡安全係數也隨時間的水分增加或氣候因素而降低，也因斜坡土壤粒度的重整，降低內摩擦力及斜坡物質的強度。

四、造成山崩之原因

造成山崩的眞正原因是增加剪應力或降低抗剪強度之故。但通常都因地震震動，坡面水壓增加等瞬間因素而忽略了眞正發生的原因，其原因的釐清是極具重要。例如，某一地區的移位滑動可能被誤認是因暴雨而使坡面物質達到飽和造成；實際卻是存有一潛在軟弱黏土質滑動面之故。另外，是一件人爲住宅開發案例，直接被認爲是地震造成，但卻是因斜坡開發設計錯誤之故。

山崩的原因也可分爲外在和內在因素；外在原因包括剪應力的增加，例如斜坡荷重之增加、斜坡的侵蝕、開挖或震動等。內在原因是降低抗剪強度，其包括斜坡物質的增加孔隙水壓或減少斜坡物質的內聚力。此外，山崩也因內在和外在綜合原因造成。例如，斜坡中水重量而增加剪應力，並結合孔隙水壓之增高產生的抗剪強度降低。另外，自然發生的土壤液化及地下風化侵蝕等原因。

五、人爲引發的山崩

人類的行爲可提升山崩發生的規模和機率。若是人爲因素，則應了解何處、何時及爲何會發生山崩，可避免災難，降低損失。某些情況下，因我們了解人爲原因，故可適當控制或儘量降低，避免發生。

有些造成山崩、土石流等災害的不利地質因素，如土壤、岩石滑動面、暴雨、季節的永凍土等均與人爲因素無關；但如都市化及森林伐木等土地利用的改變就是人爲影響災害。諸多這類案例是因不利自然地質及人爲因素相互影響造成，如自然水量的變化、人爲地形的改變以及坡面物質的改變。

（一）伐木造成的山崩災害

伐木或林地開發引發的侵蝕作用可造成土崩、岩屑崩落及深層土流的山崩災害。尤其森林地區，在弱、不穩定的斜坡伐木，的確會造成坡面加速的侵蝕作用。因此，開闢道路須砍伐樹林、植生是一大問題，因爲開闢道路可妨礙到地表水系，改變地下水流，以及因整地作業而改變了斜坡的質量，故在林地開發，須有一套管理改善的方法，以降低不利的災害。

（二）都市化造成的山崩

都市化城市因人口密集、建築物多、住宅道路、工商業發達，以致易造成山崩災害。尤其許多國家都市開發的環境地質災害多發生在坡地開發，由於坡度、岩性、地質構造、土壤類別、植被、氣候等複雜的自然因素；外加人爲不良設計的都市開發作業，常導致都市化區域的山崩問題。

六、減輕山崩災害

要減輕山崩的災害，可從下列事項著手：1. 鑑識出可能發生山崩之地區；2. 利用工程設計以防止山崩之發生；3. 山崩危害地區的預警系統；4. 山崩發生後之控制措施。

（一）潛在山崩的鑑識

避免發生山崩災害的第一要務是山崩潛感地帶的鑑識。可藉由現地野外地質調查和航照圖鑑別過去發生的山崩地帶（即舊崩塌地），由這些資料獲得山崩潛感圖和風險評估圖。

有些微兆可自行鑑別，如居住在山坡地區，可注意自家住屋的牆壁、道路是否龜裂，管線是否漏水，周遭樹木是否蠕動傾斜；但上述的龜裂也可能是其他膨脹性黏土造成：故山崩可能災害的鑑識不應只檢視住戶單一的區塊，建議應檢視周遭的情況，如住屋附近的上、下坡之狀況。因此，在山坡地開發前，利用地質和工程的知識與技術資訊可減輕災害的發生。

（二）山崩的防止

大的自然山崩防止或許有些困難，但良好的工程措施的確可減輕其災害。例如坡頂加諸荷重，潛在危險性邊坡的整坡或填土以及斜坡水系的改變等，均需注意實施或避免。防止山崩的工程技術問題包括有地表、地下水之排水；不穩定斜坡物質的移去；護坡工程以及其他的防坡工程等。

1. 排水措施

多數情形，山崩之發生係因斜坡水壓增加，故設置排水系統，如縱橫溝渠或排水井等，以增加斜坡物質的抗滑力，穩定斜坡。地表及地下水的排水措施為一有效穩定邊坡之方法。藉助一系列的排水系統，將地表水分流排出，此法常被應用於道路邊坡的削坡整地。為防止地表水滲入斜坡，常藉由坡面上覆蓋一層不透水膠結土壤的瀝青或塑膠類。

地下水則開鑿溝渠，以防止水滲入斜坡而不易排出。溝渠則以礫、碎石充填，以便不穩定斜坡阻止地下水滲入或排出地下水。

2. 整坡

雖然整坡的坡角為坡地災害的原因之一。但詳細的整坡計劃可增加坡面的穩定性。一般有兩項方法來增加坡面的穩定性，即削坡與填坡及階坡方法。第一種方法是移去上坡的物質來填補下坡之方法，而使降低整個斜坡的坡角。如此，上坡物質的移去是降低剪應力，而將物質填補到下坡坡趾，則是增加抗剪強度；但不適用於過陡的斜坡。另一方法是，將斜坡開挖成數個階層，每一階層均設有地表逕流排水的溝渠，以降低斜坡運動的發生。

3. 護坡

護坡的工程方法（圖 5-6）包括有擋土牆、蛇籠、排樁、噴漿等，其方法多應用在邊坡基礎，並用透水性的礫卵、碎石回填，且設置排水孔用以降低斜坡的水壓。

圖 5-6　邊坡的護坡工法可增加邊坡的穩定性

另外使用的方式是利用岩錨崁入岩盤中，以增加斜坡之穩定性。山崩的防止方法費用雖高，但其回饋價值相對也高。據估計，其防止成本的報酬率可約在設置成本的 10 到 2000 倍。

（三）山崩預警系統

山崩預警系統雖不能防止山崩，但可容許有充裕時間以便逃離或疏散。監測即是預警的簡單方式。山崩災難區可由一些明顯的現象變化察覺到，例如潛在災害區的不利氣候監測是一項較爲可靠的方式。

預警方法包括有電子監測、傾度計量、地音等等方法，監測到地動的地震波訊息。另由淺井可監測斜坡的地下水量變化，亦可藉由當地的降雨量及淺層土壤滑動監測預警。

習題評量

1. 說明自然因素可能引發山崩、土石流災害之原因。
2. 說明人爲因素可能引發山崩、土石流災害之原因。
3. 討論哪些方法可防制或減少山崩、土石流災害之發生。

第六章　地震災害

一、簡介

災難性地震可在數秒鐘內毀壞都市建築及失去人類生命財產。台灣 921 地震即是一例（圖 6-1）。一般媒體新聞報導地震災害多報導瞬間規模大小。瞬間規模即是反映地震釋放的能量。在地震強度分級中，8.0 級以上稱爲巨大地震；7.0 到 7.9 級稱爲大地震。其中由 7.0 級到 8.0 級則表示能量增加 30 倍。在地震災害中，除觀注地震能量因素外，尚有其他重要的人爲因素，如人口密度、土地利用、建築型態等亦屬同等重要。

圖 6-1　1999 年台灣「921 大地震」震驚國內外，震央位於南投縣集集鎮境內，地震規模達 7.3，造成中部地區人員傷亡與經濟損失慘重

由於許多地震始於板塊界面（圖 6-2），板塊間的交界面或接觸面即是地震活動發生之處，然而大規模破壞性的板塊內地震則在遠離板塊界面發生。因此，對於地震可能發生的地帶（如活動斷層、板塊交界面等）、地震規模、地震效應等訊息知道的愈多，則愈能評估地震可能造成的災害，以便將生命和財產之損失降至最低。

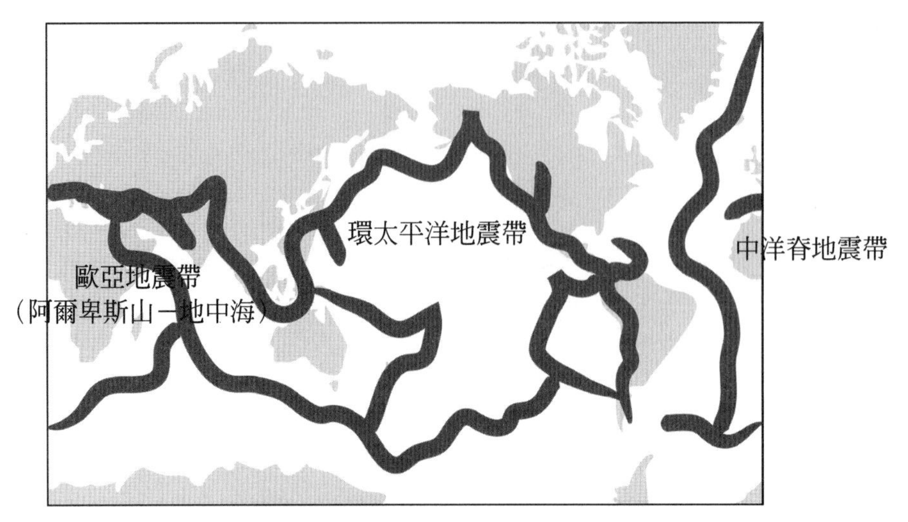

圖 6-2　全球主要的地震帶

二、地震作用

因為地球是動態的，故地震是自然作用造成的結果，可發生海洋盆地、大陸、山脈等各處地區。然多數地震發生在岩石圈板塊之界面。

（一）斷層和斷層運動

地震發生的原因係由於地球內部的動力變化所造成。直接原因是地殼內部的岩石受到外力作用，超過其強度而產生破裂，使岩層發生的相對移動而釋放出大量的能量，使地殼發生震動。所造成相對的移動面稱之斷層，因此斷層滑動是地震引起的稱之為地震斷層。

當地殼受變動時產生的應力沿著岩層慢慢累積，使岩石發生變形，當應力達到了臨界值，斷面上的摩擦力立刻被克服，斷面兩側岩層忽然發生折斷、破裂，造成斷層。在岩石中發生變形的彈性應變能釋放出來而變為運動，同時發生固體的震動就造成地震。因此斷層可釋放地震波能量，是評估地震風險的第一步。

斷層既是一種破裂性的變形，在破裂面兩側的岩層可沿著裂面發生相對的移動，可能是上下或左右、前後移動。明顯的斷裂破碎面稱為斷層面。常為斷層兩側的破碎岩塊和碎土堆積而成斷層帶，時有一些小斷層。在斷層面上方的岩層稱為上盤，下方的岩層稱為下盤；如果斷面垂直，就沒有上下盤之分。

斷層兩側岩層發生的移動是相對的，根據斷層幾何形狀的斷距，斷層可分爲三大類（圖6-3）。若斷層的上盤沿著斷層面對下盤相對的向下移動，稱之爲正斷層（normal fault），代表地殼受張力沿著斷層面向兩側拉裂造成的，主要是垂直方向的運動。斷層的上盤沿著斷層面對下盤相對的向上移升，稱爲反斷層（reverse fault），是岩層受到兩側推擠壓力所造成，代表側向的擠壓所造成的斷層面。斷層面的傾角小於45度的反斷層稱爲逆斷層（thrust fault）。斷層沿著斷層面沒有上下垂直的移動稱之橫移斷層（strike-slip fault），是沿著斷層面走向發生水平方向的左右移動，斷面常近於垂直，主要是由壓力所造成。若斷層左方的斷塊相對向觀測者移近過來，稱之左移斷層；斷層右方的斷塊相對向觀測者移近過來，則稱爲右移斷層，主要是水平方向的移動，在地表上所見到的斷層常是一條直線。

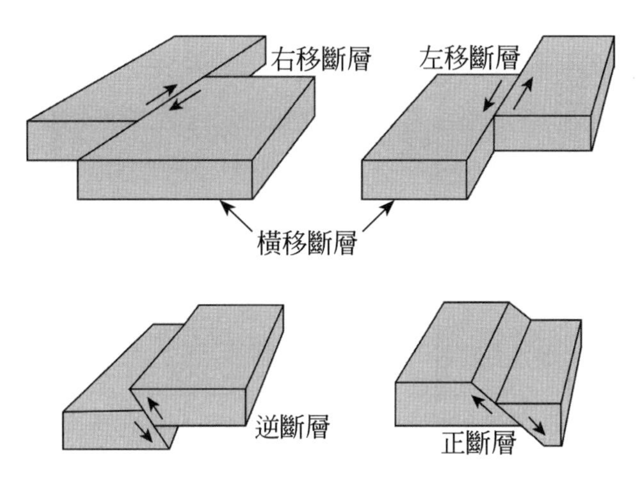

圖 6-3　斷層的分類

另外，斷層若依其運動的滑距觀點，可將斷層分類爲平滑斷層、傾向滑移斷層和斜向滑移斷層。

1. 平滑斷層或稱橫移斷層（strike-slip fault）係指斷層兩側岩塊沿著斷層走向平行作水平方面的滑動，其斷層面通常爲陡直，其包括前述的左移和右移斷層。
2. 傾向滑移斷層或稱傾移斷層（dip-slip fault）則指斷塊沿著斷層面的傾斜方向滑動，其斷層面也常爲傾斜，其包括前述的正斷層和逆、反斷層。
3. 斜向滑移斷層或稱斜移斷層（oblique-slip fault），其滑動方向不與斷層面走向或傾斜平行，而介於斷層走向與斷面傾角之間。

有時，斷層的滑移方向可由斷層面上的溝槽、斷面擦痕、斷層泥及拖曳褶皺等特徵來決定。溝槽是因斷層滑移動時兩側岩層面摩擦造成的溝痕細槽，可以是無數平行於斷層移動方向的小槽，或是斷層上下岩盤相對摩擦、壓碎造成的斷層角礫或斷層泥。也可在斷層尾端因斷層移動的拖拉彎曲，造成拖曳褶皺。

因此，多數大而長的斷層帶稱爲斷層區段，每一區段都有其獨立的斷層史（古地震或史前地震活動），及移動型態，是評估地震災害的重要依據。斷層帶的長度短者有約 1 公尺，長者有數公里，甚至大的地震有數十公里的延伸。

1. 斷層活動

多數地質師認爲地震的活動度是在過去 1 萬年（全新世），有發生運動的證據；但在地質年代中以 165 萬年的第四紀爲最多。斷層的移動仍以 1 萬年到 165 萬年（即第四紀的更新世）之間的發生最多，而將全新世的活動分類爲潛在活動性（表 6-1）。

表 6-1　斷層活動的時間分類

地質年代			時間（距今年數）	斷層活動
代	紀	世		
新生代	第四紀	全新世	200	
		更新世	10,000	活動性
	第三紀	先更新世	1,650,000	潛在活動性
先新生代時代			65,000,000	非活動性
地球起源時代			4,500,000,000	

資料來源：After California State Mining and Geology Board Classification, 1973.

因此，若斷層在過去的 165 萬年未發生活動，則稱之爲不活動性。爲了證實斷層是活動或稱活動斷層（active fault），必須由過去歷史的地震活動或古地震之地質記錄研判，其包括鑑定近年來的錯動、位移記錄及位移、錯動的物質。以美國加州爲例，其訂定的斷層活動證據是過去 1 萬年內。美國原子能委員會對核能廠則訂爲過去 5 萬年內發生或 50 萬年內發生至少一次。

活動斷層的二項重要事件是：斷層的滑動率（或滑率）及再現性間距。滑率是指斷層在某一時間間距內發生的滑動或位移的差率或比率；例如一個斷層在 1000 年內位移 1 公尺時，其滑率即是每年 1 公釐。

在斷層上，地震發生的平均再現間距，則有 3 種方法決定之。

(1) 古地震資料：在地質記載中，地震發生平均的時間間距。

(2) 滑率：每一地震事件的位移量除以滑率（即每年的位移量）。例如某一地震事件位移了 1 公尺，而其滑率爲每年 2 公釐，則此地震的再現性間距爲 500 年。

(3) 地震間距：指地震事件之時間間距，使用地震的歷史及平均的事件間隔時間決定之。

即使地震資料齊全，但斷層滑率和再現性間隔看似簡單的計算公式，但多依時間因素而改變，也讓人質疑。如常見地震事件可在某一段時間內發生數次，其後又間隔了長期的低度活動。

2. 評估斷層活動的方法

有多種方法可以評估斷層的活動度，其包括歷史地震和史前地震。古地震的評估可藉由地形受斷層位移而得知。如地形沿活動平滑斷層發生的水平運動，其造成的現象，如錯斷的河流、陷落的池沼、線型的山脊、斷層崖等地形特徵均表示爲近期發生的斷層。但也可能有其他原因，故解釋上需要愼重。

由土壤的調查研究亦可用以評估斷層的活動度。例如，被斷層錯移的兩側土壤之年代鑑定，可知錯位的時間，此方法結合其他資料，可用以研判史前地震的活動度。史前地震的活動，有時也可藉由斷層沉積物中放射性碳 14 定年方法得知。如美國南加州的 Coyote Creek 斷層帶即是藉定年得知 1968 年地震事件的再現間隔爲 200 年。

3. 構造潛移或蠕動

有些活動斷層只呈現構造潛移或蠕動現象，感受不到震動，而是漸漸的發生位移，例如加州柏克萊校區發生的地震潛移速率爲 11 年期間移動 3.2 公分，極緩慢，不易察覺的活動斷層，此種斷層潛移仍可能是斷層滑率之部分現象，並在瞬間突發位移時可能會造成地震。此現象仍會損壞道路、建屋等之基地。

（二）震波和地動

當斷層發生破裂、岩石瞬間分離，其間釋放的能量即以震波方式傳遞岩層中，即所謂一般感受到的地震。

1. 震源和震央

在地球內部發生地震斷層破裂的源點稱之爲震源，其破壞地點不一定在地面上，多數發生在地球內部。從震源點垂直引伸，投影到地表面的一點稱之爲震央。一般媒體報導地震發生的位置是震央；而科學家多報導震央及震源深度。根據已知震源至地表的距離，自極淺至約 700 公里深處，一般可分爲三級；淺源地震指其距離爲 70 公里內，70 至 300 公里之間稱爲中源地震，而深度在 300 公里以上稱深源地震。也有將 30 公里內距離稱之爲極淺源地震。然而多數地震屬淺源地震。在同一地震規模下，淺源地震破壞力遠比中、深源地震來的大。

例如，在加州近 Landers 地區 1992 年的平滑斷層地震事件，其規模爲 7.5，震源距離爲 10 公里內，造成 85 公里長的地表破裂，位移抬昇隆起超過 2 公尺及橫斷面位移 6 公尺。

2. 震波種類

當岩體受斷層破裂時產生的地震波在地球內部進行傳遞稱之爲體波，其包括爲 2 類，即 P 波又稱爲壓縮波和 S 波又稱剪力波。P 波與音波性質相似，可通過固體、液體和氣體；通過物體時，其粒子係以一疏一密的前後方式振動，振動方向和地震波的傳遞方向平行一致。P 波傳遞岩石中的速率爲 5.5 公里 / 秒；液體較慢，如在水中傳遞速率爲 1.5 公里 / 秒。

S 波又稱剪力波，僅可通過固體，在花崗岩中傳遞速率爲 3 公里 / 秒，其粒子係以上下振動方式，震波方向和震波傳遞方向垂直。兩體內地震波中，P 波比 S 波速度快。

另外，地震波沿地球表面傳遞的稱之爲表面波，它是多數地震造成地表建築結構破壞的原因。表面波包括樂夫波（LQ 波）及雷利波（LR 波），前者具有複雜的水平地表運動；而 LR 波則以複雜的橢圓軌跡振動。兩者表面波均比體內波傳遞速率慢，但 LQ 波稍比 LR 波快些。

由於來自震源有不同的震波種類、頻率、速度，以致當震波通過岩層時，因不同物質的界面以及地表而產生的折射與反射效應，造成的振幅而加強了震動，以致損壞建築物及其他結構物。因此，地表振動極爲複雜，因地形及土壤等不同物質會發生震波、振幅的加大或減小之效應。

3. 震波頻率在振動上的效應

地表及建築物的搖晃係受地震波頻率的影響。震波頻率是指某一點，每秒鐘震波通過的次數，以赫芝（Hz）表示之。

不同的物質，如基盤岩類、沖積層（砂、礫、泥、粉砂）等對地震振動皆有不同的反應，地震震度及其振幅在泥砂沉積物中爲最大；依序爲沖積層、沉積岩、堅硬的火成岩類（圖 6-4）。故在軟弱岩層中比堅硬岩層中的搖晃震度來的大，此效應稱爲物質的振幅。建築物在自然的地震波範圍內，有其振動的頻率。地震時，結構物上下震動及左右前後擺動，其幅度大小依地震強度，震波性質及房屋本身振動週期而定。若震波中某一波段週期和結構震動自然週期相吻合時，即振動幅度增大，發生所謂的共振。

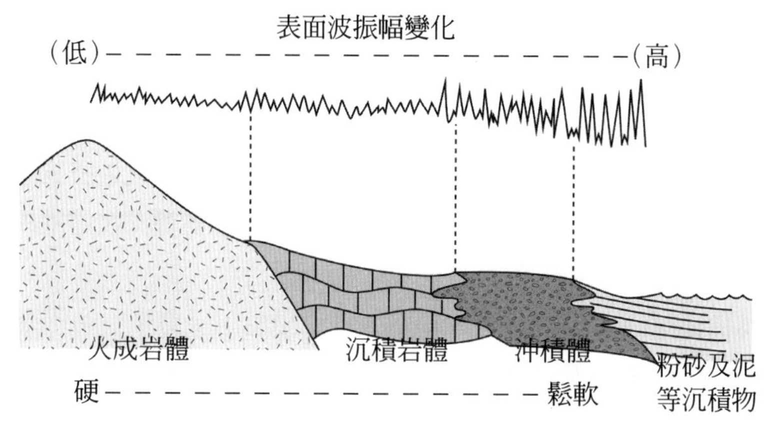

圖 6-4　地震時，表面波在不同岩體的擴大效應

建築物低、堅硬、輕，其振動週期短；建築物高，柔軟且重，振動週期長。低比高的建築物有較高的自然頻率。因此，壓縮和剪力波可使低建築物造成震動；然而表面波會使高建築物造成振動；因爲高頻率波比低頻率波衰弱快，故高建築物距地震震央長距離處也能遭到破壞；低建築物則在近震央處發生振動破壞。

例如 1985 年的墨西哥 8.1 震度地震事件中，距震央數百公里的墨西哥市鎭，多數（6 至 16 層）高樓遭受破壞。同樣，因墨西哥市的基盤爲湖相地層，故發生的地震振幅增加了 4.5 倍。

（三）地震強度或震度與地震規模

每年均有上百萬的地震發生，然而僅少數的百分比被我們人類感受到。地震的強度或震度評估可由能量的釋放或由人類及建物的影響程度衡量之，也可由地動加速度評估地面搖動的程度。

1. 地震規模

地震規模是指地震時，產生的震波運動量來計算地震的大小，是以數字表示震源釋放出的能量，即所謂的芮氏地震規模。地震規模的數字係以不同測站的地震儀測出的最大震波振幅和自震央處的 P 波與 S 波傳遞到測站的時間差距，經數學公式取其對數值表示。

因距離震源愈遠，震波就要慢慢變弱，須先修正經驗因素，才可使全世界的地震儀可以對同一地震得到相同的規模數值，所以規模級值的差別是採用其對數值。例如，規模 2 的地震是規模 1 地震的十倍強度，規模 3 的地震可達到一百倍的強度；

規模 8 的地震大於規模 7 的地震十倍，大於規模 6 的地震一百倍，大於規模 5 的地震一千倍，依此類推。一個地震在不同的地點可以有不同的強度，所以地震強度的數值是因地而有變異的。

早期地震規模是根據震源距離的遠近，採用地震記錄中不同地震波振幅和週期來估算，因此地震儀特性、震波性質（如體波和表面波）及震源深淺遠近界定出各種不同的地震規模。現今發展也有幾種不同地震規模來表示。

(1) 芮氏規模或當地規模：在距離震央 100 公里處，以標準型的伍德－安得森地震儀所量到的最大震波振幅（以 0.001 公釐爲單位），再取其以 10 爲底之對數值。

(2) 體波規模：量測遠距離縱波（P 波）的最大震幅，週期約 1 秒。但無法用來量測較大規模的地震。

(3) 表面波規模：量測表面波中的最大震幅，週期約 20 秒，無法用來量測規模大於 8.0 的地震。

芮氏規模（M_L）、表面波規模（M_S）與體波規模（m_b）等是依地震儀的反應所計算出的地震大小。由於地震規模爲對數線性關係，所以每增加規模單位 1，代表地震計所量到的振幅增大 10 倍。

由於地震波在傳遞過程中，因摩擦、吸收而其能量衰減，又因地層中岩石的物理性質不同，能量、振幅等衰減也因而不同，而在相同的有效距離內，地震的規模愈大，導致的災害也愈大。通常將地震規模小於 3 者稱爲微小地震，等於或大於 3 而小於 5 者稱小地震，等於或大於 5 而小於 7 者稱中地震，等於或大於 7 者稱大地震。

地震導致的災害也與震源的深度，以及震央距人口稠密地區的遠近有密切的關係。一般而言，淺源地震引起的災害，常比深源地震引起的災害要來得嚴重；而震央愈接近人口稠密的地區，災害自然造成生命財產的損失就愈大。

2. 地震強度或震度及地震加速度

在地震儀尚未發明前，依房屋建築物受損的程度，以及地震時人類所感受到的震動情形，將地震區分等級，稱爲「地震強度」，或簡稱「震度」。目前仍有許多國家採用，在地震頻繁的日本，將地震的強度分爲 1～6 級，再加上一個 0 級，共有七級。

一個地區建築物的損壞程度、地表面的擾動，及人與動物受擾動的感受程度明顯的受到地表下岩石與土壤的組成影響；土壤及未固結的沉積物比疏鬆且剛性較差的岩石，其抵抗加速度及速度的物理性質也較差，容易受地震剪力波影響而有放大效應，致使災害變得更嚴重。我國中央氣象局將地震震度分爲 0 至 7 級。震度與建築物的破壞有著密切的關係，現今地震儀器已能記載地震的加速度，反應的物體受力狀況，震度亦可由加速度值來劃分。用儀器所量到的地震加速度以（gal）來表示，1gal = 1 公分／秒 ^{2}，地球重力加速度為 980gal。我國氣象局的地震震度分級如表 6-2：

表 6-2 中華民國中央氣象局所使用的地震震度分級表

震度	名稱	震動程度	震度階（加速度）	
0	無感	地震儀有紀錄，人無感覺。	O	< 0.8 gal
1	微震	人靜止時可感覺微小搖晃。	I	0.8 ～ 2.5 gal
2	輕震	大多數的人可感到搖晃，睡眠中的人有部分會醒來；電燈等懸掛物有小搖晃；靜止的汽車輕輕搖晃，類似卡車通過。	II	2.5 ～ 8.0 gal
3	弱震	幾乎所有的人都感覺搖晃；房屋震動，碗盤門窗發出聲音懸掛物搖擺；靜止的汽車明顯搖動，電線略有搖晃。	III	8.0 ～ 25 gal
4	中震	有相當程度的恐懼感，睡眠中的人幾乎都會驚醒；房屋搖動甚烈，不穩物品傾倒，較重家俱移動；汽車駕駛人略微有感，電線明顯搖晃，步行者也感到搖晃。	VI	25 ～ 80 gal
5	強震	大多數的人會感到驚嚇恐慌；部分牆壁產生裂痕，重家具可能翻倒；汽車駕駛人明顯感覺地震，有些牌坊煙囪傾倒。	V	80 ～ 250 gal
6	烈震	搖晃劇烈以致站立困難；部分建築物受損，重家具翻倒，門窗扭曲變形；汽車駕駛人開車困難，出現噴砂噴泥現象。	VI	250 ～ 400 gal
7	劇震	搖晃劇烈以致無法依意志行動；部分建築物受損嚴重，幾乎所有家具大幅移位或摔落地面；山崩地裂，鐵軌彎曲，地下管線破壞。	VII	> 400 gal

因都會區之建築物往高空發展，雖地表的震度很輕微，但在高樓層則會有較明顯的搖晃，不過震度的發布仍以地表所測量到的加速度為依據。將同樣強度的點連成一線，就稱為「等震度線」。一般而言，震央附近的震度最大；若震度自最大值向外迅速遞減，則震源較淺；反之，最大值向外緩慢遞減，則表示震源較深。所以從等震度圖可略知震央位置，且從等震度線的分布圖可預估地震災害的情形。

（四）彈性回跳學說

當地殼受變動時所產生的應力，不斷在累積，使岩石發生變形，但還沒有斷裂。一旦應力到了臨界值，彈性極限，斷面兩側岩層會忽然折斷，發生破裂，造成斷層，此時岩石中發生變形的彈性應變釋放出能量，變爲運動，使斷裂的岩層回彈到應變前的位置，發生震動產生地震，也就是所謂的彈性回跳學說。此學說是研究 1906 年舊金山大地震時所發現。但在地震後，經一段時期，可能再次累積彈性應變，而再度發生另一次的斷裂。

1. 前震、主震、餘震階段

一般認爲典型的地震通常涵蓋 3 或 4 個震動階段。一個主要地震發生以前，常有數小時或數天的小震動，表示地下岩層中積聚的應力已達到臨界點，隨時有地震發生的可能，稱之前震。在主震之後，岩層仍有小的調整，也常有小的震動以達安定狀態，有時可連續達數秒、數月或一年之久，稱爲餘震。但也有的地震只有主震，沒有前震和餘震。

2. 膨脹－擴散模式

雖然發現地質物質在地震前，地震當時及地震後的物理性質有所變化，但仍未有一套說法模式。有一套理論模式稱爲膨脹－擴散模式，此模式說明地震發生變化初期，在岩石受應力達到其岩石破裂強度一半時，則會增加岩石中的彈性應變，而產生膨脹。當膨脹發生之際，岩石內發生裂隙，而有了物理性的改變，即表示未來要發生地震。

簡單而言，膨脹擴散模式的假說初期是在膨脹岩石中產生低的水壓，而導致發生低震速率（當近斷層處岩石內的速率），而當岩石發生位移運動量愈大，則震速愈弱。若將水注入裂隙中，則使孔隙壓力增加，也即增加波速及破壞岩石。岩石水中的氡氣量也就增加。沿裂隙的破壞運動即表示地震。當此運動之後，應力釋放，岩石恢復其原先的物理狀態。

此模式的關鍵在於流體或液壓因素。如從震源深處得知，似乎存有更多的水體，岩石的變形係認爲是深處液壓之故，而導致降低岩石的抗剪強度。若液壓極高，則引發地震。由多數經驗得知，在隱沒與活動褶皺地帶均存有高液壓狀態，且皆發生地震。這也可能解釋爲何地震之後會發生泉水溢出更多的水流及在乾的溪流開始有水流。在大地震後，有的地下水流量的增加可持續數月之久。

（五）人為引起的地震

人爲也可引發地震，三種常引發的地震有水庫引發地震、深層廢料處置及核能試爆。由有些案例舉出，水庫建造後，蓄水導致岩石中水壓增高而產生斷層。廢棄液體注入岩層深井，增加液壓，導致斷層地震發生；而當停止注入，則停止地動。美國內華達州的核試爆曾造成5～6.3級的地震，其因是試爆可導致釋放出自然的構造應變。

三、地震效應

地震的搖晃尚不至造成死亡或大的損失，而災害性地震就可造成毀滅性的效應，故地震的效應除搖晃、地表斷裂外，另伴有其他的災害現象，其包括山崩、火災、土壤液化、海嘯、地表變形等。

地震發生的災害，通常可分成直接性災害與間接性災害。直接性災害是指地震發生時，直接引發自然現象的改變，造成了人類傷亡或財產的損失。常見的包括地面斷裂、山崩、土壤液化、地盤下陷、海嘯等。

間接性災害或二次災害，是指地震引發人爲活動或建築物的破壞改變，也對生命財產造成傷亡和損壞。常見有火災、海嘯、洪氾、水壩破壞與維生管線等之損壞。

（一）地表斷裂與陷落

災害性地震的直接效應，除地面巨大搖晃外，尙包括地表的斷裂、移位和陷落。當斷層活動沿著斷層的兩側岩層發生數公分到數公尺的錯動移位時，會造成地表破裂、地層拱起或陷落的現象。尤其建築物的基礎正好跨越斷層帶，那就易發生扭曲或斷裂，使得建築物倒塌。間接性災害，除建築物破壞外，同樣橋樑、道路、管線、水壩等其他硬性結構物也易造成斷裂破壞。

1. 建築物破壞

地震災害的種類雖多，最重要的致災原因爲地盤振動，地上建築物承受不了劇烈振動而損壞或倒塌。地震引發之建築物毀損而再造成人員傷亡的災害，常見的有房舍倒塌、道路與橋樑的損壞。

2. 橋樑與道路的損壞

橋樑是交通運輸的重要命脈，地震發生時，橋樑若受到損壞，人員傷亡可能有限，但對緊急救援的阻隔，以及整體社會機能的發揮影響巨大。地震也使得不少交通要道中斷，尤其山區道路的坍方與路基塌陷，造成難以通行。

3. 維生管線損壞

包括電力、電訊、瓦斯、自然水及交通運輸等系統的維生管線若受損，對我們的生活會產生嚴重影響。這些系統比較脆弱，遇地震時，極易受損而引起災害。如瓦斯管破裂會引起火災；電力、供水、通訊等系統爲支援救災滅火的重要需求，一旦受損，不僅會引起二次災害，還可能癱瘓緊急救災工作。

4. 火災

在地震所引起二次災害中，以火災最爲嚴重，也最可怕。地震發生於人口密集的住宅區，可能因地表搖晃及錯位而使瓦斯、油氣管線斷裂及電線短路引起火災，此時若水管被震裂而斷水，消防設備亦受破壞，很可能造成嚴重的後果。

5. 水壩破壞

地震時，水壩可能因水庫中大量水體的劇烈震動、強烈的地表震動或山崩而被破壞。壩體崩裂後洩出的洪水，對水庫下游居民可能帶來嚴重的傷害。

（二）山崩

大規模地震產生激烈的搖晃震動常易造成山崩，通常臨近山地、坡面陡且地質脆弱的地區，更易產生山崩作用。引發山崩的自然作用有地震與降水，地震規模、降水量與降雨強度越大，越易引發山崩。因地震引發的山崩在山區極爲常見，以岩屑滑落、落石，至地滑、崩陷均可發生，造成不少嚴重的傷亡災情。

（三）土壤液化及地盤下陷

土壤液化係指含飽和水的顆粒物質由固態轉爲液態的狀況。地震發生時，強烈的震動會使原本存在土壤層因壓縮增加的孔隙水壓，使水滲出，土壤「液化」而變得軟弱。尤其在近地表飽和水的砂，粉砂地區更易失去其抗剪強度而發生流動。若液化土層的上方有建築物，將造成建築物下沉、傾斜或倒塌的災害。發生液化的地帶常出現在離震央數公里至數十公里區域內的河灘及海灘地、近河岸的砂質沖積層、砂質舊河道堆積地，以及位在湖邊或其他水體的填土新生地等，這些均是危險之處。另外，噴砂也屬於土壤液化的一種。例如：1906 年梅山地震曾在民雄以西至新港之間，造成地表大量噴砂。

接近震央，且位在物質鬆散未被壓密的岩層，或地震造成張力拉裂之處，均易使地表陷落或凹陷。雖然地陷地區範圍均局部不大，但若發生在人口密集區的溝渠、地下水道、堤防等處仍易造成潛在的危險災害。

（四）地形變遷

包括地表的隆起抬昇和下陷的垂直變形是大規模地震的另一項效應。有些地表變形可導致地下水位的變化，例如：阿拉斯加地震造成的地表變形，變形地帶有 500 公里長，210 公里寬之範圍，並造成 10 公尺的抬升及 2.4 公尺的下陷，影響到海岸生態以及地下水位面。

因下陷原因造成社區的水患氾濫，而在抬升地帶漁民社區則被抬升移位到高潮線以上，致使碼頭與其設備無法作業。

（五）海嘯

海底的地震、火山爆發及山崩均可能是造成海嘯的原因，其中以海底地震是造成海嘯的主因。斷層活動產生的破裂面延伸至海底造成海底地震，或因震源接近海底，造成海底瞬間產生垂直錯動，造成震源地區海面的陡昇降，在重力作用下位能轉換成動能，攪動海水而形成較長的波浪向四處傳播，在海洋引起波浪，當波浪傳到海岸時，因海水變淺而使波浪變得更高，形成了海嘯。在寬廣的海域中，波速可達 800 公里 / 時，波長可長達 100 公里，波高雖在深海中小於 1 公尺，但當波浪進入淺海岸時，則波速緩慢至 60 公里 / 時，但波高卻可高達 20 公尺以上。波浪越高，能量越大，危害海岸地區就越廣。強大的地震，可以使海嘯傳達至幾千、幾萬公里外的沿海國家，在無預警狀況下，造成毀滅性的災難。

四、地震風險及地震預測

地震造成生命財產的嚴重損失，一部分係因缺乏預警系統。有關地震預測多已進行諸多的研究，多以機率方式進行相關斷層某一區段的風險評估，一般以長期監測進行，認為地震規模與強度有很大的機率是發生在某一地區或斷層區段的特定年限。此法可助以居民考慮選擇居住的地區，但仍無法預測地震之發生。另外，短期預測係對地震可能發生的地點與時間較有助益，因短期預測是依照前兆事件現象的觀察變化以及現行事件的調查得知。

（一）地震風險之評估

某一地區的風險評估可依地震災害圖，有些圖是以相對災害圖表示，即可指出某些地區發生的地震規模。較佳的評估地震風險方法是計算某一事件發生震動的機率。例如有些地震災害圖係以水平地動運動的機率評估，如表示地震的地動加速度有 10% 機率爲 50 年以上發生。此方法係根據過去歷史地震、不同規模的頻率以及斷層的滑率等評估。估計的地動加速度，係假設以某一岩類情況估算，但實際上，某一地點的災害則依不同的地質材料或物質的振幅而可產生不同的振動。通常在災害的最大地震振動則近於震央之處，但仍需更多資料來評估其準確性。

（二）未來地震的風險機率

風險機率是估計在特定期間，某斷層區段的地震規模之發生機率，此方法是依過去的地震及地質資料綜合評估得知。例如：1980 年代的加州 San Andreas 斷層區段的地震風險評估，1988 到 2018 年間發生中至大的地震，也分別在 1857、1881、1902、1922、1934、1966 等年份發生，而平均每隔 21 到 22 年發生。因而得到大地震的發生約爲 30% 機率。

（三）短期預測

地震的短期預測，就如同氣象預測，是在短時間內預測地震事件可能發生的機率。在日本地震的預測即採用微地震頻率、重複大地測量、水管傾斜儀和地磁觀測等技術方法，並配合微震資料可在地動發生數月之前預測出。並由大地傾斜和地震活動相印證出發生的結果。

短期的預測，科學家係依據主震發生前數天的前震現象、資料獲得，然而並不是每次的主震前皆發生前震。因此，地震預測仍是一件複雜的事件。短期預測多依照下列現象因素獲得；即地表的變形、沿斷層發生的地震間斷、地震型態與頻率以及動物異常的行爲。

1. 地震前的抬升和下陷

地震前，地表的抬升和下陷率的快速或異常變化是預測地震的重要指標。日本曾在 1964 年的 Niigata 地震前 10 年就發生地殼有數公分廣泛的抬升現象。同樣在 1983 年的日本海地震也有前 5 年有數公分的緩慢抬升證據。雖尚未能徹底了解原因，但仍認爲日本在 1793、1802、1872、1927 地震前 1～2 公尺的抬升現象是極有重要的意義。

2. 地震間斷

地震間斷是指某一地區，沿活動斷帶發生一次大地震後，但在近期未再發生，這些區域被認爲是在儲存構造應變，而待未來大地震發生之準備。地震間斷可用來作爲中程或中期的地震預測。

自 1965 年來，由地震間斷預測大型板塊發生的地震成功案例有 10 餘件。由地球科學家長期觀察地震的型態了解，在大地震事件發生之前，有時會發生中、小型規模的地震。例如 1978 年的墨西哥規模 7.8 大地震前，有 10 年期間發生 3 到 6.5 規模的地震，後 5 年則寧靜未發生中小型地震，而後 10 個月則發生 7.8 規模的大地震，此說明小地震的發生係爲巨大地震發生之先期預兆。

3. 動物的異常行為

在大地震發生前，動物的異常行爲，如狗吠、雞不生蛋、馬繞圈圈等行爲常被作爲地震來臨的徵兆，但此方法仍難以作爲依據及可靠性，尚須進一步了解。

（四）地震預測

地震的預測，不論前述的方法論以及地震前兆資料的蒐集均極具重要。科學家持續對於地震的發生地點、規模作長期性（指數十年到數千年期間）、中期性（指數年到數月期間）以及短期性的預測（數日到數小時）。雖然短期預測準確性不易，然中、長期的預測較爲有成效。科學家推測未來地震之方法，係依一套假設關係，即地震規模和發生時間（天或時間）的吻合關係。第一件事是證實前兆事件的經驗關係，如前震活動之異常傾斜或抬升、下陷與地震規模之間的關係。前兆事件可藉由量測，評估某地區的強度，而可得出地震規模。某地區過去歷經的地震規模和地震前兆事件發生的時間以及時間間距關係可推測得出地震的預測。此理論方法仍無法準確性預測，但是一項具有研究價値及改善的預測方法。

五、地震災害的應變

地震災害的應變方式，包括有減災計畫，重要設施之場址，調整工程施工計畫、土地利用之規劃以及預警系統之建立等。

（一）地震減災計畫

美國地質調查所及大學的科學家們發展一項地震減災計劃，其包括下列目的：

1. 爲了解地震震源而發展出一套斷層的物理與機械性質及地震作用之物理定量模式。

2. 為評估地震潛能而進行地震活動之區域特性研究，其包括調查地殼變動速率、活動斷層、古地震特性、計算長期機率預測及發展短、中期的地震預測方法。
3. 預測地震效應，其包括相關資料之收集，以預測地表斷裂與搖晃對建築物的效應以及評估地震災害造成之損失。
4. 將研究結果，地震災害訊息傳達給民眾、社區、政府、國家以致作為地震減災，減少生命與財產之損失。

（二）地震與重要設施之場址

重要、危險的設施一旦受地震毀損，將造成極嚴重的災害損失，且影響社會成本。例如在市鎮地區的學校、醫療機構、消警機構等，另外如水壩、電廠等極重要的設施地區均須相當關切注意。這些地區須注意三個面向，進行災害評估、對地震災害之安全性評估以及可接受的風險評估。例如美國的核能委員會對核能電廠址的設址規定是5萬年內活動一次或50萬年內數次活動的活動斷層處須避開設址。當然活動斷層活動度的最大可靠性係依構造環境、歷史地震，及古地震強度等項來評估重要設施的地震災害。

雖然可藉地震事件的地表斷裂長度、位移距離，經數學公式得知地震規模，也可由現地滑率資料得知某地震規模的再活動度，然而推測收集的資料，如斷層斷裂長度，位移距離等仍然有限，因而結果的準確性也較保留。對於某一斷層期望能獲得斷層長度、型態、位移量，近期運動時間，再活動之時間間隔，及最大地震規模等資料，以利評估之準確性。由於極困難獲得史前地震的絕對發生日期，不過仍試著不斷了解地震、活動斷層及估計地震預測的最大可靠性。

（三）針對地震活動所作的調整

科學家對地震的發生機制、預測方法仍無法了解、突破，預警及防範方法仍為有限不易，下列提出幾項較可依賴的保護策略，即結構物保護，土地利用規劃及保險政策等。

1. 結構物保護

對於地震運動，在建築物結構設計上需有保護之原則、準則及基本要求。

(1) 結構設計之原則

在弱震下，其結構維持彈性，側移在某範圍內，在地震停止後，恢復原狀不受損。中震下容許有限度非結構物的損害，結構體在地震停止後，恢復原狀不受損壞。強震下結構物與非結構物難以修復，嚴重損害，但希望結構物不要突然或完全崩塌。設計良好的韌性，延緩崩塌時間，或局部破壞。

(2) 耐震設計的準則與結構系統的基本要求

地震時，結構所受的側向震力等於對其加速度乘以結構質量。兩相同構造之結構物受到相同的加速度時，質量大的，所受的側力也大。不合防震設計的磚造或鋼筋水泥造的房屋，較木造或竹造的房屋更易開裂或倒塌。地震時，結構物上下震動及左右前後擺動，其幅度大小依地震強度、震波性質、房屋本身振動週期而定。若震波中某一波段週期和結構震動週期相吻合，則發生共振，振動幅度增大。結構物相對加速度比地面上加速度大 4 ～ 5 倍之多，故不堅固的結構系統，易開裂、倒塌。地震時產生的地動加速度大小和週期特性評估出耐震設計。故地震帶上的結構物須考慮側向勁度及韌性，以不使結構突然倒塌。

(3) 耐震結構的基本要求

結構耐震設計需考慮概念設計，如場地選擇、合理結構造型、布置、正確構造措施等。並計算設計，如地震作用效應、定量計算等。對於構造變形，如非結構體剛度影響，材料特性、變化，土壤與結構之互制效應，應力、應變效應均須考量。地震因不確定性高，具有複雜性，因此抗震設計極為重要。

2. 土地利用規劃

重要結構物，如學校、醫院、消防設施等建築物的址地須避開活動斷層等地質敏感區。選擇有利的構築場地與地基，如：①避免地震、斷層附近，若非不可，須評估加強耐震設計；②注意鬆軟地層及不同岩體性質之地層；③注意黏土層、液化土、填土區、不均勻地層區，須加強基礎整體性及剛性。

另外，因活動斷層處對地震有極大的影響關係，活動斷層帶周遭的建築物須設定有一定的管制距離，以策安全。如美國加州對活動斷層帶則有嚴格的後退或安全管制帶，在確信斷層線兩側各15公尺範圍禁止建蓋住屋；確信斷層線兩側15至38公尺間，只能建蓋獨立獨戶、木屋或防震結構物；推論斷層線兩側各 30 公尺禁建住屋；推論斷層線兩側 30 至 53 公尺間只能建蓋獨戶、木屋或防震結構物。推論斷層之位置因不能十分確定，故其管制帶亦較確定斷層處的管制帶寬鬆。

3. 地震保險

當地震來臨時，常造成人類生命及財產的巨大損失，甚至對國家、社會的穩定也造成衝擊，因此如何減低未來地震發生時可能造成的損失，開辦及擴廣地震保險是提供選擇降低未來損失的一項有利方案。

地震保險的觀念是藉由投保者在定期繳納不致過重的保費，以支應日後地震發生可能造成的巨大損失，獲得適當的保障。

（四）地震預警系統

發展一套地震預警系統，也是減災的另一項技術。地震預警系統可在短時間內（數十秒至 1 分鐘）使人民有足夠時間疏散、撤離或關閉機電設備，以達到提早疏散的安全目標，保護自身的安全及財物損失。各國政府對地震均設有預測及預警的流程規劃。先由科學專家藉儀器設備偵測地震波資訊，傳送至衛星轉換系統，接受地面處理評估結果，再告知政府、民眾作爲應變的措施。

（五）地震災害之省思

由地震災害造成的嚴重生命與財產的損失，使我們不僅省思幾項有關地震的問題。第一是地震的重大災變易造成心理、情緒的強烈反應和創傷，且須重新調適生活環境，甚至須藉助專業的心理輔導，心理復建才能走出人生。第二是建築物的設置位置應儘可避開或遠離可能的活動斷層地帶，以及鬆軟的砂泥盆地地帶，這些地方易造成地表劇裂的搖晃、斷裂或沉陷的危險性。且須事先進行地質調查工作，以策安全。第三，爲減少災害損失，對於建築物的結構設計安全，須予檢查認識。第四，對於建物位於如斷層、河邊、坡地等較受地震影響的危險敏感地區，應保持其安全的退縮管制距離。第五，預警雖並非全然準確的有功效，但平時對地震可能來臨時的應變措施，應有所思索警覺。當然尚有諸多對地震加以省思的問題，以儘可確保安全無慮。

習題評量

1. 試述地震作用發生的原因。
2. 討論地震可能造成的災害效應。
3. 試述地震的預測和防範的方法。
4. 說明何種地質環境會對地震的發生造成危害性。

第七章　火山災害

一、簡介

世界上每年約有 50 到 60 處的火山在噴發，但多數火山噴發都發生在人煙稀少之地區，一旦發生在高人口密度的地區，則將造成嚴重的災難。因人口的漸增及時代的變遷，有更多的人民居住臨近於活火山或潛在火山之處。世界上，如日本、菲律賓、印尼等國以及美國西部的阿拉斯加、夏威夷等處均是活火山或潛在活火山存在之地區。

二、火山作用和火山

火山活動或火山作用皆與板塊構造有直接關係。多數活火山均位於近板塊交界處，此處亦是岩漿來源之處，約 80% 的活火山位於太平洋環處，亦稱之為「太平洋火環」（圖 7-1），亦吻合太平洋板塊之處。

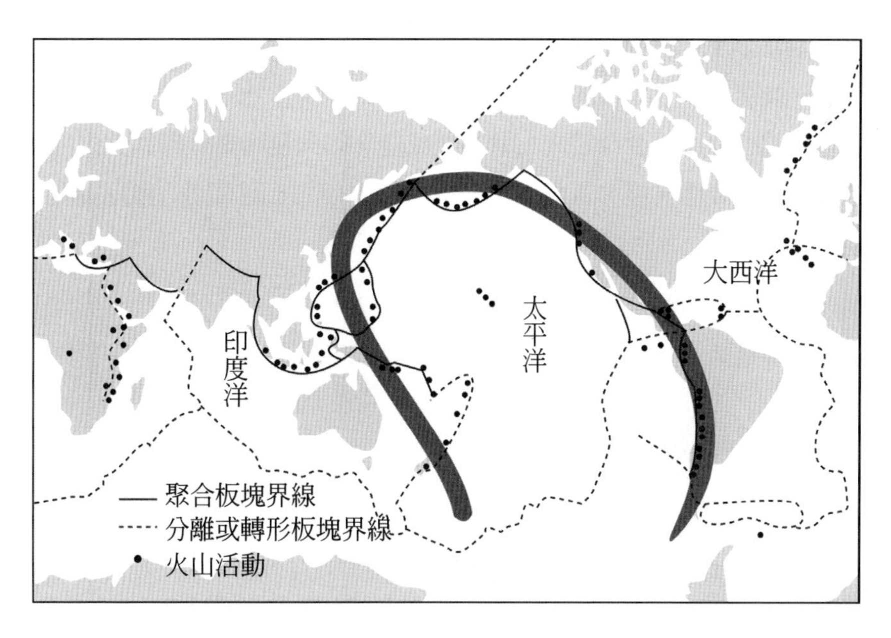

圖 7-1　太平洋火環帶

(一)火山類型

火山類型是依其活動特性分類,也是由岩漿的黏度決定,岩漿的黏度又取決於二氧化矽的含量及溫度,含量變化可約在 50 ~ 70% 之間。

火山作用若按噴發堆積在火山週圍物質的不同,又可分類為盾狀火山、複成火山及火山丘等三類。

1. 盾狀火山

為大型火山,其特性屬非爆烈噴發型,由於岩漿的低二氧化矽(約占 50%)含量所致。通常係由基性岩漿冷卻凝固形成玄武岩類。盾狀火山多由熔岩流組成,但也可由許多的火山碎屑構成,稱之為火山碎屑岩。若火山碎屑堆積在火山口形成錐狀體,又稱為火山渣錐或火山碎屑錐。若火山碎屑堆積物固化可形成火山碎屑岩。

盾狀火山外形多為寬展平緩,如同盾形,其頂部坡度多為 3 到 5 度,而側坡坡度約在 10 度左右。此現象與熔岩流的黏度相關,當自火山口流出時,相當熱而易流動,其後流動至側邊冷卻時,黏度增加,而形成較陡的坡度。盾狀火山頂部可因爆烈及崩陷而造成四周較陡凹形盆地的破火山口。若噴發時熔岩流至破火山口則稱之熔岩湖。

2. 複成火山

複成火山常顯示出標準的錐形,多由中性岩漿成分(約 60% 氧化矽含量)凝固形成,比低矽酸鹽類岩漿組成的盾狀火山黏度略大,通常為安山岩類。複成火山之特性是由熔岩流和火山碎屑混合組成,且相互成層,因此也稱之為層狀火山。這類型火山通常具有較陡的坡面側邊,多數火山碎屑構成 30 至 35 度之間的穩定坡度。

3. 火山丘

構成火山丘的岩漿黏度較大(矽酸鹽含量約 70%),且不易流動,形成小丘型,典型的岩類代表是流紋岩。火山丘的火山活動具有爆發性,其危害性亦相對大。

(二)火山的起源

前面已提到火山活動與板塊構造有直接關係(圖 4-2),因此了解不同火山種類型態的構造起源有助於解釋它們不同的化學成分。

以下說明板塊界線的作用對於不同的火山類型之間的關係。

1. 中洋脊之火山作用產狀可形成玄武岩。中洋脊裂谷的擴張,使地球內部低氧化矽含量的岩漿上升到陸地上,形成了玄武岩質的盾狀火山。
2. 在岩石圈板塊熱點之上形成了盾狀火山。如夏威夷火山即位於太平洋板塊下熱點處（非板塊界線）的岩漿上升而形成了海底火山島嶼。

3. 隱沒帶處的安山岩類可形成複成火山。在隱沒帶處，上升的岩漿因混合海洋（基性成分）與大陸（酸性成分）地殼物質而造成了中性矽酸鹽成分，形成了安山岩類。
4. 因劇裂爆發可造成破火山口產狀。岩漿自地球內部上升，混合大陸地殼的高矽酸鹽成分而噴發凝固成流紋岩類。

（三）火山的特徵現象

火山地區常見的特徵現象有火山口、破火山口、火山道、間歇泉、溫泉等。

1. 火山口、破火山口及火山道

火山頂部常呈現窪地的裂口外貌稱為火山口（圖 7-2），是岩漿或其他火山物質的噴發或崩陷造成，可形成四壁陡峭的窪地、漏斗狀或較平坦的外貌，通常有數公里的直徑範圍。另外面積較大的火山爆裂口稱破火山口，多呈圓形窪地或盆地，約有數十公里的直徑範圍，常包含有火山道及其他火山現象。火山道是火山的熔岩流或火山碎屑物噴發至地表的管道，常呈圓形長的管狀導管，亦為岩漿噴發之通道。

圖 7-2　破火山口

圖 7-3 火山地質區的溫泉

2. 溫泉和間歇泉

溫泉和間歇泉常見於火山地區（圖 7-3），係儲存於地下的熱水上湧到地表形成。溫泉或熱泉的形成有兩種原因，即地表循環水滲透到地下深處，因地溫梯度或岩漿熱量加熱形成，也可能是存於地下岩漿內的岩漿水。所謂地溫梯度是地球溫度在地表下，隨深度而增加溫度，愈深其溫度愈高，一般平均地溫增加率或地溫梯度是每深 1 公里增加 30 度。另外，若高溫的泉水和蒸氣在每隔一段時間向地面噴出者稱之為間歇泉。

3. 破火山口噴發

破火山口噴發可造成巨大的崩落窪地。巨裂的破火山口噴發可噴出 1000 立方公里體積的火山碎屑物，但大都是火山灰，形成 10 公里直徑的火山口，火山灰可涵蓋達數萬平方公里範圍。此種火山灰流及火山落灰可在火口邊緣處聚積 100 公尺厚層，而離火山口中心來源約 100 公里遠處則僅堆積到 1 公尺厚層。其噴發事件約在數天到數週結束，並常有溫泉和間歇泉伴生。破火山口的噴發，若基底部仍有岩漿活動，且地形漸漸起伏變形，則有再噴發之機率。

三、火山災害

火山災害包括火山活動引起的直接影響以及因直接效應引發的間接影響。直接影響包括熔岩流、火山碎屑活動（火山落灰、火山灰流、火山碎屑物）以及火山氣體（多數爲蒸氣，餘爲腐蝕性或毒性氣體），次生或間接影響包括岩屑流、泥流、山崩（岩屑崩落）及火災等。

（一）熔岩流

熔岩流是指地下岩漿流出地表火山口（圖 7-4），而沿其側緣凝固的火山活動。其依成分可分類爲玄武岩、安山岩和流紋岩三種火山岩。熔岩流若黏性小則流動較快；若黏性大，流動慢。基性熔岩流含約 50% 的氧化矽，其流動速度較廣。若氣體含量高，其噴發溫度可使流動速度快，一般有每小時 1 公尺流速，常可凝固成平滑的外形組織。而含少量氣體的玄武岩質熔岩流，其流速每天約數公尺，常凝固形成塊體狀組織的地表外形。熔岩流常沿陡坡流動而造成居家的安危。

圖 7-4　火山熔岩流

針對熔岩流的控制方法，有下列幾項可行：即開炸法、水力冷卻、防護牆等。這些方法雖不能全然阻擋熔岩流，但多混合運用以減輕災害。開炸熔岩流是開炸出熔岩流既定之流道而使熔岩流受阻凝固之。另外，水力冷卻以快速凝固熔岩流以及設置防護牆阻隔熔岩流等皆是遠離或避開熔岩流之方法。

（二）火山碎屑災害

火山碎屑活動係指自火山口噴發到大氣中的碎屑物，其包括有數種物質（圖 7-5）。在火山的噴發過程，大量的岩碎、玻璃質碎屑及氣體等自火山口爆發至大氣中。側碎屑是指自火山邊坡噴出的氣體和灰噴出物以極快速度噴離火山。火山碎屑流或火山灰泥是可以致死的噴發物，噴發物爲熾熱，而由灰、岩屑、玻璃碎屑和氣體等組成的碎屑物，並以極快的速度自火山口流至火山邊坡處，常被稱之爲熾熱火山雲。

圖 7-5 火山碎屑物

1. 火山落灰

火山落灰的噴發涵蓋數百或數千平方公里範圍，可造成下列的災害，植生破壞、地表水受灰汙染而成爲酸性，或因荷重增加建築物頂部而受損。由於灰和腐蝕性氣體導致呼吸與眼部系統的傷害，以及當玻璃質火山灰進入飛航的機體引擎時發生損害。

2. 火山灰流

火山灰流可熾熱至數百度，且流動速率相當快，可達每小時 100 公里，沿流動路徑一路燃燒造成嚴重災害，是災害性的火山活動。另一種火山灰流是稱火山灰湧浪，係因上升岩漿接觸地表的水分而形成劇烈的蒸氣和灰的爆發。

（三）毒性氣體

在火山活動之際，不同的氣體可伴隨火山噴出，其主要包括水蒸氣、二氧化碳、一氧化碳、二氧化硫及硫化氫等，其中水分和一氧化碳占約 90% 以上。二氧化硫和大氣接觸後形成酸雨；一些具有毒性的化學成分伴隨氣體被火山灰吸附而下落到土地上，以及被吸附到土壤中、植物中造成人類和畜牧的中毒食物鏈。如氟被噴發出後形成氫氟酸而吸附在火山灰中或進入水體中。

（四）岩屑流及泥流

火山活動引發的間接效應是岩屑流和泥流，統稱爲火山泥流。火山泥流的發生係因大量的鬆軟火山灰物質形成飽和、不穩定時，則沿下坡運動快速流動。岩屑流和泥流之不同定義在於粒徑的大小，岩屑流是50%以上的粒徑大於砂粒徑（2公釐直徑）。

1. 岩屑流

由火山噴發的岩屑能快速融化大量的冰雪而造成洪流，並沿坡面流動時伴隨火山灰等沉積物而形成了岩屑流。故岩屑流是火山沉積物和水混合的快速流動體。如同泥漿，沿火山側面谷地流動，可流動數公里之遠。

2. 泥流

前述泥流和岩屑流之不同在於粒徑；泥流之粒徑較細，流動速度可達每小時30公里，且流動距離可達1至2公里長。不論岩屑流或泥流多沿火山谷地流動，故易流入火山周緣的谷地處，或也可流入水庫而造成水庫溢流之問題。

四、火山活動之預測

人類無法準確預測火山活動的發生，但由噴發之前收集的重要火山現象、資訊仍可達到一些減災的效果。雖然火山發生機制尚未全然了解，但重要的是火山預測技術是憑經驗得知，目前所使用火山預測的經驗技術包括有：①地震活動的監測；②熱性質和磁性質的地球物理觀測；③火山膨脹或傾斜地形的監測；④火山氣體之監測；⑤火山地史的研判。

（一）地震活動

火山經驗得知，地震常爲火山噴發之前的預警現象。夏威夷的經驗是常使用地震作爲監測岩漿接近地表的活動性。

（二）地球物理監測

在噴發前，火山的地球物理監測是根據地下岩漿庫內大量岩漿的活動，以致熱流體改變了局部的磁力、熱力、水文及地球化學的狀況。當火山噴發前，因周圍岩石發生了熱能，藉由紅外線空照技術測出地表岩石的溫度增高。若對火山進行週期性的遙測記錄可偵測出熱點區域，即表示可能未來的火山活動。當舊火山因新岩漿而產生的熱能（使原岩石的冷卻結晶改變）、磁性即發生變化；此變化可藉由地面或空中的岩石磁力性質偵測出。

（三）地形監測

地形的改變與火山地震關係可作爲噴發前的監測。許多的火山在噴發崩落前，地形發生了膨脹、傾斜，此情形配合震群可反應地下內岩漿即將噴發，以作爲預測。地表變化的監測包括近火山地區地表的傾斜、膨脹、裂隙及湖水水位的變化等均是作爲火山噴發預測現象的利器。

（四）火山氣體的監測

監測火山地區噴出之氣體是氣體地球化學的研究方法，尤其對氣體成分的變化，如水蒸氣、二氧化碳、二氧化硫、氦氣等之相對含量對火山活動之監測極具重要。二氧化硫釋出量常視爲與地下火山作用的變化相關，也即表示岩漿臨近地表的活動度。如美國聖海倫（St. Helens）火山在噴發前兩週的二氧化硫含量增加約 10 倍之多。

（五）地質史

了解某一火山的噴發歷史，常可作爲預測未來火山之發生。藉由火山地質圖的繪製可了解該地區火山熔岩流及火山碎屑、沉積物的活動分布情形，也可了解近期的火山發生，進一步也可標示出火山災害發生地點。火山地質災害的調查、地質圖的繪製以及火山事件的定年資料可貢獻於土地利用規劃及未來噴發之準備（圖 7-6）。

（六）火山噴發預測之進展

雖然預測短期火山噴發技術之成功案例不多，然對中、長期的預測技術較有成功案例，其多依據火山地震、火山地表膨脹變形及火山氣體等資料研判近期火山之發生。

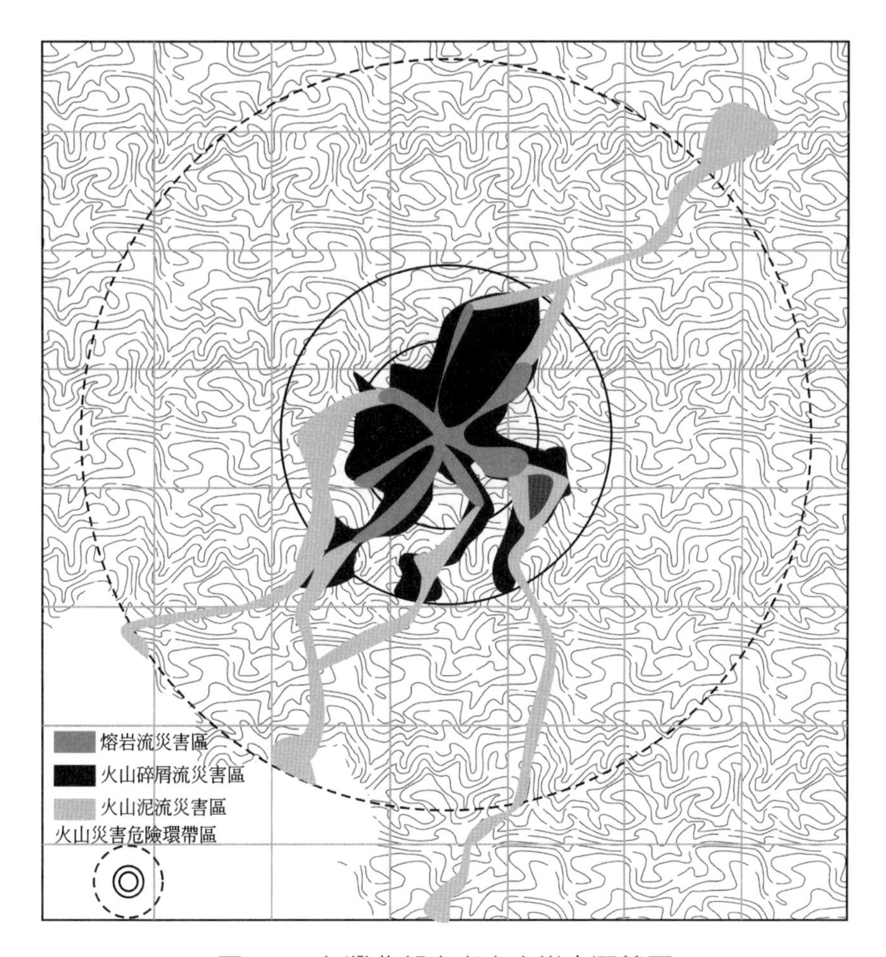

圖 7-6　台灣北部大屯火山災害潛勢圖

（七）火山預警

火山噴發的預警對火山學家而言是一項極艱難的工作。目前爲止，並無建立一套的標準程序，例如何時發生？何時疏散撤離？何時安全撤回？等等警訊。美國地質調查所發展一套危險度系統，以綠、黃、橙、紅等四種信號辨識危險的程度；每一信號係根據地質技術研判而給予危險度的信訊；同時針對不同的信訊給予預警的處理方法。

五、火山災害之省思

雖然火山災害的影響不及地震災害嚴重，因多位於離城鎮的偏遠地區發生，但因噴發結果引發的火山泥流堆、山崩、火山氣體、火雲等直接或間接的災害，仍造成生命財產之嚴重損失。尤其對於火山發生的規模與週期更是不可忽視。現今，仍對短期的預測技術須加以積極研究，畢竟第一時間的疏散撤離是保障生命、財產損失的最重要任務。

習題評量

1. 試述火山作用造成的火山災害有哪些？
2. 討論火山活動的預測方法。

第八章　河流災害

一、河流作用

早期人類選擇居住在河川地的氾濫或沖積平原處，係因河流兩岸的沖積層土壤肥沃，有豐沛的水源，易傾倒垃圾以及臨近河道易進行商業貿易等等的優點。當然，在現今社會，如果住宅區、工商業區，甚至農地等均建在氾濫平原區，就會考慮到洪氾災害問題。氾濫平原是指位於河道兩側的寬廣平地，在洪水時期為河道中溢出的河水所覆蓋，是由礫、砂、粉砂、黏土等沉積物組成的沖積區。

因此，本章節的河流災害，以氾濫或沖積平原地區為主要的探討對象，了解發生原因機制以及控制洪氾的方法等。

（一）河流和溪流

河流是水文循環的一部分，當雨水降落到地面後，經由蒸發作用而大部分回到大氣中，其後再回到大地的循環過程。當然一部分可藉由植物吸收後，蒸散到空氣中；另一部分下降到地表面流動成為逕流或滲入地下成為地下水。在地面上流動的逕流沿地形而匯聚成較大規模的河道稱之為河流。河流和溪流之不同在於規模大小，溪流常指小河流；而河流則指沿水道流動的水體。流域或流域盆地（drainage basin or watershed）是指一個河流水系的集水範圍，是供應某一水系的整個面積，四週以分水嶺分界，其面積常在平方公里之範圍。河流地形自上游至下游逐漸降低，故河流的坡度是以河流的垂直距離除以水平距離之百分比值，通常以每一公里下降的公尺數表示或也可以度數表示之。例如坡度為 0.5 度時，則表示 1 公里水平距離和 9 公尺垂直距離之角度比值（圖 8-1）。

河流均有一定的坡度，上游坡度陡，而到下游坡度平緩，故從河流上游發源處到下游的出口處，將河面高度相連結的線稱之為縱剖面線，係是一拋物線狀上凹的曲線。若比較上、下游河床之剖面，河流在上游谷地處較陡，故其河流動力強，侵蝕力大，導致河流能搬運更多的沉積物及侵蝕河床更深。

一個河流的搬運過程，可將侵蝕的岩屑、礫、砂、泥等從上游的支流搬運到主流，後到達最終的海洋處。故所有搬運物質進入河流中後，即成為河流的荷重，其指在一定時間內，河流所搬運物質的實際數量。荷重和流量成正比，荷重的增加可使河流的侵蝕和搬運能力降低。

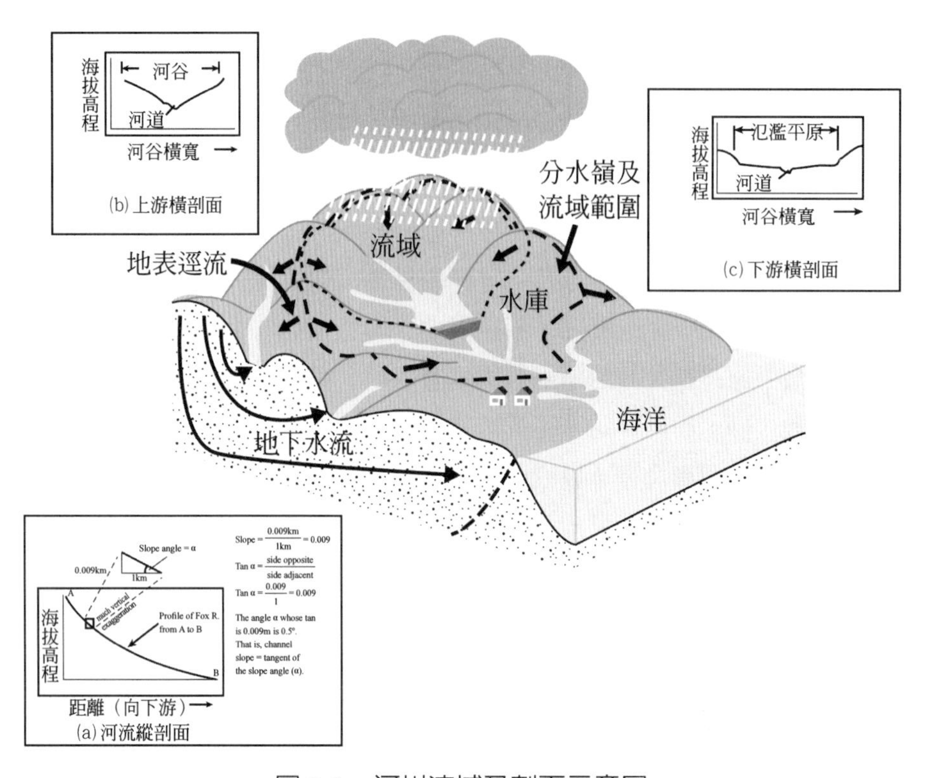

圖 8-1　河川流域及剖面示意圖

（二）河流中的沉積物

河流中沉積物的總量稱之總荷重，包括有河床荷重、懸浮荷重、及溶解荷重等。

河床荷重係指沿著河底搬運的物質，通常流量流速較大的河流才能搬運這些河床的礫砂荷重。它們是藉跳動、滾動、或滑動方式搬運，通常河床荷重占全部荷重不到百分之十。

懸浮荷重是指在亂流的河流中搬運的物質，都是由泥、粉砂、細砂等細小顆粒組成，為造成混濁河水的主要原因，懸浮荷重約占全部荷重的 90%。

溶解荷重是河流中的化學溶解物質，來自流域中化學風化物質，因其中含有大量的溶解鈉、氯，故可造成河水的鹹度或因含多量的鈣、鎂而造成硬水。溶解荷重的主要成分是次碳酸鹽，硫酸鹽以及鈣、鈉、鎂、氯等離子，其他尚有鉀、硝酸鹽、鐵等成分。

（三）河流流速、侵蝕和沉積

在岩石圈中河流扮演搬運的功能，包括侵蝕和沉積作用。河流的流速不同可改變河道的侵蝕和沉積的狀況。流量是指單位時間內所流過某點的水量，以每秒立方公尺表示。平均流速則指沿一河流的某點，流量和河道橫斷面面積之比，其公式關係如下：

$$V = Q/A \text{ 或 } Q = V \times A \quad \text{或 } Q = V \times W \times D$$

其中，Q = 流量（單位：m^3/s 或 cms：每秒鐘之立方公尺）

V = 平均流速 m/s（每秒鐘之公尺）

A = 流過的橫斷面積，平方公尺表示

W = 河流的寬度，以公尺（m）表示

D = 河流的深度，以公尺（m）表示

假設，沿某一河流，其流速不變，則流量不變，但在一恆定的流量下，若橫斷面的流量減少，流速則增加，這也是解釋為何河流在上游流經陡而狹的河道或河段時，則有較大的流速，而在下游寬廣河段的橫斷面積時，其流速較慢。

一個河流的平均流速係與河流的深度和河流坡度成正比。因此河流的流量是和流速、坡度相關。若某一河段的流量不變，則河流能力與坡度成正比。

一般而言，流速快的河流比流速慢的河流，其流量也大，侵蝕河岸能力也強，也能夠搬運較大、較重如礫、石的沉積物而沉積。而砂、粉砂則沉積在較低流量及坡度較緩的慢水流之處。

河流從山谷流經到平原處時，流速減低，常形成扇形的沉積物稱之為沖積扇；若流入到海洋或其他水體時，流速減低，形成向海延伸的三角形沉積物稱為三角洲。一河流能搬運最大顆粒（公分、公釐直徑）的能力稱為此河流的搬運力；而此河流在某段時間內搬運物質的總量（公斤／每秒）稱為最大負載量。

（四）土地利用之影響

河流的自然侵蝕和沉積作用係屬動態平衡系統。例如，當河流的坡度大，則造成的流量就大，其搬運沉積物的能力也大；而若河流中增加或減少水量或沉積物，則可改變河道坡度或河道剖面形狀，也可改變流速。故在此系統中，流速的改變也就是改變河流沉積物的增加或減少。土地利用的改變可使河流的沉積和侵蝕發生變化。舉例說明如下：若某一地區的土地利用，由林地改變成農地開墾，此改變將會增加土壤的侵蝕，而將增加的侵蝕物質攜帶到河道中沉積；其後可能沉積物不斷增加而增大河道坡度，進而提高流速、流量，而搬運更多的沉積物質。坡度不斷的增加，使流量大到足以搬運新的荷重，以達到新的平衡坡度關係。

相反的，當農地改變成林地時，由侵蝕攜帶到河道的沉積物減少（因林地比農地的土壤侵蝕率低），導致河道的侵蝕量少，最後降低坡度也就是降低流速。因此，當早期的林地改變成農地之際，因整地開墾而產生大量的土壤侵蝕，並攜帶過量的沉積物到河流中。之後土地又復原回林地，因而減少河流中的沉積物。若在河道建造一處水壩時，也將改變水庫上游和下游的侵蝕、沉積狀況。在水庫上游處，因流速減少而使沉積物淤積；在下游處，因沉積物多停頓在水壩上游處，導致供應的沉積物減少而增加其侵蝕率。

（五）河道型態和氾濫平原

從河道兩側寬廣的平剖面來看，河流可分成兩種主要的河道型態，辮狀河和曲流河。辮狀河是由一群不時聚合和分離的河道組成，係由流動的水流和搬運的沉積物在不同地質與氣候環境的相互作用下形成。尤其在水淺的河床，易受侵蝕的河岸以及過多沉積物的河道中易形成辮狀河。若河流中攜帶大量的粗礫、砂，且流量不大之情況下，河流中的荷重超過其搬運力，部分砂礫可沉積在河床中，形成了不同大小的沙洲。

曲流是指河流在寬谷中的沖積平原上常呈來回彎曲的河道。在曲流河道的外側亂流作用強，發生侵蝕作用，侵蝕的岩屑向下游搬運，堆積在河流的中央或河曲的內側。曲流的內側亂流作用較弱，流速較慢，發生堆積作用。因曲流不時迂迴曲轉，在河曲的外側或外彎處發生侵蝕作用；內側或內彎處發生堆積作用（圖 8-2）。

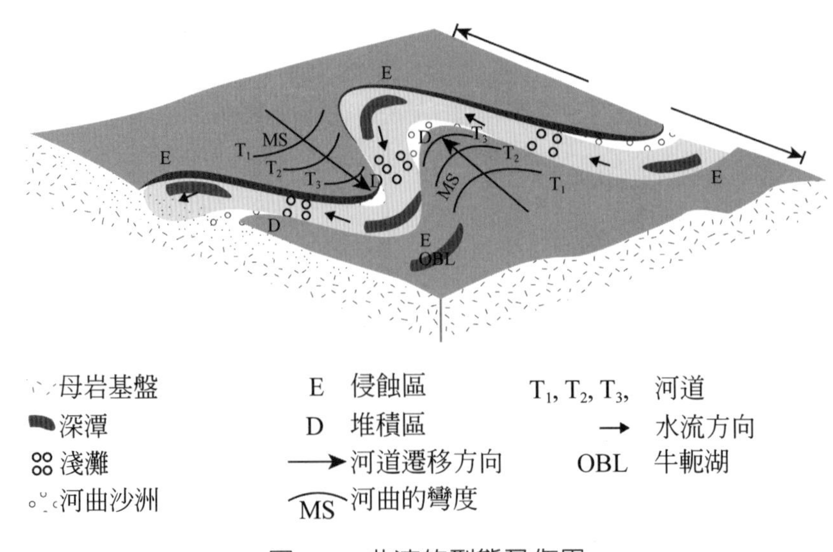

圖 8-2　曲流的型態及作用

在曲流的河道中常造成一系列的深潭和淺灘現象。深潭是發生在河道的深處，係由強大水流因侵蝕作用造成；河灘發生在河道的淺處，係在強大水流下時造成的淤積作用。

因此，深潭在高流量時發生侵蝕，在低流量時發生沉積；淺灘則在高流量時發生沉積，低流量時發生侵蝕。由於河流中流速的變化，在河道深潭處的縱剖面形成似三角形狀：而淺灘處則形成似矩形狀。深潭和淺灘在河流環境中的意義重大，因深而慢流量的水流和淺而快流量的水流之交互作用下造成了不同的河流物理和生物多樣性環境。

氾濫或沖積平原是指在河道兩側的寬廣平地，因河流的側蝕作用和曲流作用，而在洪水時期爲河道中溢出的河水所覆蓋，並沖積形成礫、砂、粉砂、與黏土等構成的沉積層。

在氾濫平原上，因前述河水流動時河床和河岸的不規則變化，使河水對河岸的側邊發生侵蝕作用，而出現彎曲現象，若河水繼續向河道彎曲部分的外側衝擊，造成河曲彎，同時彎曲部分的內側因流速減低而發生沉積作用。當曲流擴大而向河谷兩側移動，不斷堆積成河曲沙洲。同時曲流向下游移動而使曲流頸部漸變狹小，當頸部被截穿造成頸部截流，原有被截流的河道就成爲牛軛湖。

二、洪水氾濫

當河水溢流到河道兩側的自然作用稱之爲洪水氾濫或洪氾。多數洪氾則與流域盆地的降雨量，滲入岩石或土壤的滲透率以及地形等因素相關。另外，因春天冰雪的快速融化，或水庫的潰決也會造成的洪氾災難。

洪水流量係指某一點，單位時間內河水溢出河道的水量，以每秒鐘立方公尺表示之，常用以表示洪氾之規模。

洪氾期是指河道中水位上升的情況，足以可能造成人民財產之損失。故其標準的設定多依該氾濫平原的土地利用決定之。因此，某一河道的流量記錄資料收集愈久愈多，該河道的洪氾預測也就愈準確。然而，對一河流的結構物，如水壩、橋樑、公路等，通常以機率方式計算其風險評估，而訂出 10 年、25 年、50 年，甚至 100 年頻率的洪水氾濫期或稱洪氾期。例如 25 年頻率洪氾期係指平均每 25 年發生一次洪氾。

（一）上游和下游的洪氾

在一流域盆地，其上游和下游所造成的洪氾災害程度有所不同。上游洪氾發生在流域的上游區，通常是在較小的面積內發生短時期的暴雨（圖 8-3a）；此種地區的洪氾僅可能造成局部嚴重的洪氾災害；然未必造成大規模的洪氾。

下游洪氾所涵蓋的面積較廣（圖 8-3b），多由長時期的暴雨造成，因而飽和到土壤中，並增加逕流量。因下游洪水係來自數千支流盆地的匯聚，以致增加逕流量，而造成大規模的洪氾。因此上游洪氾常造成局部的災害，而下游洪氾則可造成區域性廣大範圍的災害。

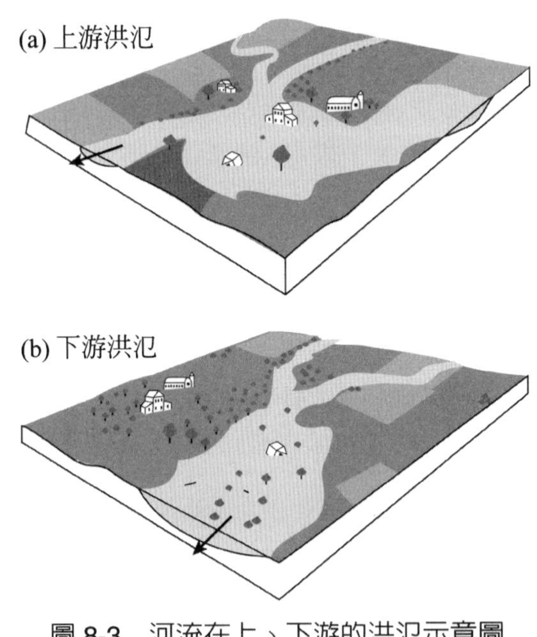

圖 8-3　河流在上、下游的洪氾示意圖

（二）都市化和洪氾

當流域盆地都市化後，河川的年洪水與年流量之或然率分布皆會受到影響。都市化的發展增加了洪水的規模和頻率，並縮短大規模洪水期的間期及造成洪水期的提前來臨。

由水文資料了解，都市化後比都市化前的洪水流量增加，且提前洪氾發生的機率。若與非都市農地或鄉村地區作比較，都市化地區逕流量的大幅增加，係由於城市不透水地區面積的增加，致使都市的降雨量極少能下滲地下，形成地表逕流，易發生洪氾。

洪氾和降雨量－逕流量之間有相關性，但都市化後可改變此等關係。為了解都市化地區發展前後與長期洪水之關係，建立出一套模式推估比較降雨和逕流之歷史紀錄與都市發展之改變；以不透水地區面積的百分比及有暴雨下水道系統面積之百分比不同組合值，應用模擬模式運算，來估計都市化對平均年洪水之影響（圖 8-4）。其結果對比都市化前、後排水量之比例研究，得出在某特別流域盆地內，都市化可以增加平均年洪水量達 6 倍之多。

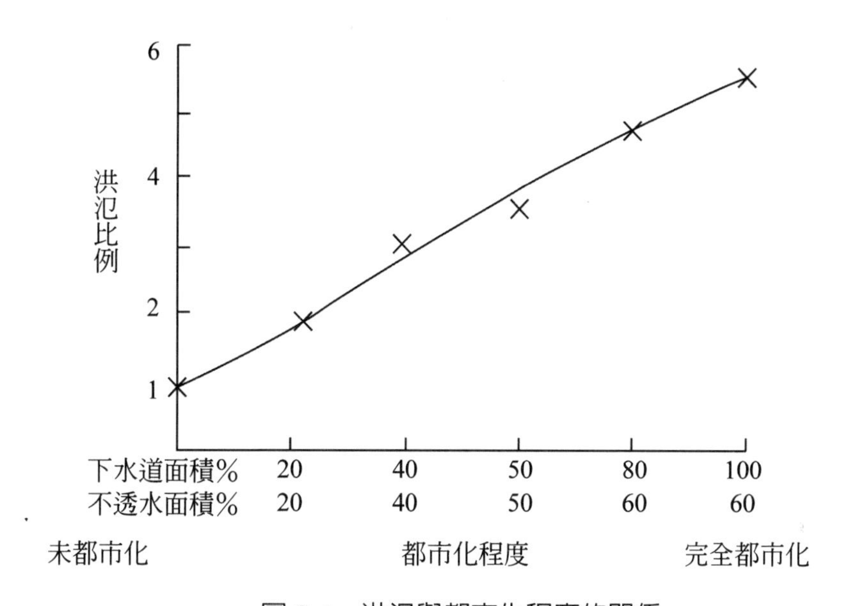

圖 8-4　洪氾與都市化程度的關係

都市土地的水泥或柏油的不透水舖面，和下水道之間有重要的關係；下水道之重要是因為其可將不透水舖面的逕流排放到河道中，因此土地利用改變造成的逕流和洪氾則依都市化的程度和範圍有關，尤其是舖面道路和綠地面積之比例。當然都市化發展並非是唯一洪氾發生的原因；其他如跨在河流所建造的橋樑也可能因淤積而發生瞬間的洪氾。

（三）造成洪氾災害的原因

世界上因洪氾造成的生命、財產損失案例不計其數，但歸納起來主要原因不外乎下列幾點。

其包括：1. 氾濫平原上的土地利用

2. 洪氾的規模和頻率
3. 洪氾發生的水位速率和期間長短
4. 季節變化（如氾濫平原上的農耕）
5. 沉積物的淤積
6. 預報、預警和緊急系統的成效

因此，洪氾發生的直接影響，包括生命的傷害、死亡，以及伴隨的水流沖刷、淤積造成建物、橋樑、道路等的損毀。洪氾的侵蝕及沉積也可造成土壤植生的損失。間接影響可因洪氾而導致河水的汙染、人類的病變、失去家園，進一步也可因電線短路引起的火災、瓦斯爆炸事件。

三、洪氾災害的處理

對於洪氾的處理，過去多以建造堤防或以疏導方式處理洪氾災害。然而仍以防護之建造、洪氾法規之訂定以及洪氾保險等方式處理洪氾災害。

（一）防範方式

防止洪氾的方式多以建造防洪堤、防洪牆、水庫蓄水與安全放水、滯洪池、河道疏濬、疏洪道、沉砂池、都市排水設施、預警系統、河道截彎取直及河道分流等等。不幸的，在氾濫平原上，因建設發展而增加這些工程防範方法，未必能完全產生成效，必須配合氾濫平原的防洪規範，才可降低災害事件。

（二）氾濫平原的防洪規範

從環境觀點而言，都市鄉鎮地區最有效降低洪氾災害的方式是建立氾濫平原的防洪規範，並可減輕洪氾保護的費用；但是，防洪堤工程、水庫或河道分流等方法並非沒有貢獻。

但我們認知氾濫平原係屬河流系統，任何占據到氾濫平原面積的設施或建設將會增加洪氾的發生機會。所以最有效且實際的解決方式是防洪工程以及氾濫平原防洪規範的同時並重，以致減少河流系統太多的工程改變。或可設置氾濫平原的管制距離配合河道分流或上游水庫等方式是為較有效的防洪方法。

（三）洪氾災害圖

有關進行氾濫平原規範的第一步就是要有洪氾災害圖，此圖是對於氾濫地區的土地利用提供有利的資料。洪氾災害圖可訂定出某處過去發生的洪氾以及發生的週期或頻率；或設 100 年洪氾期，其可作爲私人開發或公園、道路等公共用地規劃的依據參考。

洪氾災害圖的製成係較費時費工的一件事，必須經長期觀測河流水流的量測資料，經評估獲得，其包括流域物理特性的洪峰流量、河流規模、水系密度等等，並經統計評估出洪峰流量和河流規模與水系、密度等參數之間的關係。

例如美國密西西比流域的洪氾事件的規模，可由衛星影像資料獲得，並在事件後藉由氾濫平原上的水位線、洪氾沉積物、沖蝕遺跡、碎屑物等證據評估出洪氾災害的影響。另外，土壤及植生的調查亦可評估下游的洪氾災害。在氾濫平原地區的土壤常不同於高地或山地的土壤，甚至還可藉由土壤種類比對出洪氾的週期。例如科羅拉多河之案例，經 100 年洪氾區之比對，多發生位於高地土壤邊緣的低窪地形。

不同植生帶的對比亦可作爲協助洪氾區的評估。但仍以植生配合土壤以及衛星影像、航照過去氾濫史、氾濫平原地形地質特徵等資料的綜合評估才是最佳的方法。

由科羅拉多河流洪氾的案例中，利用洪氾災害圖方法可辨識出 1 至 4 年的短週期；10 至 30 年的中週期，以及 100 年的長週期不同洪氾時期。

（四）氾濫平原之管制區

洪氾災害圖係用於災害地區的管制設限，如圖 8-5 所示。氾濫平原依其受災程度大略分成兩區，即洪流區（floodway district）及洪流邊緣區（floodway fringe district）。洪流區是指 100 年頻率的洪水所淹沒的區域。在這個區域內所允許的土地利用包括農牧、公園、高爾夫球場、網球場、射箭場等戶外場地的設施。洪流邊緣區係指 100 年頻率之洪水最高水位至洪流區之間的淹沒區，允許的土地利用除洪流區內所允許者外，住宅之錨固附屬結構，有沖蝕保護設施的填土及有錨固的建築物基礎等。以上氾濫平原管制區的規範設訂，將可減少許多財產與生命的損失。

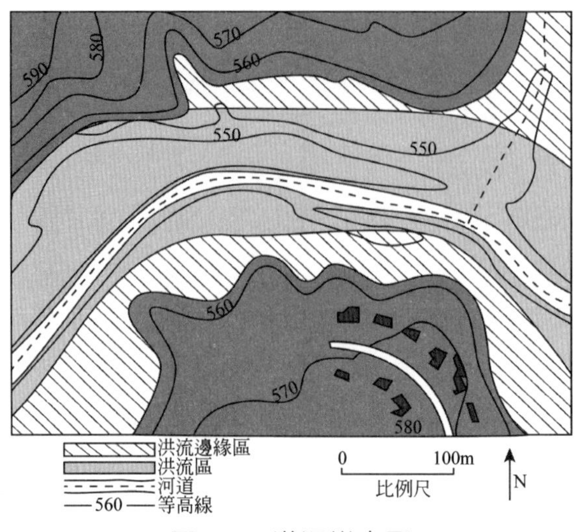

圖 8-5 洪氾災害圖

（五）洪氾保險

如同前地震災害章節中談到的地震保險，洪氾災害保險也是在天然災害中係屬同樣的重要，而須開辦的保險項目。保險是爲保障民眾的生命財產安全而設置的一項制度。對居住在洪水氾濫地區的居民、社區、機構單位而言，爲減輕洪氾來臨時造成生命財產的巨大損失而實施的一項保險制度，是屬於防洪非工程措施之一。投保洪氾保險者或單位，定期向保險公司繳納保費，保險公司建立保險基金，一旦遭受洪氾損失，保險公司按保險條例對投保者賠償，獲得適當的保障，也爲減輕國家、社會的經濟負擔。

從天然災害的評估觀點而言，洪水災害和地震、颶風災害是同樣具有高潛在性的災難，也是造成生命、財產損失最嚴重的災害。

美國是實行洪氾保險較早的國家，其他如英國、澳大利亞、法國、挪威、西班牙、瑞士、印度等國家也均有效實施此項制度。保費的計算相當複雜，是依據災害的風險評估計算。而對易遭受洪水氾濫之地區，其保險成本愈高，故保險費率反映某特定災害地區之差異。

洪氾災害的風險評估係藉多項因子考量而綜合評估訂定出。例如，根據洪氾災害圖、洪流區、洪流邊緣區、洪氾下游敏感區、都市化洪氾敏感區以及洪氾管理計畫等各項洪水災害管制與計畫之圖層資料。另外，對於投保對象，如易淹水地區的樓層位置，地下室、一樓等以及淹水深度等處也是列入賠償費率的考量範圍。因此，洪氾風險評估的分析包括考慮淹水潛勢、淹水深度、淹水損失、建物經濟、土地利用以及天然的地形、雨量等諸多因素，再藉以地理資訊技術方法計算保費。

四、河道截彎取直

河道截彎取直（channelization controversy）是一項河道治理的方法，將彎曲的河道拉直，使河水流動速度加快，進而藉助河水加速帶動水中及水底的沉積物，減少沉積物在河曲內彎地段沉積及外彎發生侵蝕，有助防治洪水氾濫。

河道的截彎取直係屬一項工程技術，目的在於控制河道氾濫、侵蝕及改善河道排水，重點仍以控制氾濫和改善排水爲主。過去美國有上千公里的河道在進行截彎取直的改善計畫。

（一）河道截彎取直的爭議問題

雖然河道截彎取直工程是防範水患，進行河川治理的工程方式，就經濟效益而言，將河道截彎取直後，能暢洩洪水使洪峰快速通過，達到防洪之目的，另一方面又可提供河川新生地作爲都市或工業發展之土地來源，可謂一舉兩得；但就對生態環境的衝擊而言，河道截彎取直工程必須截斷原有河流，開挖新的平直河道、整平河床與興築堤防，此一工程勢必改變原有河域的地形地貌與河川特性，但許多野生動植物的生存與演化也依賴著河川，因此嚴重破壞了河川的生態環境，使河川失去了應有的生態機能，對於河域生態系統的穩定，造成了嚴重的干擾。

截彎取直的爭議是：

1. 濕地排水造成動植物不利影響，而使因某些類動植物減少棲息地。
2. 因河川砍伐樹木，減少魚類棲息處，而當河川暴露陽光下影響水中生物暴熱的不利環境。
3. 在河川沿岸砍伐，造成侵蝕淤積，也減少動物棲息處。
4. 河道取直毀壞河川自然流動型態，改變洪峰及影響水中生物的生存。
5. 自然河道改變取直，並開挖渠道，降低河岸的自然美景。

但截彎取直及河道復元的改善未必完全不利，尤其對於易受氾濫的城市地區有利。多數城市區因長期開發，建造道路、房屋造成的沉積、淤積早已破壞自然河道環境，因此河道復原是可以清除城市廢棄物，使河道水流通暢，保護河岸，但須造就成自然河道有彎曲及水流之變化，造成流速快而淺的淺灘以及慢而深的深潭環境，可控制河道侵蝕，並在河道外彎處以砌石保護河岸。

（二）自然河道與截彎取直河道的有利、不利影響

有關自然河道與截彎取直河道的有利與不利因素之影響比較如下（圖 8-6）：

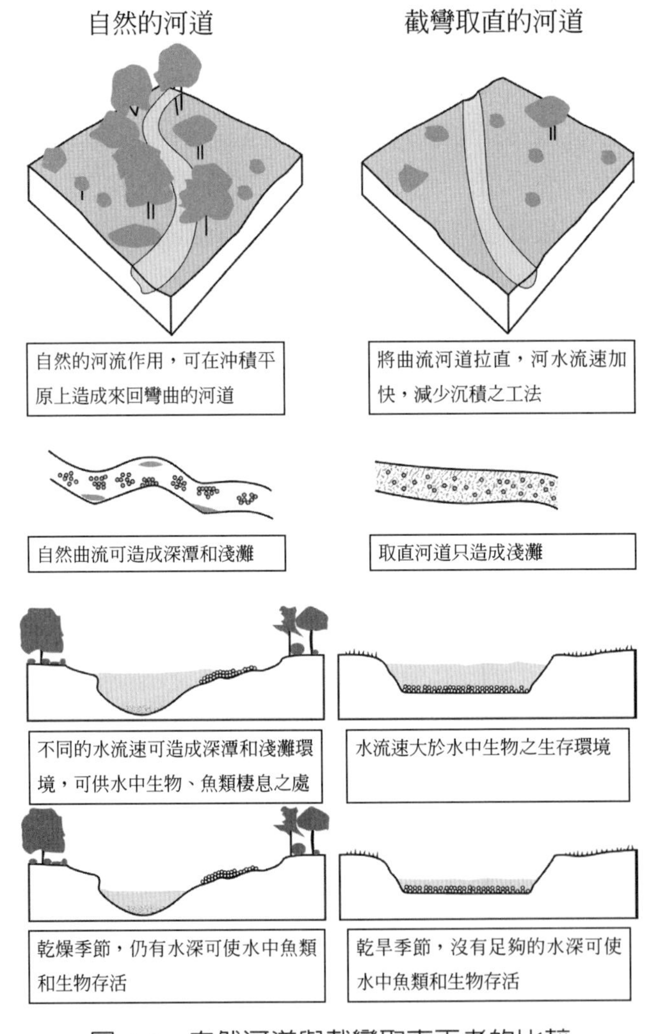

圖 8-6　自然河道與截彎取直兩者的比較

1. 自然河川的水溫適合水中動植生的生存，尤其河川中的水溫變化小，許多的葉枝，可使魚類等生物具有棲息遮蔽生存之處。截彎取直河道的水溫增高，日夜及季節溫度的變化大，河道中少有葉枝，無法讓魚類棲息之處。
2. 自然河道可造成深潭、淺灘等不同的河川地形，並存有礫、砂、泥等不同的沉積

物質，可提供河川生物體的多樣棲息地。截彎取直河道多為未淘選的礫石，除少數生物外，極少種類能有棲息之處。

3. 自然河道具有不同的流速變化，而造成深潭淺灘的環境以及產生礫、砂、泥等不同的河川沉積物質，可供生物體存有不同的生存空間。截彎取直河道的水流速度大，除極少數外，不利多數生物體的棲息生存環境。
4. 自然河道即使在乾季，也能在水深處使魚類存活。截彎曲直的河道在乾季，因水深淺，無法讓水生動植物存活。

（三）河道的改善

前述河道截彎取直工程是將原有蜿蜒河道之水流，以新建堤防及開挖新河道範束水流方式，產生新的較為平直的水路，使得洪水來臨時洪峰能快速通過被堤防範束之河道，避免洪水水流因河道壅塞而產生溢流，達到暢洩洪水之目的，同時可以提供河川新生地以作為都市或工業發展之土地來源。但因為截彎取直方式是改變原有河道之流路，其新河道之寬度、斷面面積、河床坡降、河床質、甚至植生狀況等均與原河道不同，故其流速、流量、水深變化亦將改變。新河道欠缺原始天然河川擁有之急瀨、淺灘、深潭等魚類生長所需之環境，魚類族群分布亦跟著改變，連帶影響依賴魚類維生之鳥類或動物之族群分佈。

雖有爭議，但對現今土地利用之改變，河道改善復原仍為重要，例如都市化、濕地改成農地，我們仍可設計河道，減輕不利的效應。截彎取直可在洪氾控制和排水改善計劃下，作適度調整，設計河道使造成人工河道的深潭與淺灘地段環境，減少河道沿岸的砍伐，及新樹種植生，可造就成生物多樣性及優美景觀環境。

依此概念，要以截彎取直方式進行河川治理，先從區域尺度了解整條河川沿岸之自然分佈情況，並評估截彎取直後，水理及水質可能改變的程度，以此進行生態環境復育以及堤防施工可採用生態工法的範圍，選擇適合的植物種類及施工材料，以此恢復河川生物遷移及棲息地之機能性。有關政府單位應進行洪氾災害圖、洪氾下游敏感區、及都市化洪氾敏感區等計畫工作，並訂定洪氾管理計劃，以避免或減少洪氾災害的發生。

習題評量

1. 討論自然河流作用會造成哪些環境災害問題。
2. 討論減輕或防範河流造成的環境災害。
3. 討論自然河道與截彎取直河道對環境的有利與不利影響。

第九章 海岸災害

一、簡介

一般而言，海岸地區因受地形、氣候、植生等因素的變化大，係屬動態的環境。因陸地和海洋合併作用下，可使海岸造成的地形變化快速，又因多數地區臨近海岸，故受到海岸作用的災害影響也較大。

今日，以美國爲例，大都市多位於海岸地區，且約 75% 的居民居住在海岸的城市。

較爲嚴重的海岸災害包括如下：

1. 每年的熱帶氣旋（颶風）造成生命財產的巨大損失。
2. 由高潮和風暴湧浪造成的潮患。
3. 特別是海嘯可造成太平洋沿岸地區的災害。
4. 持續的海岸侵蝕可造成嚴重的財產損失。

二、熱帶氣旋或颶風、颱風

熱帶氣旋或颱風、颶風的發生係因熱帶氣流的擾動和消散所致。在暴風之際可達每小時 100 公里之風速。

熱帶氣旋係指發生在熱帶或亞熱帶海面上的氣旋性環流，因水蒸氣冷凝時放出的潛熱而發展出的暖心結構。而當熱帶氣旋登陸或移到溫度較低的海面上，便因失去溫暖潮濕的空氣供應而減弱消散。不過熱帶氣旋是大氣循環的組成部分，能將熱能由赤道地區帶往較高緯度地區。

熱帶氣旋在太平洋地區稱之爲颱風，而大西洋地區則稱颶風。其風速可高達每小時超過 100 公里。而強烈的熱帶氣旋環流中心是下沉氣流，形成圓形約 2 至 300 餘公里直徑的風眼，是爲平靜、無風雨的颱風眼。

多數颶風形成在赤道以北 8 度至以南 15 度的暖海水溫度之間地帶。平均一年有 5 次左右的颶風發生而影響大西洋和海灣地區。伴隨熱帶氣旋的大風、大雨、風暴潮等可以造成嚴重的人命傷亡或財產損失。

在現代，颱風或颶風的風暴可藉由衛星或飛航觀測，可靠資料的蒐集可用以預測颱風或颶風的行徑登陸狀況。

熱帶氣旋的颶風引發的直接災難包括強風，風暴潮及大雨。強風、颶風級的風力足以摧毀陸地上的建築、橋樑、車輛等，尤其建築物沒有被加固的地區，造成破壞更大。大風亦可以把雜物吹到半空，非常危險。風暴潮或稱暴潮是由熱帶氣旋、溫帶氣旋、冷鋒的強風作用和氣壓驟變等強烈的天氣系統引起的海面異常升降現象，可造成海岸地區的嚴重災害。大雨熱帶氣旋可以引起持續的傾盆大雨，在山區的雨勢更大，並且可能引起河水氾濫、土石流傾瀉。

熱帶氣旋也為登陸地造成若干間接災害，包括熱帶氣旋過後所帶來的積水，以及下水道所受到的破壞，可能會引起流行疾病。另外熱帶氣旋可能破壞道路，輸電設施等，阻礙救援的工作。風、雨可能破壞魚、農產物，導致糧食短缺。海水的鹽分隨著熱帶氣旋引起的巨浪被帶到陸上，附在農作物的葉面可導致農作物枯萎。當熱帶氣旋遇上相當強烈的大陸寒流時，兩者之間的氣壓梯度增加，吸收熱帶氣旋的能量，使寒流增強。近年來由於監測及預警系統的日益進步，可減少災難的損失。

三、洪潮

颶風除前述造成陸地的建築、橋樑等破壞外，另可在海岸地區造成嚴重的洪氾災害，也就是所謂的洪潮。

颶風風暴的低氣壓及狂風所引發的持續性巨浪，往往也是熱帶氣旋破壞中造成人命傷亡最嚴重的災難，因熱帶氣旋的風及氣壓造成的水面上升，且風暴潮會使受到影響的海區潮位大大地超過正常。風暴潮恰好與影響海區漲潮相重疊，就會使水位暴漲，海水湧進內陸，造成巨大破壞。強大風暴潮可使水位高出正常潮位3至10公尺高，以及可達每小時上百公里的風速沖毀了防護堤，淹沒沿海地區之土地、房屋以及侵蝕海岸，造成更嚴重的災難。

四、海岸作用

（一）波浪

波浪或海浪係風吹過水面，空氣移動經過水面發生的磨擦力所產生。波浪的速度和大小則依風速、風的延續時間及風的作用、距離相關。風速愈大，波浪愈大；風的延續時間愈長，水面上的動能就愈大；風在水面作用的距離愈長，波浪就愈大。有關波浪作用的重要參數為波長、波週和波高（參見圖 9-1）。波長係指相鄰兩波峰間的距離；兩個相鄰波峰或波谷經過同一點所需要的時間稱波週；波速是單位時間內波浪行走的距離，即是波長除以波週之數值。波峰到波谷間的垂直距離爲波高。

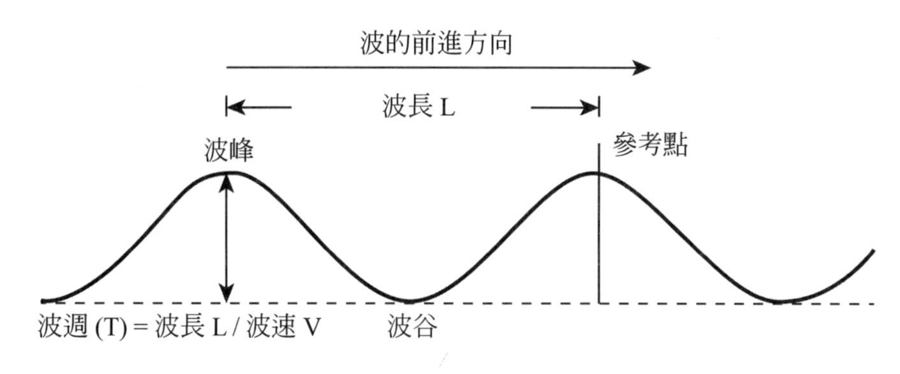

圖 9-1　波浪的型態

（二）波浪運動

波浪的運動係由海面向下深處延伸，當達相當波長一半的深度即漸告消失，係因摩擦阻力隨著深度增加，而能量不斷減小之故，也是波浪侵蝕作用所能到達的深度。從這個深度直達海面，在波浪中的水分子呈圓周狀轉動，轉一圈又回到原來的位置，所以在波浪中的水只有向前向後的移動，沒有前進的運動，只有波浪的形狀是在向前推進，所以波浪在海洋中爲擺動波。波浪圓周的直徑在水面和波高相等，但是隨著深度的增加而逐漸減小，直到波浪消滅的深度爲止。

波浪的水分子運動在深水和淺水海平面下則略有不同；在深水中海面下，其水分子以呈圓形軌跡運動，並愈向深處其圓形直徑愈漸變小，直到深度達波長的一半時消失；在淺水中海面下，在 1/4 波長深處內，其水分子則呈橢圓軌跡運動，在水深波底則成水平、前後之運動。

波浪從深海進入淺海時可發生不同的波浪變形，依序爲長浪、破浪、衝浪和掃浪（圖 9-2）。當波浪從遠洋推進到海濱時，在海洋中產生長距離移動而有規則的長而低的波浪，且有較長的波週稱之爲長浪。但在水深度逐漸變淺，波底遇到海底阻力而速度變慢時，由原來波浪中呈圓周狀轉動的水分子慢慢漸變爲橢圓形，愈接近底部愈扁平，愈要和海底平行。此時波速開始降低，但由海中而來的快速波浪仍舊向海岸推進，使波長減小，波長和波速逐漸的縮短和減低，而形成波高的不斷增加，波浪愈變愈陡，於是波浪崩裂而造成破浪帶。

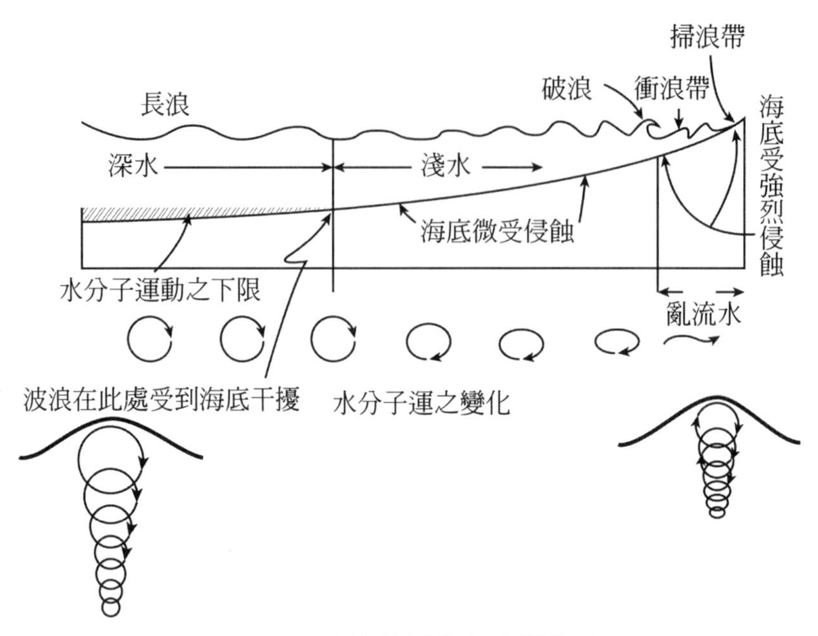

圖 9-2 波浪的運動方式與變形

在破浪發生的時候，波浪中水的運動呈亂流狀的漩動，以高速度向海岸衝進，即是衝浪帶，是為海岸侵蝕和搬運作用的主要營力。沿岸流就發生在本地帶之內。

位在衝浪帶的最靠近陸地的部分稱之為掃浪帶，在這一帶內，波浪挾帶著沉積物沿著海灘向上撥濺，在海灘上造成沉積作用稱為上濺。到無力時，水流又因重力作用回退，造成底流則稱回濺。故掃浪帶就是上濺時波浪掩覆和回濺時出露地面的海灘面。

因此在海洋中若能評估或預測出波高、波週、波速、波長、風速等數據則是一項重要的環境資訊，藉此波高和波速資料可評估特定海岸的侵蝕力。

前述波浪傳遞到海濱線的能量是極大的。波能量約是波高的平方。例如，在 5 公尺的波高下，波浪傳遞 400 公里的海濱線，其能量約增加波高的 25 倍。

海浪在到達海岸附近時，因海底地形深淺的變化及海岸不規則的影響，而使波浪發生折射作用，以致在海岬頭處多產生最大的波能和侵蝕作用，且在海灣處產生最小的波能和沉積作用。

（三）海灘型態及海灘作用

海灘是指在海濱線因波浪作用，由鬆散的砂、礫或含破碎的貝殼珊瑚等組成的海濱地形。理想中的海灘和近岸環境，自陸地向海洋自然地形變遷依序可分為海崖或沙丘帶、灘台、灘面、沿岸槽及沿岸沙洲等（圖 9-3）。

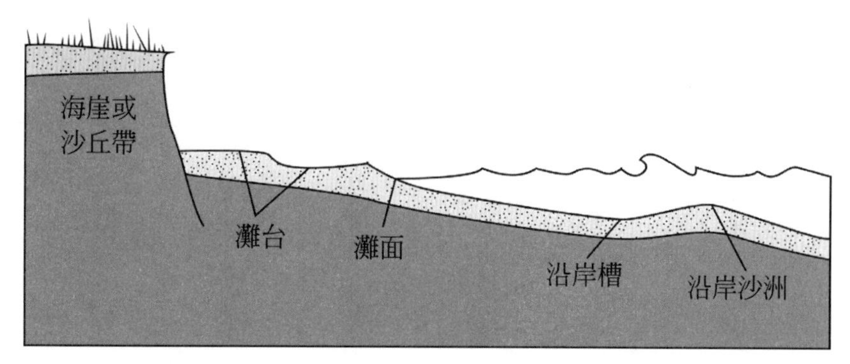

圖 9-3　海岸的地形

灘台是指海灘的後濱地帶，係由波浪用盡最終的波能在沉積作用下造成的沉積物。灘面是指灘台向海的斜坡地帶，係由掃浪帶的上沖流和回流作用造成。衝浪帶是指海濱環境中，在破浪發生後產生亂流波向海濱衝進的地帶稱之。破浪帶則指形成不穩定、波高增加、波浪變陡而崩裂的地帶。沿岸槽或沿岸溝槽是指平行於海濱岸，形成長、寬、淺的海底凹槽；沿岸沙洲係指由波浪形成在海濱岸，由砂、礫、泥組成堆積的沙洲，常與海濱岸與漲潮帶平行。

海灘的沉積物極不穩定，波浪常於衝浪帶和掃浪帶發生沉積物移動。衝浪帶的沿岸流在接近海濱時，波能產生平行與垂直海岸的兩個分力；平行海岸的分力可產生沿岸流；垂直分力則產生海灘漂移。

大部波浪在接近海岸時都和海岸斜交，雖然產生屈折作用，但在接近海岸時仍可以產生一個和海岸平行的分力運動，沿著海邊和海岸平行前進，稱之爲沿岸流，爲沿海岸搬運和沉積物質的主要營力。

由沿岸流造成沉積物的移動稱爲沿岸漂移，沿岸漂移可在沿海岸搬運更多的海灘物質又稱爲沿岸搬運。沿岸流在衝浪帶中和海濱平行，可以搬運細小的懸浮物質；但在海灘上的掃浪帶中因上沖流和回流作用，沉積物多呈曲折狀運動，稱爲海灘漂移。

（四）沿岸胞（Littoral Cell）、海灘預算（Beach Budget）、波氣候（Wave Climate）

爲了解海岸的侵蝕、沉積等問題，可由一些沿岸胞、海灘預算和波氣候等觀念獲得資訊。

沿岸胞係指位於海岸線區段的環境現象，其包括砂、泥沉積物傳遞到海岸、沿岸搬運，近岸沉積物的流失等問題。例如，南加州含有 5 個沿岸胞，每一沿岸胞包括沉積物的侵蝕、搬運和沉積等環境現象，並進一步了解每一沿岸胞、海灘環境的沉積物來源和流失以及每年海灘、沉積砂的補充和流失情形，稱之爲海灘預算。

而當一個沿岸胞某處的沉積物流失多於補充時，則發生侵蝕。尤其在海平面上升，增加侵蝕，或水壩攔截砂泥，以及海岸工法的干擾影響沿岸沉積物的傳輸等，均可造成負面的海灘預算。另外在海岸胞也可將砂泥沉積物搬運到深處離岸或岸外的海底盆地或海底峽谷，以致部分的海岸則無法造成海灘。

波氣候是針對某一地點，爲了計算波能而所需要的波高、波週期、波向等的統計資料，統稱爲波氣候。因此海灘預算和波氣候均有助於提供及評估海灘沉積物流失及海岸侵蝕計劃方案的基本資料。

五、海岸侵蝕

由於全球海平面上升及海岸地帶的開發，以致海岸侵蝕問題漸成爲各國觀注的嚴重問題（圖 9-4）。若與地震、颶風、河川氾濫等其他天然災害相較下，一般而言海岸侵蝕是可預測的，也是投入大量經費而較可管控的災害。

圖 9-4　海岸侵蝕

(一) 侵蝕因素

海灘上的砂沉積物係由陸源上游地區的富含石英、長石的岩石，經風化作用，再藉河流搬運到海岸地區，但若受到搬運的干擾，如興建水壩而蓄集部分砂泥，而最終導致砂沉積物無法輸送到海濱而造成海岸的侵蝕。另外熱帶旋風及暴風，因侵蝕海灘及前濱的砂丘系統也可改變海岸線。此外，風暴湧浪通過前濱沙丘切割峽道以及侵蝕的沙丘沉積於海灘後灣，形成溢流三角洲。

近年來，全球的海面上升及構造運動，每年約有 2 到 3 公釐的升降速率。證據顯示在過去 60 年有上升率的增加，係由於全球暖化造成極地冰層的溶化及表層海水面的熱膨脹之故。且也認爲與燃燒化石燃料導致大氣中二氧化碳之增加有關。預估在下一世紀海平面可上升到 700 公釐導致海岸侵蝕比現今造成更嚴重的問題。

(二) 海岸侵蝕之成因分析

海岸侵蝕依其災害形成原因可分類爲：①海崖與沙丘侵蝕；②河川輸沙減少之海岸侵蝕；③海岸結構物之影響；④地盤下陷；⑤地形阻隔；⑥海水面上升及⑦波潮流作用。

1. 海崖與沙丘侵蝕

海崖侵蝕爲海岸岩石的基部因受波浪長期作用及上部荷重，使海岸崩陷而形成海崖侵蝕。沙丘爲海岸漂沙或風沙之沉積，較大之波浪能量如直接作用於沙丘，則波浪所衍生之回流易造成沙丘之侵蝕。尤其暴潮水位上升和颱風波浪之侵襲造成海崖基腳沖刷，上部因雨水之荷重與剪力消失而崩陷。

2. 河川輸沙減少之海岸侵蝕

對大部分海岸而言，河川輸出之泥砂爲海岸漂砂之最主要來源。河川自上游地帶攜帶大量泥砂，隨水流搬運到河口，因流速變慢而沉積於出海口及近岸，再隨著潮流、沿岸流及波浪等搬運形成沿岸漂沙。若河川供應之輸沙甚爲充沛，其輸沙量遠大於波浪之輸沙作用，則於出海口形成河口三角洲或於沿岸流速變緩之處形成堆積海岸，反之則形成海岸侵蝕。

河川輸沙量逐漸減少，主要原因爲：①因工程建設而大量採取河川砂石，導致挾帶至下游的泥沙減少；②興建水庫與攔沙壩而攔截砂石；③因山坡地水土保持而減少土石流失；④河川整治而減少河岸沖刷。

有些地區，海岸及崩山腳海岸之侵蝕，使整個海岸沙灘已不存在，僅剩礫石。若河口排沙豐富，沿岸之漂沙造成海岸堆積而形成沙丘，但沿岸沙丘也可受海潮侵蝕而造成嚴重。人爲砂石超採爲海岸侵蝕的重要原因之一，當造成河川下游輸沙量小於波浪作用之沿岸漂沙量，使海岸沙灘在風力和海潮作用下，灘線則會不斷向內陸移動。若海岸有多條河川溪流匯集時，這些河川挾帶豐沛輸沙，供應海岸之漂沙，使外海造成許多沙洲，這些沙洲爲海岸防護之最佳屏障。

3. 海岸結構物之影響

防波堤、突堤（圖 9-5）與離岸堤等海岸結構物不僅阻擋水流，也使波浪產生繞射與反射作用，導致遮蔽區之波浪變小，流速降低而使泥砂沉積，反射區之波浪則變大且流速增加而使泥砂向外海移動。如結構物較短，則離岸流可能折向結構物下游方向，將漂沙帶往下游，部分沿岸漂沙可繼續流向下游側海岸。如果堤長太長，則將沿岸漂沙完全阻擋，下游無法獲得砂源，而產生突堤效應。

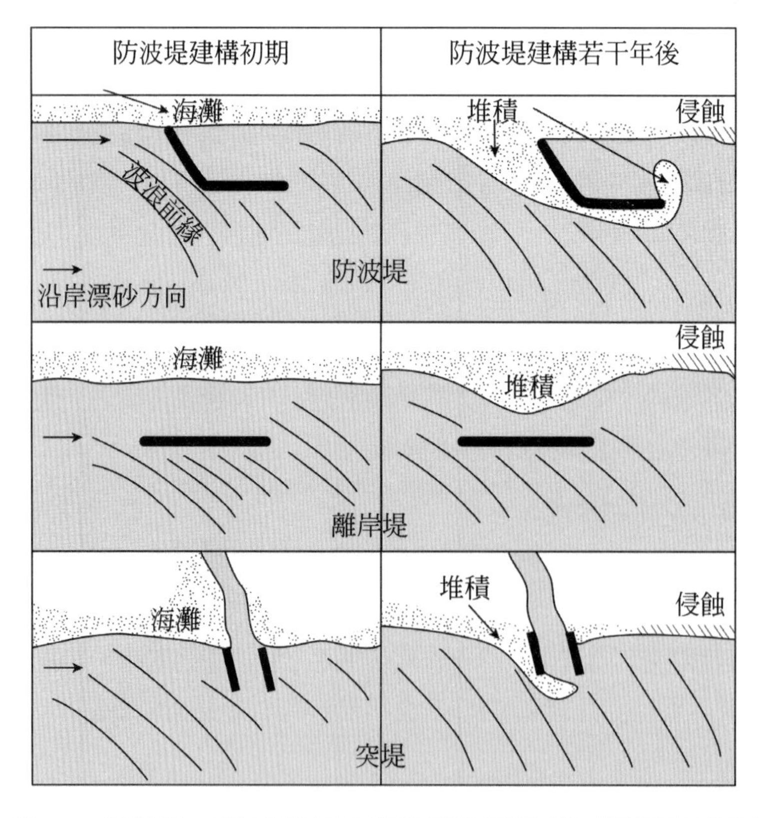

圖 9-5　防波堤、離岸堤及突堤對海岸的侵蝕與沉積作用示意圖

海岸的防波堤（圖 9-6）在擴建前後有水理特性之變化，防波堤擴建前，沿岸流帶動的漂沙往海岸移動，流速減緩，漂沙淤積海岸成寬廣的沙灘，而使另一端海岸則因溪口排沙不大而呈現侵蝕現象。

圖 9-6　海岸港口防波堤

台灣海岸早期海堤之興建主要為保護海岸侵蝕或防潮禦浪，由於堤線距離平均水位過短，波浪在堤前非常短促之距離內波能未能消耗殆盡，反而使這些能量轉換為反射波，波能重疊使波浪沖蝕海岸之能量增加，助長海灘之消失。

4. 地盤下陷

結構物重量之沉壓、土壤性質之變化及地下水位之降低等均將造成地盤之下陷，其中又以地下水位之降低所引起之影響最為嚴重。地盤下陷非但造成地下水鹽化、感潮河段延長、海水倒灌及越波等災害外，更將引起海岸之侵蝕問題。其原因乃地盤下陷將使海岸地帶之海域水深變大，碎波線內移，波高增加且波能變大，而其淘蝕能力也增強，海岸因而遭致侵蝕。

台灣由於養殖業發達而使地下水過度超抽，引起地盤下陷（圖 9-7）。由於地盤下陷，使灘線呈現明顯後退，從 1972 年至 1983 年，平均後退量約 80 公尺，1983 年之灘線已退至海堤堤址位置。為防海水倒灌，現在海堤不斷加高，居民與海只有一線之隔，飽受潮浪之威脅。

圖 9-7 海岸養殖漁業因超抽地下水引發之地盤下陷

5. 海水面上升

海水位除了每日兩次天文潮之升降外，亦有季節性之變化，乃至海風推升、河川流量、水溫、溫室效應及海流變動都會引起海水位升降。海水位之升降不僅使海岸線向內陸或向外海移動，亦能因水深變化而使波浪改變，影響漂沙運動產生不同之海岸作用。海水位上升造成之海岸線後退量＝海水位上升量 ÷ 海岸坡度。對海岸而言，因水位上升將使離岸沙洲或平緩海灘淹沒，波浪越過沙灘而使能量增強，災害位能增大，海岸保護設施之機能因此降低。

6. 特殊水深地形

海底深谷常延伸至淺海區河口附近，使河川流出之泥沙流入河口深谷或海溝，而無法成爲沿岸漂沙。此種特殊水深將使沿岸漂沙量減少，導致海岸侵蝕。

7. 波潮流作用

當波浪傳遞至近岸時，波浪愈大或海灘坡度較陡，則漂沙向海側漂移而於遠灘區形成沿岸沙洲，此種波浪通常爲暴風浪所形成之海灘稱爲暴風海灘。反之，一般季節風浪或湧浪的波浪較小，或海灘坡度較緩時，漂沙以向岸爲優勢方向，海沙被波浪推移至前灘形成平台，其海灘稱爲一般之海灘。

海灘灘線侵蝕幅度表示暴風浪來襲時，原來灘線因受侵蝕的後退量。灘線侵蝕幅度之預估値對於海岸工程設計和海岸工法的研擬甚爲重要。由已知的後退量，可以擬定海岸災害之撤退範圍。

對長期性的海岸線變遷而言，沿岸流挾帶之沿岸漂沙量直接影響海岸線變化量。

研究顯示，沿岸流或沿岸漂沙量與沿岸波浪能量成正比。波高愈大或波浪入射角愈大，沿岸波能愈高，海岸線變化幅度相對增加，海岸侵蝕的機會也相對提高。

除波浪外，潮汐運動也會影響海岸變化。在長期性的海岸變化方面，一般認爲大潮過後，有海岸侵蝕現象，隨之而來的小潮可將外海的沙搬回，呈現海灘淤積。在短期性海岸變化方面，漲潮時波浪溯升將海沙帶至沖刷帶之頂點而堆積，而退潮時則波浪回刷力量增加將海沙運送到海中，向海漂沙使海灘變成侵蝕。另外，潮差愈大，潮流流速隨之增加，潮流載沙能力增強，而漲退潮之流向則影響漂沙優勢方向，這些因素將影響沙源平衡而造成海岸侵蝕。

（三）海崖侵蝕

由於海浪作用在海岸內帶形成的懸崖陡壁或浪蝕臺地。海邊侵蝕作用常可以造成兩種主要侵蝕地形：波蝕海崖或稱海崖侵蝕和波蝕台地。海崖侵蝕爲波浪切割基底岩石所形成的陡立海崖。若海浪不斷侵蝕迫使海崖後退，最後在海崖退去後的崖腳下產生一處平坦的波蝕台地，多由岩石組成，出露因海崖後退所遺留的基岩地層，有時上覆有沉積物就成爲海灘。當海浪沖擊海崖時，由於組成海崖岩石抵抗侵蝕能力的不同而造成多變化的侵蝕現象。海崖底部常爲海浪擊成一個凹進去的缺口稱之海凹、海穴或海洞。若海穴兩側岩壁因侵蝕而中空稱爲海石門或海拱；若海石門頂部陷落，而孤立在海中是爲海柱。

除波蝕之外，在海崖處也可受到其他的作用，其包括生物侵蝕、風化、雨水沖擊、山崩及人爲侵蝕等。生物作用有助以海崖的侵蝕，如穿孔的軟體動物、海洋蠕蟲及一些海綿類均會破壞岩石。風化作用可弱化岩石，並助以侵蝕。海崖上的樹木根部可穿透劈開岩石。海鹽灌進海崖孔隙瓦解，並當水分蒸發時，鹽分結晶產生壓力而劈開成碎片。雨水沖擊造成岩石侵蝕。人爲行爲也可造成海崖的侵蝕，如海崖處都市化的排水逕流不當控管可造成侵蝕。有時海崖邊岩石因溶蝕而造成自下向上垂直的洞孔，在浪潮向岸前進時，海水可由這些洞孔中噴出，狀如噴泉可降低海崖的穩定，而促進侵蝕及崩落。

一些臨近海崖的結構物，如游泳池、建屋等皆多少會影響到海崖的邊坡穩定，惟設定嚴格海岸建築規範以保障建築的安全性。

海崖的侵蝕速率不一，多依海崖岩石的抗蝕性與高度而有差異性，例如南加州 Santa Barbara 海岸的年平均侵蝕率爲 15 到 30 公分：而英國 Norfolk 海岸的年侵蝕率則爲 2 公尺。

海崖的侵蝕與後退係一自然作用，若非投入大量金錢、時間，是無法完全控制，因此須認識海岸侵蝕作用，可應用海崖排水控制，減少海崖建築物的荷重等保育方法以減輕災害。

六、海岸災害的防護工法

在防止海岸侵蝕的觀念上，須先建立能夠自然保護海灘，而不是以海岸結構物破壞其平衡。應先了解造成海岸侵蝕原因，再考慮保護對策來防禦侵蝕因素，選擇適當的海岸結構物來保護海岸。至於海岸防護工法，選用何種結構物來保護海岸，應考慮其立即性及長期性之影響，否則選擇不當，長期後反而更難保護。除設計上要求結構物本身安全，發揮最大保護效果外，其對鄰近海岸之影響也應降至最低。

防止海岸侵蝕之保護工法包括傳統常用的海堤或護岸、突堤、離岸堤及人工養灘等。其他相關的工法則有人工潛礁、人工岬灣、魚尾型防坡堤、沙腸工法及重力排水系統等。

以上述方法之一或混合使用，來達到控制波浪、漂沙以及近岸流之環境，應從其功能、安全性、耐久性、經濟性、施工性、環境衝擊及景觀等觀點來評估。

（一）傳統常用工法

1. 海堤與護岸

海堤與護岸爲防止海水侵襲陸地而以阻擋暴潮及波浪之結構物，平行於海岸，而興建於海陸交接處，爲廣被採用之海岸保護工法。直覺上，海堤與護岸較有安全感，並可阻止灘線後退，工程費用較其他工法低廉，爲普遍使用之海岸工法。

海堤與護岸依斷面形狀、結構及使用材料可分爲傾斜堤、直立堤與合成堤。直立堤多依賴重力保持安定；傾斜堤將載重分佈於較廣面積，易於擴建加高維護；合成堤則具傾斜堤與直立堤之優點與缺點。其結構物的材料多由混凝土、碎石、木材或其他物料構成。

使用海堤或護岸兼具防災及保護海灘之作用，基本上其堤面坡度應爲平緩，方能減低反射率防止沖刷。唯海堤或護岸的爭議是常受破浪強烈的反射作用而增強侵蝕，以致於易造成狹小而較少砂質的海灘。海堤與護岸一般也被認爲是降低海岸的景觀環境。

2. 突堤

突堤爲垂直於海岸線或與海岸線形成某一夾角，由沙灘向海興建突出海岸之結構物，用以攔截沿岸漂沙、控制海灘地形、改變海岸線方向、阻擋沿岸流或壓迫潮流方向，進而減少海岸侵蝕。

突堤興建後將改變海岸原有漂沙之特性而引起鄰近海域地形之變遷。漂沙在上游側處形成堆積，而造成較寬廣的海灘，以保護海岸受到侵蝕，而下游側處發生侵蝕。但有時突堤的設置，也未能在預期理想的環境下造成侵蝕、堆積，所以使用突堤須詳細評估。突堤使用之材料有拋石、消波塊以及板樁等。

3. 離岸堤

離岸堤爲一離開陸地，平行或約略平行海岸線之堤防，其目的係使波浪在堤前減衰，漂沙在堤後堆積，發揮安定海灘之功能。一般而言，離岸堤工程費高，施工不易，維護費可觀。

離岸堤由於其背後波浪繞射形成遮蔽區，遮蔽區內波高變小，堤後水位梯度的變化產生堤後環流，使沿岸漂沙淤積堤後，若遮蔽效應較佳，有利於漂沙沉積。適當的設計能於堤後形成突出於原海岸地形的連島沙洲或繫岸沙洲。

4. 人工養灘

海岸侵蝕起因於沙源供應之減少，故養灘可直接提供沿岸漂沙的沙源，防止海灘侵蝕、獲得保護海岸之效果。在侵蝕海岸堆放並定期補充灘料之工法稱爲人工養灘，此工法常配合突堤、離岸堤等其他工法實施。與海堤、護岸、突堤等剛性工法相較下，係屬一項柔性工法，以解決海灘侵蝕。養灘粒料之選擇與海灘特性有密切的關係；海灘特性因波浪而異，波浪、海灘坡度及粒徑間之關係爲海岸侵蝕堆積之重要因素，故可藉波浪及粒徑之篩分而改善海岸之侵蝕。

人工海灘在維護海岸環境扮演重要角色，因爲沙灘有許多有益功能，如降低海岸災害、水質改善和遊憩利用等。

人工養灘之施工常以在預定塡補土沙區之上游側設補給場所，並在該處補給土沙，利用沿岸流造成漂沙以養護下游灘地。在飛沙盛行的海岸，也可以使用定沙造灘，一般分爲人工構造物定沙工和植栽之定沙工。前者包括編籬造灘和簡易定沙工（圖9-8）。編籬造灘之目的在於攔截沿岸飛沙，可用細樹枝、竹片作爲編籬定沙，增加沙丘的高度及寬度。植栽乃於海岸種植耐鹽性植物，善加培護，可達定沙效果，時間久後，灘地日漸增高，形成沙丘灘岸，有利潮浪災害之防護。

圖 9-8 桃園觀音海岸的編籬造灘

（二）其他相關工法

1. 人工潛礁和系列潛堤

前述的海岸工法雖可防止波浪越波，遏阻海水入侵及陸地流失，卻往往因波浪反射增加使得堤腳沖刷加劇，導致海灘加速流失。且這些工法通常以混凝土消波塊加高堤高或作爲被護層保護，不僅妨礙觀海視線，同時壓迫感使人民之親水意願降低。人工潛礁或潛堤爲沉沒海岸之結構物，能消散部分波能，降低水流流速使漂沙沉積於堤後，控制海灘侵蝕達到保護海岸之目的。因結構物不露出水面，對景觀破壞較少，此種工法較能符合環保之需求。

人工潛礁能使波浪提前於外海碎波，將碎波線移至外海，降低入侵灘線之波能，減緩水流流速有助於穩定海灘。潛礁的長度愈長，則消波效能愈佳，海岸穩定亦相對提高。故人工系列潛堤係以人工方法在海床設置各種不同型式之潛堤，調整潛堤之間距和高度能達到最佳的效果。

2. 人工岬灣

海洋與陸地的交界有許多凹凸彎曲的天然海灣，通常它的一端或兩端伸入海中，於其間的海岸存有美麗的沙灘。這些海灣是經由波浪、潮汐和海岸地質作用經年累月之結果造成。

應用天然岬灣的構想，在預知某海岸的主波向後，在海岸上、下游側布置岬頭，使優勢方向的波浪幾乎垂直地到達灣內各處的海岸線，而將沿岸漂沙降到最低，甚至完全防止它的形成，此種工法稱爲人工岬灣工法。在兩個岬頭之間，可用漂沙的自然堆積或配合人工養灘，形成一個新的海灣。

3. 魚尾型防波堤

前述突堤或岬灣控制之工法對於垂直入射波之遮蔽效果不佳，二者並無離岸堤阻擋波浪而於堤後產生繞射來保護海灘之優點。綜合突堤、離岸堤及岬灣控制等工法之優點而發展出魚尾型防波堤工法。

魚尾型防波堤保護沙灘之機制係以一防波堤來消滅波浪能量，而另一防波堤則發揮攔截沿岸漂沙之功能，其設計以減少波浪反射率爲主要考量。魚尾型防波堤適用於緩坡海岸，藉由波浪繞射受沿岸漂沙的阻絕幫助海灘堆積。

4. 重力排水系統

暴風浪使前灘產生急速沖刷的原因，乃重力波溯上超過海灘平台之頂部，海水停留在平台頂點相當時間，如此會加速海水滲入沙灘，使地下水位提升，沙土液化而使沙灘很容易被沖刷至外海。重力排水系統工法是設法降低地下水位，減少沙土液化。因此，若在沙灘地下設一透水層，把水排放到外海，此種工程建置在地下，不會妨礙海灘的視野。

排水沙灘平台不會因沙土液化而被沖刷至外海，排水層有降低沙灘沖刷速度的功能。重力排水透水層之設計係在地面下約 3 公尺處，設立 20 公分厚的透水層，並涵蓋前灘至後灘之地區，裝好透水層後，將海沙覆蓋在透水層上面，恢復原來海灘之面貌。

5. 地工沙管

人工養灘最大困難在於養灘粒料必須適當篩選，大部分從河川或海中浚挖的泥沙太細，作爲養灘粒料在大溯大浪作用時將大量損失。一般海岸結構物皆以不織布或織布置於基礎下方，防止堤腳沖刷造成結構之傾倒或毀壞。若將地工織物發展成爲海洋結構物的主體，如地工沙管係將沙源灌入腸狀之沙管內，作爲護岸或突堤的柔性工法。

（三）各種防護工法之比較與應用

海堤爲海岸侵蝕防禦中最普遍使用的方法，海堤如距離灘線太短，波浪在堤前短距離內波能無法消耗殆盡，此不當設計使得這些能量轉換成反射波而增加波能。如此，海堤興建後之沿岸漂沙量顯著增加，且集中在海堤附近，若無沙源補給，非但堤基被淘蝕，且因沙源短缺而使海灘消失。目前全球海岸海灘幅度大量萎縮，興建海堤會加速海岸侵蝕，如非屬必要以不建爲宜。如有充分腹地海堤應儘量後退，以保留海灘吸收波能。

突堤具有直接阻止海岸漂沙之功能，如設計過長則完全阻絕向下游移動之漂沙，形成上游側堆積，下游側侵蝕，即學理上之突堤效應。靠近堤線附近會因反射波而沖刷，使灘線後退，乃至於堤趾發生侵蝕。故突堤設計較不適合垂直入射之波浪。

離岸堤雖能產生繞射，使堤後遮蔽區波高變小並形成環流，將泥沙帶入遮蔽區內堆積形成繫岸沙洲，但離岸堤開口部分水流流速增加，可能形成海岸侵蝕，堤體兩側因環流將泥沙帶往遮蔽區，也有明顯侵蝕。離岸堤堤前常受波浪作用而崩潰或滑落，必須經常維護。離岸堤堤前之反射波也使堤趾沖刷，堤前海域之水深變深，波能向近岸內移，加速堤體之崩落及維護之難度。

人工養灘雖爲較理想之柔性工法，但養灘料來源取得不易，成本相對增加，且養灘粒料必須適當篩選，如養灘料太細，則大潮大浪之侵襲即大量損失，也可能造成環境汙染。一般養灘料與原有海灘相同者最適宜，但此法通常不易達成。

通常人工潛礁之寬度小，堤頂水深淺，故大潮大浪作用下，波浪透過率高，消波效果因而降低，較難達到靜穩之效果。潛堤之構築常影響船隻航行。潛堤之堤腳沖刷雖不若離岸堤嚴重，但設計時乃注意堤趾附近流況。

應用人工岬灣的構想，可以安定已經受到侵蝕的海岸。人工岬灣曾於新加坡、日本、澳洲和西班牙等國家實施。採用人工岬灣來保護海岸，易使沙灘的土沙會被颱風波浪帶走，使灘線向內陸移動。台灣常有颱風經過，且海灘幅度並不寬廣，人工岬灣之實施須愼重考慮。

海岸侵蝕之防護工法不少，各種工法之原理和設計經驗也很多，也有同一種工法採用不同型式或施工材料者。各國海岸特性和水理特性不一，國外成功的案例在國內實施並不一定成功，必須針對各種影響因素加以評估進而研擬適當工法。各種工法並非單獨實施，可依侵蝕情況、保護目的或海灘性質配套實施（表 9-1）。如離岸堤和人工養灘配合設計可加速繫岸沙洲之生成。

表 9-1　整合性海岸保護工法及其適用性（許泰文、張憲國，2001）

整治模式	適用海岸
高潮、海嘯防波堤＋堤防、護岸	灣狀海岸
離岸堤＋堤防、護岸	侵蝕趨勢很強的海岸
潛堤＋堤防、護岸	尋求與周遭環境調和的海岸
浮式防波堤＋堤防、護岸	水深及潮差大的海岸
堤防、護岸＋養灘	海洋遊憩需求高的海岸
離岸堤＋堤防、護岸＋養灘	海洋遊憩需求高的海岸
潛堤＋堤防、護岸＋養灘	海洋遊憩需求高的海岸
人工潛礁＋堤防、護岸＋養灘	尋求與周遭環境調和的海岸
複斷面堤防、護岸及緩坡護岸＋養灘	海域有設施限制的海岸
人工岬灣＋堤防、護岸＋養灘	海洋遊憩需求高的海岸

七、海岸災害的認知與調適

對於海岸的侵蝕災害則依個人的過去經驗，近海岸的居住環境及承受財產損失的機率等而有不同的認知。當居住在近海岸且曾遭受侵蝕災害的民眾，對海岸侵蝕就有嚴重危害性的認知：而遠離災害區的民眾雖知道災害的威脅，但未必了解海岸災害的產狀、頻率、嚴重性及預測；而更遠離海岸而居住內陸的居民可能只知道海岸會受到侵蝕，但無法或極少數能體會到災害。以下就熱帶氣旋與海岸侵蝕兩項海岸災害的調適作一說明。

（一）熱帶氣旋

民眾對於熱帶氣旋造成的災害，可能以不予理會它或承受損失來調適自身的心態，但以承受為居多。在開發國家的社區大眾認知是應該加強改善環境，如防護的工法，土地的穩定，土地利用的管制，疏散撤離及預警等問題。

（二）海岸侵蝕

對於海岸侵蝕的調適有幾項應須注意：

1. 人工養灘的設置儘可仿傚，並符合自然作用。

2. 了解近岸結構物的設計，以調整波能的消散或降低波能。
3. 藉由海堤、突堤等海岸結構物來保護穩定海岸。
4. 藉由土地利用之變化來解決或避免問題。

今天，面臨的海岸侵蝕問題有兩面向：

一是增強海岸防禦，以控制侵蝕作用；二是藉由海岸地帶的環境規劃與土地利用，學習如何與海岸侵蝕共存。任何海岸地帶的進一步發展，有下列原則需要考慮到。

1. 海岸侵蝕是一項自然作用，不要認爲是自然災害，侵蝕作用的發生係因人類在海岸地帶建置了太多的結構物。在海岸地區，波浪的自然作用可造成侵蝕、淤積，此處的土地利用應與自然和諧一致，例如開發遊憩活動的場地。
2. 任何海岸結構物均可造成變化或改變，海岸環境是動態的，因此任何擾動到自然環境均可造成改變，以致產生不利的後果。如海堤、突堤等結構物會影響到海岸地帶沉積物的搬運和聚集。
3. 藉由工程結構物穩定海岸地帶是保護開發地區的財物，而非保護海灘本身。
4. 保護海岸的工程結構物設計往往是改變了海岸環境，而最終未能達到保護目的，反而失去了海灘。
5. 海岸工程結構物一旦建置，其建造與維修費用極高，甚至超過海灘本身的價值，因此美國有些州政府設限結構物的建造，以穩定保護海岸。因海平面持續上升以及海岸侵蝕範圍的擴大逐漸接受非結構物的建置觀念似乎已被重視，而儘可能維持原貌給下一代享用。

習題評量

1. 造成海岸侵蝕的因素有哪些？
2. 對於海岸災害有哪些防護的工法？並檢討其優劣點。
3. 討論人工防護工法對於海岸保護是爲長期性或是臨時性的解決方法。

第十章　人爲開發引起的地質環境災害

一、人爲引起的地質環境問題

人類和環境的關係是隨歷史的發展而有所改變，其間並有相互的依存影響。自工業革命後，人口和都市發展的激增，導致糧食的短缺，礦產與能源、資源的供應不足，有限的水資源、土地和土壤資源的破壞與退化等等，這些均是因人類活動引起的地質環境問題。

（一）糧食供應的短缺

隨著人口數量的增加，未來全世界人口所需求的糧食將會有增無減。然而糧食供應的種類與數量並不能保證充分無缺，甚至並不能保證可以長久維持不至減少。

近年來人類因爲糧食缺乏而遭受饑餓的現象，在非洲許多國家及印度等較落後地帶都經常發生；甚至成爲年復一年的普遍現象。

由於全球氣候變遷引起的乾旱及沙漠化導致嚴重缺糧以及環境衰退，可耕種地面積不斷在減少。一旦人口數的擴張，超過當地森林、放牧地、農作地所能負荷維持的生產量時，森林和放牧地將會消失，繼而土壤侵蝕、土地生產力減弱、水位下降、水井乾枯，這些使糧食生產減少，造成可怕的惡性循環。

未來農業生產用地仍將因人口之增加而逐減，所減少的用地大部分仍將被用於建築住宅、地面公共設施及工廠的擴張。由於耕種用地繼續減少，預料自產糧食不足的情形將會益形嚴重。

（二）礦產與能源資源的不足

礦產是不可再生的一種資源，並非取之不盡、用之不竭。原本地球上所賦存的各種資源極爲有限，其礦產與能源之分布又不平均，不同國家與地區的礦產與能源種類又有差異。各地對於礦產與能源的需求量與消費量都因人口增多及工商、都市發展而提高增加，加以開發技術的不斷改進，消費與利用的速度都不斷加速，礦產與能源的儲存量亦日漸萎縮。

（三）有限的水資源

水資源的供應是有限量的。隨著人口的增長，將加速其消耗量，也將減少其儲存量。水資源的供應受到降雨量、季節的限制之外，也因為水源的汙染而影響農產、水產業以及危害健康。因人口以及工商業大多集中在平地，故平原地區不當開發利用導致的河川、地下水及附近海水的汙染，必將造成嚴重的影響。

（四）土地和土壤資源的需求

土地不但提供糧食生產用地，住宅、工廠、遊憩場所及其他公共的場所也都需要使用土地。當人口增多時，對需求的土地面積也隨之擴大。然而地球上的土地面積幾乎固定不變，故當某地的人口增加對於使用場地或設施的需求也就相對增加，迫使原本作為某種用途的土地變更他用。在開發中國家，每年均有很多原始地被變更為農地或牧場，森林被砍除以作為農地和放牧用地，造成侵蝕與淤積的環境問題。

針對人類因工商業及都市發展活動而引起地質環境災害的影響與危害性包括有因工程建設開發造成的邊坡、地盤下陷問題；礦業開發、廢棄物處置引起的環境破壞與汙染問題；以及河川、海岸、水庫工程造成的水體環境問題，甚至都市引發的環境地質問題等。這些人為環境災害該如何評估、防範、保護，甚至解決問題均作一介紹、探討。

本章節除河川、海岸，因人為引起的地質環境影響的相關問題已在前章節中述及，本章節僅就土地工程建設、礦產資源、都市化及水庫等開發單元引起的地質環境問題作一介紹。另外，廢棄物處置單元則以廢棄物及放射性廢料引起的問題為主，將於後續述及。

二、土地工程建設開發之地質環境問題

（一）簡介

由於人口增加及經濟快速成長，可茲利用之平地面積逐漸減少，因此，趨向山坡地之開發已為必然之趨勢。早期山坡地開發規模較小，有關工程之選址、規劃、設計、施工以及維護等一直未被重視；近年來山坡地大規模的工程建設開發案愈來愈多，因開發工程而影響到居民生命與財產安全之案例逐漸增多，更影響到國家土地資源之有效利用。

一般而言，工程建設開發，除因豪雨沖刷、地滑及地震等自然因素引發災害外，選址不當、設計不當、施工品質不良與管理維護不確實等人爲因素也可造成地質環境問題，尤其是坡地的開發。

雖然在較平緩的區域進行工程開發比山坡地開發所遭受到的環境危害問題較輕些，但仍會造成一些地質環境的問題，其歸納有：①整地開挖的表土問題；②基盤軟弱問題；③基盤的不均勻差異沉陷問題；④地震區及易發生土壤液化之沙泥地區；⑤地下水位區；⑥地盤下陷區；以上均爲因工程開發的選址不當所致。另外規劃設計與施工作業以及維護等問題亦會間接加速影響到環境問題。

關於山坡地開發則造成的問題較多，且複雜些，除上述工程開發上的規劃、設計、施工、維護與平地開發略同外，其在選址不當的地質條件上，如順向坡、陡坡、排水、岩層透水性、沖蝕、淤積、岩層不連續面或滑動面、改變地形、出露表土等，均需注意。此外，在開發規劃下，因土地利用之改變，往往亦造成比預期中更嚴重的侵蝕、淤積及地表、地下水問題。

（二）平地工程建設開發易發生的地質環境問題

1. 整地開挖的表土或土壤問題

任何的工程開發作業中，首先須清除表土、整地開挖、回填、必將破壞地表，造成沙土流失，並對開挖後表土的堆置須妥善處理，否則易於暴雨之際造成沖蝕、淤積、汙染等問題而影響週遭環境的惡化。

當地面土壤受到整地作業而干擾時，土壤本身的內聚力受到理化性質和結構的改變，因而鬆動，外加暴雨時土壤中的含水量的增加，而導致土壤沖蝕流失，阻塞排水系統、儲水池或造成河川汙染等。

土壤是岩石風化造成最後的疏鬆產物，多數由黏土、礦物組成，並含有空氣、水分、腐植質和微生物等。土壤生成的過程複雜，通常與氣候、生物、母岩、地形、時間等重要環境因素有關，因而也可產生不同的土壤種類。也可按照不同的礫、砂、粉砂、黏土組成粒徑和有機含量百分比而予以分類。

工程的開發對地表土壤有其重要的影響，其土壤主要的性質包括塑性、強度、敏感度、壓縮性、侵蝕性、滲透性、腐蝕性，開挖性及收縮膨脹性等。土壤的強度係依其組成物質的內聚力和摩擦力間的關係而定。土壤的敏感性、壓縮性、滲透性和受蝕性等因素則與其組成物質粒徑的不同和黏土礦物的含量有關；腐蝕性則與土壤的化學性質和含水量有關；收縮膨脹性和塑性則與土壤中含水量和礦物種類相關；因此，對於工程開發所遭遇到的不利土壤性質爲低強度、高敏感性、高壓縮性、低滲透性、高腐蝕性以及收縮膨脹性變化大的地表土壤層，否則就須花費更多的工程費用克服或避開之。對於不利的土壤條件需先以土壤流失公式調查評估，再以水土保持工法控制土壤流失。

2. 基盤岩體之軟弱問題

表土或土壤下層基盤的是岩石（或稱岩體、岩層），係爲礦物的集合體。岩盤的強弱取決於岩石的種類，礦物的組成、岩石的組織構造以及岩類之間的地質接觸關係。

一般基礎開挖工程而言，在三大岩類中，以火成岩類爲佳，其次爲變質岩類，較差爲沉積岩類，如花崗岩、安山岩、玄武岩等均屬質地堅硬緻密，強度高的火成岩類，除花崗岩外，安山岩較受風化以及玄武岩易受節理、孔隙分布的影響而強度減弱。

變質岩類中，以片麻岩、石英岩最佳，緻密堅硬、強度大、抗風化強；而片岩類則因所含組成礦物不同以及葉、片理發達而易產生裂面，故抗風化及強度亦顯下降；另外大理岩及蛇紋岩等之硬度較差，也易受水分的影響而發生變化，強度降低。

沉積岩爲三大岩類中屬較不佳工程開挖的岩體（圖 10-1），一般而言，礫岩、砂岩均屬質地鬆弱，孔隙率大及透水性大的岩類，須壓實處理。泥岩、頁岩因含黏土礦物，吸水率大易產生潤滑，且具膨脹收縮特性是爲不利的岩性。石灰岩有遇水易溶蝕的問題。另外沉積岩中常遇見砂頁岩互層，該互層之處往往是透水性的砂岩和不透水性的頁岩之界面，爲一不利的弱面或滑動面。

圖 10-1　砂頁岩互層

3. 不均勻或差異沉陷問題

若結構物的基礎一端位在岩盤上，而另一端卻位在未經壓實的塡土上，或位於堅硬、軟弱兩不同性質的基盤上時，可能會發生不均勻或差異沉陷的現象。嚴重時可能會引起結構物龜裂或下陷倒塌。若結構物建置在不同的地層上，因不同地層的強度、壓縮性（如沉積泥岩與火成岩交界面）及破裂（如火成岩與變質岩片理交界面）之情形不同，而易發生沉陷機率。另外岩盤下遇有煤礦坑、斷層帶、破碎帶等均是易發生沉陷之處。

4. 地盤下陷

地盤下陷發生的原因有多種情形，可以自然，也可由人爲因素造成，下陷速率可能很緩慢，也可能快速沉陷，係依何種因素造成而定。多數的地盤下陷係因超抽地層地下水或因掏空地下岩層，造成空洞導致地盤下陷。因超抽地下水、開採油氣井時伴隨的水體，開發地熱井的蒸氣溫泉水體以及地下採礦等人爲行爲均可造成嚴重的地盤下陷。

另外石灰岩層的自然溶蝕也可造成地表陷落，其理論原因均大致類似。其中以超抽地下水最爲嚴重，在超抽地層水體時，因使地層內的含水壓力受到改變，原本地層內的水壓是維持支撐地層穩定的因素，一旦發生超抽，地層內組成顆粒之相互收縮，水壓降低，不利支撐，自然發生地表陷落現象。

同時，地盤下陷也可因自然作用造成，在對石灰岩或白雲岩碳酸鹽質的易溶岩層，在遇水情況下受到溶蝕成孔穴，因而其上盤岩層失去支撐或洞穴頂蓋溶蝕而崩陷，形成石灰井或稱之爲蝕孔。

在採礦造成的地盤下陷，多以開採煤礦爲主，當地下煤層開採後，在未進行完善的支撐回塡或灌漿處理時，極易造成嚴重的地盤下陷，或也可因採礦完畢後，因封礦或礦坑廢棄已久而經一段時間下陷（圖 10-2）。另外地下鹽層的開採係因須注入溶液至地下鹽層、溶解再抽回地表處理，以致造成地下岩層孔洞，而弱化上覆支撐而陷落。

圖 10-2　煤礦開挖之地盤下陷

以上不論何種原因造成的地盤下陷均可對地表建築結構物、橋樑，維生管線設施等造成相當程度的危害。有關採礦及超抽地下水造成的地盤下陷將在其它章節詳述之。

5. 地震斷層及土壤液化

因地震之發生往往是斷層滑動引起，尤其是具週期性活動的活動斷層，因此斷層帶之處常是由斷層裂隙、斷層泥或斷層角礫等組成，這些皆是在斷層發生位移時，在強壓力及高摩擦力下，岩層壓碎、磨碎之結果。又因斷層帶內因組成的破碎鬆軟物質強度低，易壓縮，若負荷加重亦會發生沉陷。斷層泥係不透水，常阻滯地下水流，造成地下水壓，降低斷層面之剪力強度，發生滑動。

另外在地震發生時，因強烈震動而使土壤層壓縮，增加孔隙水壓，滲出水，使得土壤發生液化變成軟弱，在地表飽和水之處的砂、泥則易失去抗剪強度而發生流動。

故斷層地震區以及引發的土壤液化區均因會造成嚴重災害，是工程建設開發儘可避開或在工程設計之安全係數應以加強。

6. 地下水位變化

地下水爲一不規則的面，分布在地表下數公尺或數百公尺的深度，地下水位面是充氣帶和飽和帶的分界面。充氣帶亦稱未飽和帶，係指岩石孔隙中除水外尚存有空氣，而飽和帶係指岩石孔隙中充滿地下水。地下水而隨地形而有起伏，高山上升，山谷下降；也因氣候而變化，雨季上升、旱季下降。在河流湖泊之處，地下水可達地表。

對於基礎工程中，地下水面的高低以及地下水在岩石中產生的物理化學作用是一項重要因素，且影響工程極大。尤其當暴雨之際，地下水位上升形成暫時的棲止水位，或在其後的水位下降可造成孔隙水壓之變化，以致降低抗剪強度或水體增加下滑力而發生滑動。

（三）山坡地工程建設開發易發生的地質環境問題

1. 邊坡穩定問題

工程建設開發勢必改變地形，地形經整地後原自然平衡狀態遭受破壞，必須考慮整地後之地形、地質及地下水壓力等因素之變化，尤以順向坡地形更需注意。順向坡係指地層或滑動弱面之傾斜方向與邊坡地形的傾斜方向一致。在此種狀況下，因工程開發而開挖陡坡之坡腳時，失去支撐力，若外加雨水下滲至地層內，增加孔隙水壓造成滑動作用，易使上方堅硬岩層沿層面或滑動面之下滑造成危害。除層理外，滑動面通常也指節理、葉理、片理、斷層面、不整合面或裂隙等岩體中的不連續面。此外，滑動面也包含軟弱岩層及夾在岩層中的黏土物質，因遇水會產生潤滑，發生可塑性流動，尤其膨脹性黏土遇水則有膨脹、收縮現象，影響上覆堅硬岩層滑動。因此，主要滑動的不利地質爲覆蓋層與岩層交界面，岩層內的破碎帶、軟弱黏土層或黏土夾層，以及砂頁岩互層之順向坡等處。防治方法多以植生法、打樁編柵、固定框、噴漿、擋土牆、或岩錨等工法補強處理護坡。

2. 沖蝕問題

由於工程建設開發勢必將地表的原生坡面的土壤及植被與次生植被在施工中遭到大量的開挖破壞，除原地表之植被狀況遭受破壞外，也導致地表水逕流與雨水沖蝕下切坡面及下滲，易造成坡面或基礎土壤流失以及地下水位上升或降低地層之強度，故須有妥善之坡面保護及排水措施相互配合，以減少沖蝕問題。特別在坡面完成時應即刻予以植生保護，人工植生因植物的種類及生長季節的不同需予以適當的選擇，且須配合土壤的酸鹼度、植物的耐陰性、生長速率及生命期限等條件後決定之，使邊坡能獲得最佳的植生保護。

3. 排水問題

山坡地開發工程因地形、地物及地表覆蓋狀況發生改變，可能導致地下水之改變。也因破壞原來的地形與植生，改變原有逕流方向，造成各水系之截水面積發生變化，同時逕流量及含砂量亦隨之變化，若是排水措施不足以渲洩該流量時，極易產生嚴重災害。因此必須有妥善之地表排水措施及坡面保護才能將逕流迅速排出，減少地面水下滲機會。已下滲的地下水，則需使用地下排水措施將其引導出，以降低地下水壓。

排水工程是避免災害發生的最重要措施之一，山坡地因地形較平地陡峻，故逕流集流時間較短，而山區雨勢多數較平地強，短時間內即可匯集大量之逕流量，常使邊坡造成劇烈的沖蝕與破壞。尤其山坡地開發後，地表不透水率產生變化，逕流量較未開發時大增，水文狀況大大的改變，故地表排水工程主要目的，一方面是攔截地表水滲入地表下以防止滑動：另一方面是將地下水排出至滑動區之外。因此在重要的排水幹渠上必須設置沉砂池、調節池及消能池，其容量應大於水文變化量，必要時應於排水渠道舖設襯底以防止滲漏。此外，通常使用的排水工程有滲透防止工程、排水溝及截洩溝等。

排水工程中另一課題爲地下排水工程，由於裸露地表增加，雨水下滲的機會大增，故必須在適當位置降低地下水壓力，及防止地下水位上升，以確保邊坡的穩定。地下排水工程必須在開發前先行調查地下水狀況，開發階段持續觀測地下水的變化，並記錄降雨量大小，做成水位與雨量的關係曲線，以爲開發中排除地下水的參考。地下水排除工程包括有暗渠、排水孔、集水井、排水隧道、立體排水及地下水截斷等工程種類。

4. 淤積問題

裸露表土經雨水沖刷流入排水幹渠中，沉積在流速低地帶，間接形成排水斷面不足，或坡地開挖沖蝕的泥砂常在坡降較緩之排水措施處，形成淤積而影響排水措施之有效排水斷面並造成逕流漫溢之現象，導致災害。

5. 開挖或挖方問題

山坡地開發作業中的土石方開挖勢必破壞原有邊坡之平衡狀態，因此開挖邊坡之幾何形狀對邊坡之穩定性影響甚鉅。開挖邊坡應確實依照設計者之規定施工。開挖過程中會遇到大量岩方或岩盤，因此使用爆破技術在所難免；在岩盤節理發達之處，易造成平面或楔形破壞，爆破原則係以炸鬆岩體到可移除的程度即可，並由專業技術人員負責規劃督導。

由於山坡地之地形及地質較爲複雜，故施工時得隨時檢核施工地點之地質狀況是否與原設計之考慮相符，必要時得進行變更設計。

另外，土石開挖應注意對四周環境所造成之振動影響，此振動可能來自爆破，或機具施工。作業施工前應對四周之結構物進行現況調查，施工中應進行監測，以利了解現況。同時土石開挖作業也應注意氣候變化，以能夠在適合期間完成水土保持工作，若需在雨季期進行開挖工作，應特別注意已開挖坡面之保護與適當之排水措施。

此外，山坡地開發中，興建道路也是必要措施，而道路設計時又須兼顧縱坡的順暢及土石方的平衡，常見因坡址的開挖及坡頂重量的增加，在結構物未完成前就可能造成了邊坡崩坍。

6. 回填或填方問題

回填工程是山坡地開發階段的另一項重要工作，深受氣候、地形及施工順序與工期的影響，且回填作業在品管控制不佳的情況下易造成後遺症，因此確保回填工作順利進行是山坡地開發的重要課題。

另外，回填土方時，常回填壓實作業困難或坡面植生未清除淨，均可能影響填土邊坡之穩定性。回填材料的選用有其限制的條件，如回填表土含有雜草、樹根、大塊石之材料限制。對於大規模回填工程之品管及進度控制須進行試驗室及現地試驗，以達到回填規範之要求。

7. 擋土結構物

山坡地之開發為了獲得平坦安全的建地或開闢道路，不可避免需要構築擋土結構物，而結構物之種類及施工方法甚多，因施工地點、安全性的要求不同，設計的工法因而各異，因此結構物施工時注意的事項如下。

開挖部分包括：

(1) 開挖面頂端應先構築臨時排水溝，以防逕流沖刷，造成邊坡崩坍。

(2) 基礎開挖可採用間隔開挖，防止全面性的土方崩坍。

(3) 基礎開挖遇大量地下水時，可於四周構築臨時排水溝，並以抽水機抽除。

(4) 開挖坡面過長時，須有適當的噴草或覆蓋不織布等防護措施。

回填部分有：

(1) 回填料級配需符合規範要求，並按規定壓實，與土面交界處應舖不織布，防止土壤之細顆粒堵塞，而降低排水功能。

(2) 回填土方含水量過多時必須翻曬，且須壓實至規定之壓密度；必須於雨天施工時，應於土壤內加入適量如水泥或石灰穩定劑，拌勻後再回填。

(3) 無法使用機具壓實的地方，應鑽孔灌漿固結後，再裝設橫向排孔。

結構物鄰近於道路或建築物時，或邊坡為不穩定情況時，施工方式不能比照傳統方法施工，而必須改用其他工法，顧及施工人員生命財產的安全問題。

8. 棄土問題

山坡地開發必有大量之棄方產生，必須選擇適當的地點運棄，因此棄土區的規劃與管理也是山坡地開發的重要課題。原則上，棄土應堆置於滑動區外，防止再度發生滑動或流失，除了妥善的規劃外，棄土區內必須裝設各種觀測系統觀察水位變化、沉陷情形、滑動情形，做爲預警之用，以避免二次災害的發生。

棄土區處理或塡方回塡土若未確實壓實，則因本身之自重或結構物基礎所施加之荷重，將會產生沉陷問題，此沉陷除影響棄土區塡方本身之安全外，更對結構物可能產生破壞現象。

此外，對於坡地基礎之承載力，除需考慮基地之地質狀況與地下水位及地形狀況外，尤其基礎座落於破碎軟弱岩層及塡方區域更應仔細研判其安全性。

9. 維護問題

山坡地除具地形與地質之複雜性外，基地經整地後之新自然平衡狀況須有較整體之監測系統資料以了解之。工程完工後之各項工程措施需隨時維護，並檢核其功能是否仍能滿足原設計上之需求。

另外，對工程基地鄰近地區之影響亦須注意，山坡地之施工應極力避免對開發基地鄰近地區之安全造成不良之影響，且應於施工前準備好應付之對策。

三、礦產資源開發之地質環境問題

（一）礦產資源的開發

礦產資源的開發常常是因社會經濟與民生所需，但因其涉及土地使用、環境生態保育以及停採後是否復原地貌或做其他規劃等問題，所以開發前必須有詳細的調查、評估、規劃，待法令限制以及相關安全事項等皆思慮周延後才能進行。一般礦產資源的開發流程可分爲下列四大階段：①尋礦；②探勘；③開採規劃；④採礦。

1. 尋礦：想要知道某個地區是否有礦產的存在、有多少礦種，就必須要有地質的專業知識。開始時專業地質師會先蒐集該區域的地質背景資料、地形圖以及是否有先前相關礦產調查資料，然後再進行地表調查。期間除了尋找礦苗或礦脈的徵兆、指引（例如礦體的岩性類別、礦物成分的變化以及指標地層與地質構造等特徵），還得判斷是否有足夠的成礦地質條件。若要大範圍的尋找礦源，得花費較多的時間與人力。
2. 探勘：探勘的目的是要了解礦體更詳細的資料。例如礦體的形成區位、延伸範圍、控制礦床之地質構造、解釋礦床成因、採樣分析礦物成分、計算品位與儲量等。

通常這個階段常需挖掘明溝或試坑，甚至鑽井以達地下礦體。

3. 開採規劃：礦體一旦經過上述各種方法進行探勘、分析成分、儲量推算，認定具開採可行性之後，便可開始著手開礦的準備工作。這部分包括：礦權的申請、礦區劃定、礦場設施規劃、開採方法設計以及工程技術與安全維護等項目。一般礦床的開採方式主要分爲地下開採與露天開採兩大類，不論以何種方式進行，對礦區及其周圍環境都會產生影響。因此決定以何種方式進行開採不僅需考量成本，還得顧及到周遭環境的影響。
4. 採礦：這是開始對礦體進行採掘、輸出礦石而有實際產量的流程。由於實際進行開採行爲後，對地下礦體才能有眞實的接觸。一旦遇到預期外的困擾，例如有斷層或褶皺等地質構造截斷礦體，導致影響採礦進行的方向或進度；或遇到落磐、瓦斯爆炸、地下水湧入等安全危害時，就得注意是否須改變開採方式，或甚至放棄開採。因此，這個階段常會與前一步驟的開採規劃同時進行，以確保採礦運作順利、安全維護等事宜。畢竟在採礦的過程當中，除了達到經濟效益的原則外，也必須兼顧人身安全。

礦業的開發與礦產資源的地理分布區位有關。開採礦產時，礦區本身與周遭的地質地形、水文、生物棲息地、植被，甚至視覺景觀都會造成某種程度的傷害。例如岩體表面的破壞、山崩、地盤下陷、水質汙染等安全災害問題。因此就土地空間的使用與環境安全而言，我們要注意的是，礦業開發所造成的負面影響能否降到最低？開發後的土地能否復元？是否能賦予再利用的新面貌？故我們將從了解礦產資源開發進程開始，然後再看看這些礦業的開發對環境有什麼樣的影響與衝擊，最後再來設想有何防範或解決之道。

（二）開採方式與環境衝擊

礦業的開採可分爲露天式地表開採（open pit / strip mining）以及地下開採（underground mining）兩大類（圖 10-3）；露天開採係指在地表上進行規劃開採作業；地下開採則指地表下的坑道開採作業。露天開採主要礦種有煤、黏土、石灰石、蛇紋石、白雲石、砂石等非金屬礦床。地下開採的礦種多爲金、銅、鉛、鋅等金屬礦床以及煤、油氣等燃料礦。不論何種開採方式，或多或少對周遭的人、事、物都有一定程度的影響與衝擊。此外，對那些曾經開發，但現已廢棄的礦區卻也變成了環境問題，例如礦區設施經年累月的棄置荒野、地下坑道所引發的地盤下陷，以及廢棄礦碴的堆置、汙染水源等。

(a) 地下開採

(b) 露天開採

圖 10-3 礦業開採方式

顧名思義，露天開採是將地表上具有經濟價值的礦體，以剝除或挖掘方式直接開採，通常這種開採方式必須將覆蓋礦體的表土層或植被先行去除。露天開採有幾個特徵：①開採範圍與生產量大，②地表面積破壞大，③開採作業設施與機具的設置範圍大，④聯外與搬運道路長且需要緩衝距離，⑤汙染多（空氣、噪音、水），及⑥對礦區周圍環境與生態影響大。

地下開採又稱坑道開採，指在地表下以人工或機器等方式挖掘具有經濟價值的礦體。地下開採規模較大者為煤礦、石油與天然氣，則因其特殊的地質特性（如岩層之地下構造封閉），必須以鑽井方式來進行探採，所以也屬於地下的開採。

一般而言，地下開採可分為豎井（shaft）、斜坑（inclined）以及平水坑（drift）開採等三大類。而不論以何種分式開採，都會在地下產生空洞，進而直接或間接造成地上建物與設施的潛在災害。

（三）露天開採與環境影響

露天礦區在進行開採規劃時需先進行礦場採掘場、捨石場、排水設施以及運輸道路等之設計布置。其目的除了使礦場運作順利外，也兼顧施工安全與環境保護考量。例如露天採礦方法與規劃的不當會引起崩塌、滑落或下陷；採掘跡的長期裸露有風化崩塌之慮；開採作業易引起的爆破、鑽孔噪音及土石崩落；因開採發生的廢土石，若堆積或處置不當亦會引起崩塌、滑動、陷落甚至汙染。另外，礦區搬運道路的規劃不當則會發生維護不當、排水不良、邊坡崩塌、路基崩陷、土石流等；礦區內若未設置防砂工程，可能造成礦碴淤塞河道，引起洪患、抬高河床；放流水處理不當可引起懸浮物、溶解性毒物、汙染水而危害生態環境等（圖 10-4）。

圖 10-4　露天開採的水汙染

1. 對環境的影響

露天礦區在進行開採規劃時需先進行礦場採掘場、捨石場、排水設施以及運輸道路等之設計布置。其開採流程規劃可分爲整地與表土清除、採掘、鏟運、碎石、礦外運輸等步驟。

(1) 整地與表土清除：礦區需先做整地規劃，剝除覆蓋層，被剝開之富有機質表土與其下層土石分別儲放，作爲將來礦區整復時植生綠化之用。但剝開表土或覆蓋層易引起地表的逕流增加、沖蝕、沉積物之淤積及崩塌，並造成汙染。整地作業中使用鑽機、鏟裝機等均會造成噪音問題。此外除暫保存富有機質表土外，無用的廢石須擇地傾倒或運至捨石場堆置處理。
(2) 採掘：露天開採目前雖儘可能採用階段開採法，然在開採作業過程中仍有崩塌或土壤沖蝕之慮，開採後的殘壁也需維持適當的邊坡穩定。此外，在採掘作業中使用各型鑽機、鏟裝機、堆土機以及因鑽孔、引爆、施炸、鏟裝等導致的噪音、塵土、碎石汙染等亦須處理解決。
(3) 鏟運：礦場經引爆的碎石及採掘的礦石分別由鏟裝機鏟裝，運輸到碎石場粉碎或處理。在鏟運作業過程中會引起噪音和塵土、廢石的汙染問題。目前較具規模的礦場均改用豎井替代運輸道。
(4) 碎石：碎石或礦石若需經粉碎處理，因各型碎礦機或碎石機作業會產生噪音與汙染的問題。
(5) 礦外運輸：碎石或礦石經粉碎處理後即需運送到水泥廠或冶煉場供製造或煉製之用，礦場常採用卡車、索道、火車及帶運機等方式運輸。在運輸過程中除噪音外，也易造成塵土、廢石的汙染。運輸中的落石可能會有地表汙泥、砂土的淤積、排水阻塞等問題。

2. 環境災害與災害處理

在露天開採作業過程中，會造成的災害包括有整地開挖、開採礦石造成的地表破壞、土石流沖蝕以及邊坡崩塌滑動。而在採礦作業過程中，則有因施炸、爆破、開挖所造成的噪音、塵土。開挖礦石時，運輸過程也可能造成路面的破壞、下陷、汙染、邊坡的裸露、捨石場的崩塌、排水不當等災害。

(1) 邊坡災害：邊坡上大量土體或岩體因受重力作用而沿一定的滑動面向下滑動的現象稱爲邊坡滑動（地質學稱之爲山崩或地滑的一種），是屬於一種邊坡失穩的現象（圖 10-5）。在露天礦區中，邊坡（坡腳）一經開採，其周圍的土地利用（一般爲雜林地或果樹、檳榔園）如未經妥善保護，很容易發生邊坡滑動災害。通常滑動可以是緩慢的、長期累積的，因此短時間內很難辨識出來。

圖 10-5　露天開採的邊坡災害

礦區的整地及開採皆須注意邊坡的穩定，因爲開採不當會導致岩層或岩盤的崩塌、滑落下陷。由於露天開採造成的邊坡不穩定易導致落石的發生，通常利用台階將落石搜集或集中在階段的平台上，並定期清除。或用鐵絲網將易落石之坡面覆蓋，也可用岩錨將易脫落的岩塊與其下盤的岩體繫牢。地表逕流或地下水也是另一易引發坡面崩塌的原因之一，在邊坡面需設置橫向或縱向之排水規劃，以防坡面岩層富含飽和水而加速危害。爲達到邊坡防治與綠化雙重的功效，也可採用植栽綠化方法，以在坡面植生，且具有水土保持的功能。有關不同料源礦場之邊坡開採規範參見表 10-1。

表 10-1　不同料源礦場之邊坡開採規範

土質礦場	原料礦場（白雲石、大理石、石灰石、蛇紋石）	石材礦場（以金剛索鋸或鏈鋸開採者）（白雲石、大理石、石灰石、蛇紋石）
1. 殘壁邊坡依現行水土保持技術規範。 2. 若每階段高度爲 10 公尺時，平台寬度宜保留 5 公尺以上，整修坡面傾斜爲 45 度。	1. 每階段高度以 10 公尺以下爲原則。 2. 平台寬度以預剝式時應維持 4 公尺以上爲原則；其餘宜維持 5 公尺以上。 3. 殘壁邊坡爲 75 度以下。	1. 每階段高度以 10 公尺以下爲原則。 2. 平台寬度應維持 4 公尺以上爲原則。 3. 殘壁邊坡爲 90 度以下。

(2) 土石流：在露天開採的過程中會對礦體的裸露面（通常爲一坡面）進行植栽與綠化，其目的是希望增加邊坡穩定、降低侵蝕速率。位於河川中上游區域的礦山，因礦體開挖所形成的裸露面、岩體節理破裂面以及碎石堆，如無適當搬運堆置，可能即爲土石流的料源，當颱風豪雨來襲時，在雨水沖蝕下即成土石流（圖 10-6）。

圖 10-6　土石流災害

(3) 空氣汙染：來自礦場之開採、爆破、鏟運、搬運、碎石等作業過程產生的塵土，以及碎石廠、冶煉廠帶來的微粒均需經處理或降低含量，以維持礦區的空氣品質；礦場常用的對策為噴水、灑水或在搬運路面上噴灑氯化鈣或汙油。另外進行防塵植栽之設計，藉由植物莖、葉之黏滯作用減少塵土。
(4) 噪音與振動汙染：礦場的噪音與振動主要來自爆破、鏟運、碎石礦石處理機械設備及運輸卡車等作業。一般而言，可栽種植栽或樹籬以及設置土牆或隔音牆，這些方法將可噪音降低 6 至 10 分貝。在施工時，避免大規模開炸，選擇適當開炸時間及採用新式爆材與方法施炸，也可降低爆破作業之影響。另外，噪音來源與地形、距離相關，選定及設置相當寬距的綠帶亦為另一重要的方法。若能改用輸送帶替代卡車之搬運，亦可降低部分噪音。
(5) 水汙染：指來自採礦場、捨石場、選礦場、裸露地等的固體汙染物，以及來自尾礦場、捨石場經雨水、地表水淋蝕，或選礦廠的排放水等溶蝕攜帶出有毒金屬或化學汙染物，或自礦區排出的含鐵分酸性溶液等，影響流經地表的草木生長或滲入土壤而無法種植植物。其防止的方法包括：①酸性排水的防止為將酸性排水引入沉澱池，經中和後排放，或以封礦坑阻絕氧化作用之發生。②固體汙染之防治在易侵蝕地表處採用植生覆蓋或噴上水泥漿、瀝青或樹脂等防止或減輕侵蝕。也可將地表水匯集於沉澱池或尾砂池，使汙染物沉澱後，以溢流方式排放，或添加明礬、硫酸鐵、綠礬、氯化鐵等凝聚劑加速沉澱，或用石灰或苛性鈉中和劑，藉由中和處理酸性廢水再排放。
(6) 覆土與廢石之棄置（捨石場）：露天開採需要剝除表土或覆土以利出露礦體，剝除的表層土及開採礦體時夾雜之無經濟價值廢石或捨石皆需作適當處理。表土或覆土層因富含有機質，剝除後須選擇適當地點置放存留約一年以供未來礦區整復時之綠化需用之材料。廢石或捨石均需考慮置放問題，早期的礦場均以傾倒至礦場附近的河谷方式棄置。現今，在環保綠化規範下，礦場均需設置廢石或捨石場，並規劃設置地形、堆積形狀、棄置方式及防範廢、捨石堆的沖蝕問題。礦區內通常使用的捨石法不外乎前堆和周堆法，前者為將廢石逐步向前傾倒堆置，以達穩定的安息角，其後再予綠化；後者為將廢石從外圍先堆置，其後再將其餘廢石向內部堆置，並在先堆置的周圍之外圍部分予以綠化。廢石場或捨石場堆置完成後，需注意的是沖蝕問題，因此應有排水設置和防範侵蝕沖刷之方法，並要進行坡面的綠化工作。

（四）地下開採與環境影響

1. 地下開採的環境災害

地下開採資源如油氣、煤等均可能會造成地盤下陷的機率。因地盤下陷易導致地面建築物斷裂、倒塌、陷落、交通管線扭曲、水利、農工設施破壞、地表水湧入地下等嚴重災害，尤其在北美及西歐地區對於廢棄淺層煤礦的下陷更是有許多案例。另外開採鹽、石灰石、沉積鐵礦等也可能會造成下陷問題。

因礦業開採引發的地盤下陷比超抽地下水引發的下陷還普遍，尤其易發生在地下採煤的軟弱地層，在較堅硬的火成岩類岩盤且有很好的支撐時，則不易下陷。以煤礦爲例，多發生在淺層採煤，且長期地下水沖蝕及支撐礦柱的潛變腐壞等均會影響地盤下陷，尤其位於廢棄礦坑之處，雖多限於局部範圍，但仍可暴露出潛在的安全問題。

地下開採行爲通常會形成地下空洞，且由於地下岩體（或土體）壓力的改變而發生變形、破裂甚至滑動，因而造成地表變形或地盤下陷（ground subsidence）。這些地下開採坑道在長年廢棄、疏於管理維護之下，對地表上的人爲建物與公共設施產生潛在性的災害影響，最明顯可見的即爲地盤下陷會造成地上建物的地基傾斜與牆壁龜裂之現象。

此外，地下開採會產生許多廢礦碴，這些廢礦碴或是從地下坑內挖出的石塊，或是廢料或尾砂。因此廢礦碴的堆置與後續處理也成爲影響環境的重要因素。整體而言，地下開採對環境所造成的影響舉凡因地下掏空的地盤下陷，以至於礦碴堆的地表堆置、水源汙染，以及生態環境的改變，都是值得我們注意的。

另外，對於地下開採導致的坑內災變將於後章節中述及。

2. 地盤下陷

所謂地盤下陷是指地下岩體因人爲之地下開採掏空（例如煤礦、金礦以及抽取油氣、地下水等）或自然崩陷（例如岩層滑動或土體崩塌）而造成地表凹陷的變形現象（圖 10-7）。換句話說，地盤下陷通常代表著該區域地下空間原本的結構與應力受到破壞，導致無法支撐地上土體／岩體或建物而發生地表的變形。

圖 10-7　煤礦地下開挖所造成的地盤下陷

典型的地盤下陷自地表向下分別爲變形帶、破碎帶和崩陷帶三部分（圖 10-8）。如果礦層深度小於 20 倍的礦層厚度（採空厚度 H_L），變形帶將可以直達地表形成沉陷穴（sink hole）、坑壁陡立呈台階狀。當礦層深度大於 20 倍的礦層厚度（採空厚度），但小於其 50 倍，則變形帶與破碎帶將同時存在，且破碎帶與地面連通使地面出現大量裂縫。當礦層深度大於礦層厚度（採空厚度）的 50 倍時，即使礦層很深，破碎帶不能到達地表，但變形帶、破碎帶及崩陷帶將同時存在，此時地表的變形屬於連續性下陷模式。然而，並非所有的坑道上方都會發生地盤下陷，以國外煤礦開採的經驗值而言（美國科羅拉多州地質調查所），地下開採深度由地表垂直向下達一百公尺左右的範圍時，含煤層的上盤（或部分下盤）岩層會發生彎曲甚或破裂的行爲，使得地表發生下陷。但再往下繼續開採時，則由於上覆岩體本身的橋撐作用（bridging effect），發生地盤下陷的機率微乎其微；當然，這與各地區域地質條件的不同而有差異（例如岩石強度、岩體本身的應力與應變行爲、地下採空體積與幾何型態、礦層厚度甚至地下水的影響等因素）。

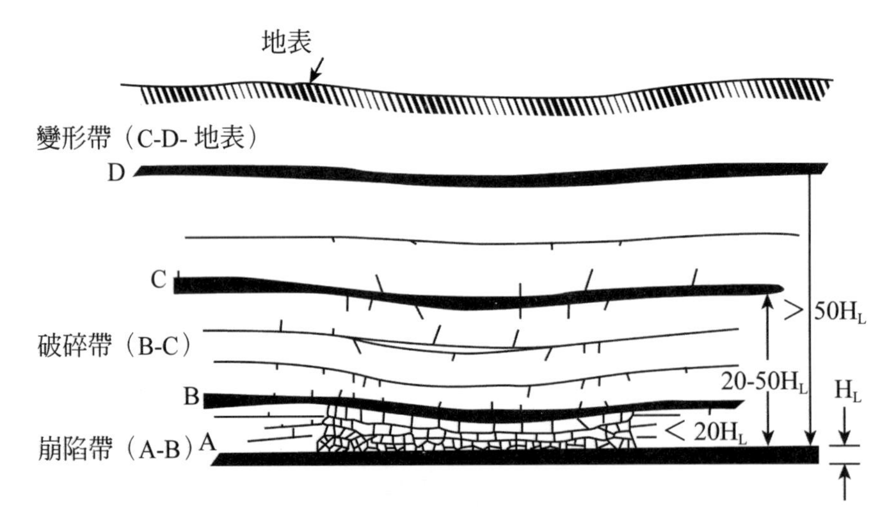

圖 10-8　地盤下陷剖面分區圖，H_L 表示開採煤層厚度（Chekan, 1993）

3. 地盤下陷之理論基礎

地盤下陷理論發展至今，對下陷機制的探討不外乎從採礦的幾何型態著手，以槽狀曲線之數學模式，如指數函數、三角函數等架構於下陷行爲模式上，並考量地質岩體之影響安全係數，進而將監測數據或經驗數據予以調配其模式，並作爲其它礦區可能發生地盤下陷量之推估依據。雖然在理論面上，這些不同模式的推估量結果或多或少有所不同，然其對下陷量之誤差接受範圍卻較大（有時可達數十公分至數公尺）。其主因係地盤下陷量的尺度在時間上可以數天完成（例如落盤），也可以數年才發生完畢（例如地表變形）；公尺的規模，也可以數毫米尺度來發生。由此可見，基於地質條件、煤層位態以及開採幾何型態、甚至地下水等等參數的不同，地盤下陷行爲亦會有所不同。另一方面，對工程實務而言，依據工址規劃的需求不同，在地盤下陷防治技術的容許範圍，多以長時期的沉陷量來評估。有的基礎沉陷範圍可達數十公分，有的則僅限於數毫米之差。因此地盤下陷量的推估結果在應用面上多從預防角度出發，並評估其災害影響範圍爲目的。

典型的下陷槽模式（圖 10-9）係依據長壁法開採之下陷槽概念模式（concept of subsidence trough）。其假設前提在於地下開採達某一進度時，因挖掘所形成的地下空洞（opening）引發地表逐漸發生連續的下陷。如圖 10-9 所示，Smax 表示最大下陷量，通常不會大於開挖礦層的厚度，其所達的最大寬度即爲開採臨界寬度。而 α 角則爲地表沒有下陷位移量的點（a 或 a'）與垂直地表的地下開採邊緣之夾角（及下陷臨界角 angle of draw），一般經驗值約爲 25°~35°（Amuedo and lvey, 1975, Colorado Geologic Survey）。

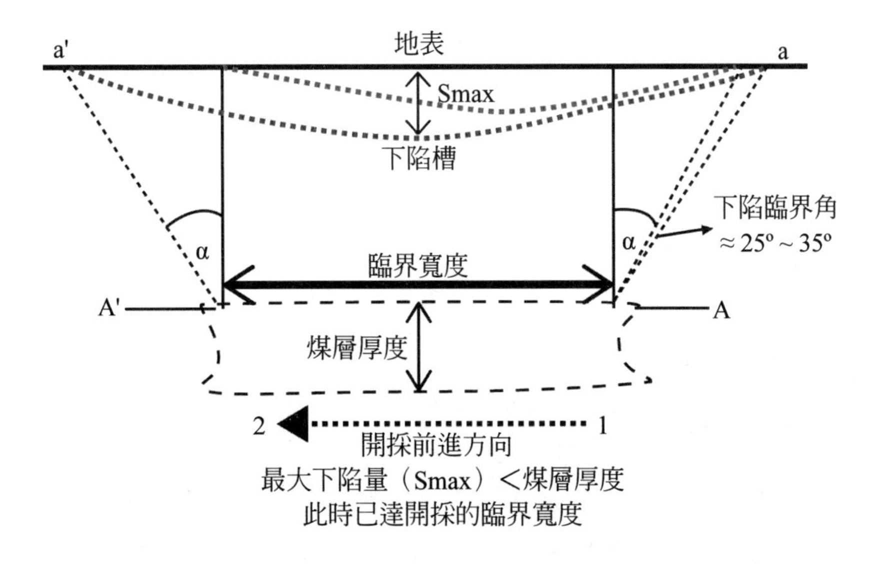

圖 10-9　典型之下陷槽理論圖（修改自 Colorado Geologic Survey, 1975）

由上述說明，吾人可將下陷槽型態結合岩體變形之分區結合如圖 10-10 說明：在開採寬度兩側界限中心範圍之下陷行爲以壓縮應變區爲主（compression, $E < 0$），愈往兩側則改變爲張力應變爲主（extension, $E > 0$），兩者形變中間爲反曲點（inflection point）。張力應變區所反應在地表上的現象，如塊體滑動般的張力裂隙出現，這也是對周遭建物具有時間性的「潛在」災害區塊。而壓縮應變區，一旦發生則會使建物受到立即性之危害，如地面塌陷、牆壁龜裂等。圖中也說明了在岩體崩陷過程中，兩側岩體亦會發生滑動（slip）。值得一提的是，台灣煤層多為傾斜者，此一岩體滑動所造成之地表變形機制是相當重要的。

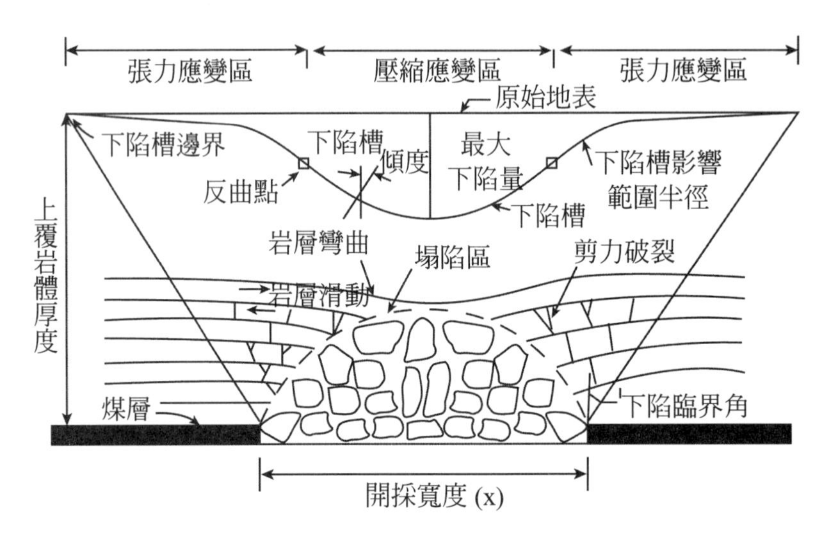

圖 10-10　典型之下陷槽型態與應變區示意圖（Haycoke, 1982）

4. 影響地盤下陷之因素

一般而言，影響地盤下陷因素可分三大類：

(1) 採礦幾何因素

煤層之長壁開採（long wall mining）係由單一開採室之煤面（coal face, X 軸方向）來回逐漸向煤層之走向前進開採。一開始時並不會馬上發生下陷行為（人工支撐），但到了一定開採寬度（width, x-transverse direction）與開採長度（y-longitudinal direction）時，則會逐漸發生下陷行為。

一般而言，地盤下陷與煤礦開採室的幾何關係參數為開採室寬度（W）與距離地表之深度（h）之比值有密切關係。當 W/h 的比值 < 1.4 時，為次臨界開採（sub-critical extraction），此時不會有最大下陷量發生。當 W/h 的比值 = 1.4 時，稱為臨界開採（critical extraction），此時可達最大下陷量。當 W/h 的比值 > 1.4 時，則為超限開採（super-citical extraction），開採室範圍幾乎可達最大下陷量，其下陷槽底部形狀就可發育成澡盆狀。

(2) 地質因素

煤層之上覆岩盤性質強或弱，在諸多案例中也占有極大影響。但有時如果上覆岩體厚度（及距地表深度）夠大時，也可彌補此因素。Gil（1991）根據岩體力學之隨機推測模式，將單一岩體之破壞行爲以機率模式來說明地盤下陷之岩體變形模式。其單一岩體之理論最大下陷量 Smax = a×M×cosα，其中 a 爲岩體下陷係數，α 爲開採煤層傾角，M 爲開採煤層厚度。

由於在實際案例中的下陷量規模與範圍，的確會受岩體強度因素影響，因此 Peng & Chiang（1984）歸納美國煤礦開採之經驗數據，將地質岩體影響地盤下陷係數（subsidence factor）分爲：上覆岩盤爲強岩時，下陷係數爲 0.45 ～ 0.6；若爲一般岩體時，下陷係數爲 0.6 ～ 0.8；弱岩時，則下陷係數爲 0.8 ～ 1.0 之間。岩體的強弱係指相對的，因地而異。有些以單軸抗壓強度（UCS）來表示，依據 ISRM 規範中 UCS 小於 $250kgf/cm^2$ 時已屬於弱岩；介於 $250kgf/cm^2$ ～ $500kgf/cm^2$ 則屬中強岩；大於 $500kgf/cm^2$ 時，則爲強岩。其他地質因素的考量上，是否有不連續構造如斷層、節理等分布情形，以及地下水等，這些也都會影響地盤下陷。

(3) 時間因素

地盤下陷行爲有其活躍期間（active phases）與殘留期間（residual phases）。一般而言，時間參數係指其爲提供地盤下陷之貢獻因素之一，隨著時間增加而減少其貢獻下陷之因素權重。根據 Perze（1957）歸納歐洲的主要煤礦經驗數據，發現多數煤礦在 5 年內可達 100% 沉陷，且在初期 2 年時即可達沉陷 90%（圖 10-11）。

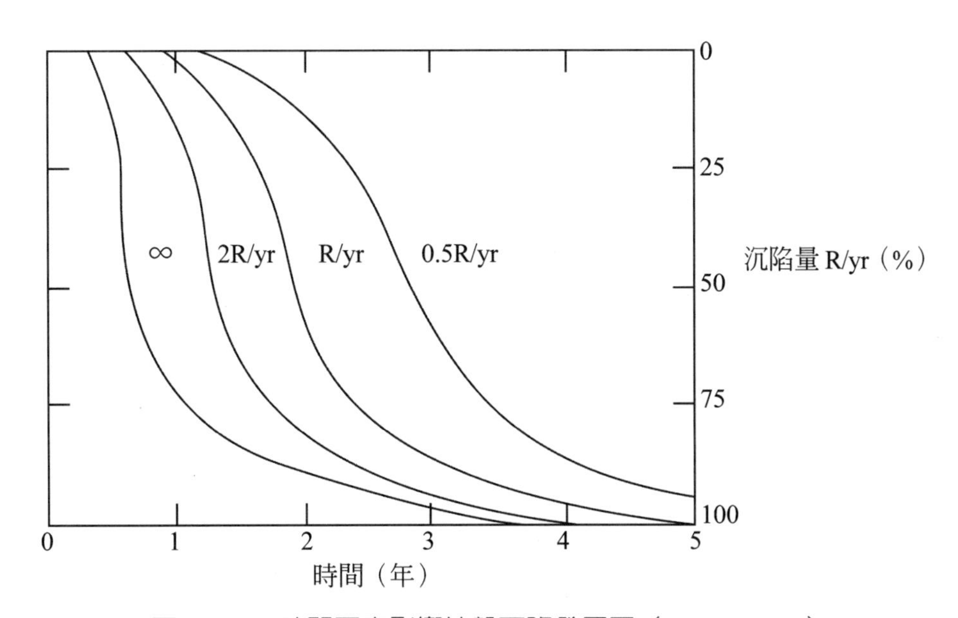

圖 10-11　時間因素影響地盤下陷發展圖（Perze, 1948）

（五）礦坑下陷對環境之影響

地下採煤或廢棄煤礦坑道引發的地盤下陷問題係因煤層受到地層擾動，使其傾斜的上、下岩盤變的脆弱，導致在開採時易發生坑道落盤的情形。另外，煤礦停採多年後，地下坑道與掏空之採掘跡在長期的廢棄之下，因潛變礦坑支撐或風化岩盤之崩落、塌陷，引起坑道上方或地下開採工作面的土壤或岩石中產生不平衡的應力而導致地盤下陷。地盤下陷顯現於地表的特徵通常為一凹陷槽，且在進行地下挖掘時隨著開採進度而逐漸下陷。當然，這樣的地表下陷行為並非無止盡的，其下陷範圍與開採方式、開採深度、開採空間大小，上覆岩盤之物理特性以及地下水作用均有關係。

尤其長壁法採煤在開採過後，即將臨時支撐撤除，讓上盤岩層自行崩塌，如此隨採煤作業的進展和上方岩盤的斷續坍落，而當坍陷達到地表時，即可在地表形成凹陷，隨著採煤的進展，最終形成一槽形凹陷。

至於採煤所遺留的坑口、豎井，坑道雖對地表的沉陷影響範圍有限，但對工程結構物，尤以淺基結構物可能造成嚴重的危害。例如座落於坑道上方的工程建設、社區開發、橋樑基礎等均易引發龜裂、坍陷、湧水等災害，這些影響人民居住及周圍環境的潛在災害問題，其問題的特徵是①潛在地下不為人知的空間分布，②廢礦多年，歷史記載資訊不足，③曾參與礦工耆老不願提及過程，④土地利用之災害資訊不足。

有關礦坑下陷的危害性影響分述如下。

1. 工程破壞：地盤下陷對存在的工程結構物造成嚴重損壞，在規劃中的工程亦考慮到礦坑存在的位置及其下陷的影響。
2. 地基：下陷多呈槽狀凹陷，造成不等量沉陷，使結構物基礎發生傾斜、龜裂，更易使淺基礎隨著沉陷；而對深基礎而言，下陷的土壤帶給樁基負摩擦力，將樁向下拖拉，而使建築物連帶影響。
3. 建築物：地盤下陷對建築物發生明顯的變形、龜裂，甚至倒塌。
4. 管線：地盤下陷會使水、油氣管線斷裂、脫節，造成漏水、油氣之二次災害。
5. 交通：地盤下陷使得鐵公路面龜裂、錯開、路基損壞、坡度變形，也影響橋樑、橋墩基礎安全。
6. 水工：地盤下陷因在地形上造成凹陷、易成積水，排水系統之出水口、坡度改變，影響排水系統及灌溉系統等水工結構。

1. 國內外對地下開採引發地盤下陷災害的規範

地盤下陷災害的安全範圍與評估所關心的議題主要有下列四點：①地表的垂直下陷量多大？②地盤下陷的延伸範圍多大？延伸到何處？③地盤下陷何時發生？④地

盤下陷是持續的？還是偶發性的災害？台灣目前針對煤礦開採所引發地盤下陷災害的研究還處於開始階段，而歐美國家一直有長期的監測與投入研究，特別是對民眾居家與周圍環境有安全疑慮之處，可說是不遺餘力。例如美國內政部地質調查所（USGS, D. O. I.）、交通部聯邦高速公路管理局（FHWA, D. O. T.）以及英國的 National Coal Board（簡稱 N. C. B.）等機構相當重視此類礦區地表的地盤下陷潛在災害研究，特別是對都市開發、土地利用、道路工程建設以及環境變遷與整治之影響層面。所幸，我國也正由相關政府部門（經濟部中央地質調查所、經濟部礦務局）著手進行當中，其目的不外乎保障民眾的身家財產，以及提供適時之環境安全資訊。以台灣及美國對礦區地下開採的安全爲例：

(1) 台灣地區：台灣地區的發展近數十年來已達高密度的土地利用，從空間尺度來看，這些區域可能與舊有地下開採的礦區重疊或位於鄰近。從時間尺度來看，土地開發隨著時間的演變，使得人口集中的現代都會區，不知不覺隱藏了潛在地下的危機。以煤礦爲例，台灣煤礦多集中於苗栗以北縣市，這些鮮爲人知的地下開採面積卻有部分集中於都市土地利用範圍。因此，隨著土地利用開發程度越來越高，政府有責任及義務來建立完整的地下地質或潛在環境災害的資訊，因爲這關係著民眾的身家財產與公共安全等。國內目前在土地開發與礦區地盤下陷有關之環境安全範圍規範可見於礦業法規（已廢除）與建築技術規則的條文中，雖然數據上基於國外案例經驗，但足見其在公共工程與民生安全議題上的重要性。現說明如下：

①舊有之礦業法規「台灣地區礦害預防及處理辦法」：坑道部分以礦區採掘跡範圍及其周圍 60 公尺，並以採礦層距離地表垂直深度 100 公尺內範圍爲高潛在災害區；再由高潛在災害區外圍水平距離 15 公尺寬度之緩衝帶爲低潛在災害區。

②建築技術法規「建築技術規則建築設計施工篇」第 262 條第四項「有危害安全之礦場或坑道」：

a. 在地下坑道頂部之地面，有與坑道關聯之裂隙或沉陷現象者，其分布寬度兩側各一倍之範圍。

b. 建築基礎（含樁基）面下之坑道頂覆蓋層在下表範圍者：

岩盤健全度或岩石品質指標（RQD）	坑道頂至建築基礎面之厚度
RQD > 75%	< 10× 坑道最大內徑（m）
50% = RQD < 75%	< 20× 坑道最大內徑（m）
RQD < 50%	< 30× 坑道最大內徑（m）

(2) 美國地區：美國科羅拉多州地質調查所早在 1975 年就已針對煤礦地下開採所導致的地盤下陷災害列出「地盤下陷災害的評估要素與等級分類表」。其觀念恰好與一般人的觀念相反，主要是地盤下陷災害常以潛在性的累積而被忽略，一旦發生往往令人措手不及。表中「嚴重」等級者意味著「尚未發生地盤下陷的災害情事反而是最需要監測與關注的對象」；而等級「低度」者（即已發生地盤下陷者）代表著可透過一些適當的工程方法來治理或解決對地上結構物的傷害。

地盤下陷災害等級分類表（表 10-2）主要依據下列因素來判定：地下煤柱存在與否、上覆岩層的厚度、開採煤層的厚度、開礦的作業時程、相關地質構造的影響（如斷層或褶皺等不連續面的破裂帶）。然而在一些資訊無法或極不容易取得時可由表 10-2 大致區分潛在災害等級，並根據需求請專業機構來進行探查。

表 10-2　地盤下陷災害等級分類表

災害等級	主要特徵	影響描述	土地利用類別建議
高度	1. 礦柱的存在 2. 地下空洞的證據 3. 缺乏地盤下陷的跡象	對居民生命與地上建築物有立即的影響與危害	1. 農業用地 2. 開放空間 （公園、公共建物等）
中度	在地下開採區範圍已有地盤下陷災害的相關記錄與文獻	地盤下陷可能或足以造成地上建物的結構安全影響以及不穩定（屬於有災害潛力）	1. 農業用地 2. 開放空間 （公園、公共建物等） 3. 低密度人口或住宅區
低度	1. 礦柱已經移除 2. 地盤下陷活動已經完全停止	可經由適當的工程技術來解決或降低災害發生的規模與影響範圍	

(3) 另外，國外判別地盤下陷的資訊

A.R. Myers 等（1975）建議在評估地盤下陷災害時需蒐集一些必備資訊。例如煤柱分布圖、開採深度圖、岩層等厚度圖、煤層柱狀圖、岩石物理性質，以及相關地下岩心資料與歷史災害的普查記錄等。根據這些基本資訊才能判斷地盤下陷災害的潛勢與等級大小。

2. 煤礦的礦碴堆（捨石場）

煤礦廢礦碴的堆置與後續處理在地下開採過程中是另一重要課題，其主要問題在於邊坡穩定與水質汙染兩個層面。除了前述露天開採的石礦（大理石、白雲石、石灰石以及蛇紋岩等）會造成大面積的岩體出露與坡角穩定問題之外，煤礦的開採也會形成大體積的礦碴堆置，有時可形成一座人造山。以煤礦爲例，當煤礦進行地下開採時，除了取出具有經濟價值的煤炭之外，也會將坑道內周圍之岩塊（坑內石）或洗選煤炭過程中產生的尾砂搬運至他處堆積。由於礦碴堆的堆置常沿山谷溪溝兩側或凹地傾倒，或於平地或山頂平台處逐高堆置，因此邊坡穩定與土地滑動的問題也存在於這類的開採行爲中。此外，礦碴堆本身也因含有大量的重金屬、硫化物等物質，這些物質經過雨水滲入而將其溶解析出，所以礦碴堆的土質較酸，地表可說是雜草叢生。若大雨使土體內的水分過度飽和時，還會伴隨著鐵鏽水滲流出來而造成水源汙染。

3. 水源汙染問題——酸性礦區排水

地下開採之礦區在廢棄後，往往地下坑道即成爲現成的地下水道。在地表坑口中常可看到大量的地下水湧出的現象；屬於地下岩層中的重金屬離子（鐵、銅、錳等）、硫化鐵（黃鐵礦）等物質，則易伴隨地下水的溶解作用而流出地表，甚至沿著溪流河床沉澱，造成當地流域水質的改變與生態影響。因此，這些位於山坡地或集水區的坑口所流出的酸性水（即一般俗稱的鏽水，就是所謂的酸性礦區排水（acid mine drainage），便造成了水源汙染的問題。其中最著名案例就是北海岸的金瓜石「陰陽海」現象（圖 10-12），其主要原因是金瓜石地區曾經進行金、銅礦與煤礦的開採。而這類型金屬礦體本身就含有大量的黃鐵礦，一旦經過風化作用與洗選礦碴後，這些排出礦區的酸性液體與鹼性的海水混合後便形成黃色的三價鐵。而礦碴堆在經過多年的雨水侵蝕、滲入以及溶濾作用之後，也會產生相同的汙染問題，且通常影響範圍大於前者。

圖 10-12　台灣北部金瓜石地區的「酸性礦山排水」－陰陽海

4. 如何注意地下開採礦區的周圍環境安全

民國 92 年中和市南勢角地區發生了社區地層滑動以及地盤下陷的災害（圖 10-13），經調查結果顯示，災害原因與地層的傾斜位態、過去人爲開採煤礦、瓷土礦以及地下水的影響關係非常密切。對一般民眾而言，如何判斷居家周圍環境是否位於地下坑道上方？附近是否有煤礦的礦碴堆堆置？像這類具有潛在災害的地區如果沒有專業知識，或者過去實際從事開礦行爲的人是不會知道的，況且這種問題事關民眾利益，敏感度極高，因此往往處在灰色地帶。在實地接觸地盤下陷及礦碴堆的調查後，整理成表 10-3 以供民眾作爲參考。

圖 10-13　地盤下陷與開挖煤層之位態有密切關係

表 10-3　地盤下陷與礦碴堆潛在災害判釋徵兆之 DIY

徵兆與現象	判釋描述（可能性）
住家附近的排水溝是否有鐵褐色的鏽水滲出或湧出？	坑口與地下坑道分布、水質汙染。
附近山坡溪溝是否有鐵褐色的鏽水流出？	坑口與地下坑道分布、礦碴堆分布、水質汙染。
邊坡擋土牆排水孔是否有鐵褐色的鏽水滲出或湧出？	礦碴堆堆置、水質汙染。
住家房屋或結構本身是否有歪斜現象？	坑口與地下坑道分布、地盤下陷。
住家的地磚、牆壁以及梁柱等是否有龜裂現象？	坑口與地下坑道分布、地盤下陷。
附近地面／路基是否有地表龜裂／沖蝕？（尤其是豪大雨過後。）	坑口與地下坑道分布、地盤下陷、礦碴堆分布。
附近是否有與煤礦開採相關設施遺跡？例如坑口、通風井口、搬運鐵軌、捲揚機房、變電機房等。	坑口與地下坑道分布。
住家附近山丘之組成物質特性以及植被稀疏。	礦碴堆分布、水質汙染。

一般而言，上述徵兆一旦發現或已發生時，應盡快尋求相關政府機構以及專業機構協助並採取下列防災之原則：

(1) 地下坑道與地盤下陷

①先行評估地盤下陷範圍及其與地上物基礎結構特性之關連。

②針對基礎強化進行處理（灌漿、回填、樁基等）。

③依土地利用分區性質劃分適當潛感區及安全距離。

(2) 礦碴堆與邊坡滑動、土石流

①截引或排除地下水，減少滑動力及預防坡趾掏空。

②削坡整形，降低下滑力。

③砌擋土牆、蛇籠或砌石等，加強其抗滑力。

④水土保持與整治（植生、排水系統改善等）。

⑤與地上物及其他設施劃分適當之安全距離。

（六）地下開採之坑內災變

前述礦產資源的開採方式可分為露天及地下開採。除油氣開發外，一般金屬（金、銅、鉛、鋅）與非金屬（煤、黏土、石灰石）礦的開採仍需考慮礦床或礦脈的賦存位置，若太深不合開採經濟效益，則多以地下開採替代露天開採。如以煤礦爲例，煤層位在地表下深 70 公尺以下，多採用地下開採。另外，多數的金屬礦床賦存的岩體較堅硬，而非金屬礦床之岩體較軟弱，故堅硬比軟弱岩體常較採用地下開採，也較安全，災變事故較少。例如煤礦的地下開採則易造成諸多的坑內災變。

且不論金屬或非金屬的地下開採，多易發生的災變包括有落磐、瓦斯中毒、爆炸、搬運、通風、積水等。茲分別簡介災變發生的原因及處理的安全、防災措施如下。

1. 落磐災變

地下開採，其坑道之開鑿及採礦後造成的空洞常因地壓及磐壓作用引起落磐。落磐災變以煤礦坑內發生的機率最高，雖然每次死亡人數較少，但積少成多的發生仍會嚴重影響礦場安全。此類災變在坑內工作全面改用檢驗合格的安全帽、積極改進巷道處所的先進支撐與採煤方式及進行採掘跡岩磐控制新技術之試驗研究等措施，以有效防止。

2. 瓦斯中毒、窒息災變

一氧化碳爲煤礦坑內之中毒性瓦斯，產生於坑內煤炭自然發火及火災的煙霧中。甲烷係賦存於煤層中之窒息兼具爆炸性瓦斯，常積滯於通風不良之坑內高處。二氧化碳則爲窒息性瓦斯，常積滯於通風不良之坑道低窪處或於舊坑出水時伴隨流出。以上 3 種有害瓦斯均爲無色、無臭、無味之氣體，坑內作業人員稍有不愼即會中毒或窒息死亡。在礦場加強實施自動安全檢查，使用各種精密儀器測定及加速改善坑內通風等措施，以致防範。

3. 爆炸災變

爆炸災變乃煤礦最嚴重的災變，有瓦斯及煤塵爆炸二種，此兩種災變均會造成眾多人員的傷亡，並會造成坑內設施的嚴重損壞。

瓦斯突出係賦存於煤層中之甲烷氣體，以強大之壓力突破煤壁而噴出或煤層被強大的岩磐壓力所擠出，突出時會挾帶大量甲烷氣體及煤炭，造成現場人員的窒息及爆炸埋沒，是一種甚難防範的災害。在經過徹底消除坑內火源如全面更換安全帽燈、坑內機電設備改善、坑內爆破作業人員的調訓、加強改善坑內通風及管理、積極採行煤塵控制措施及進行瓦斯、煤塵爆炸試驗研究等措施，以利防範。

4. 搬運災變

地下坑內作業，捲揚機，及礦車等作爲生產礦石、廢石及工程人員出入坑道之搬運機具。此類災變以礦車逸走、脫軌、超捲居多，常會造成人員被撞的傷亡及坑道的落磐、坑道兩側的電纜、鐵管、鐵軌等的損壞。對於捲揚機鋼索、軌道安全、超載等執行嚴格的檢查、管理制度、以利防範。

5. 通風不良災變

礦坑通風目的在於供給坑內作業人員所需之新鮮空氣，排除有害瓦斯及降低坑溫。坑內作業須進入深部、更需改善坑內通風。通常以機械通風，排風設計等措施以利改進。

6. 水、火災變

舊坑內積水常伴隨窒息性二氧化碳氣體大量流出，造成坑道淹沒及人員傷亡。實施坑內水量測定及水質檢驗措施，以利改善。坑內自然發火及坑內火災易引起瓦斯、煤塵爆炸或中毒災變。坑內壓縮空氣機移置坑外及自動溫度控制以及檢查、量測設備的建置，以利改善。

四、超抽地下水之地盤下陷

（一）簡介

地層下陷對國家水土資源是一項嚴重的損失。地層下陷的狀況與其他公害的影響有著極大的差異，其下陷進行緩慢不易確認，年下陷量由數公分至數十公分不等，因此進行中的下陷現象不容易發現，使得地層下陷成爲產生危害前不易被確認的公害。一旦發生下陷，地層是不可能再恢復原來的狀況，理論而言，利用地下水補壓的方法是可以回復到地層下陷前的狀況。

地層下陷可分爲天然及人爲因素造成，但最普遍常見的原因是人爲養殖業或其他行業因超抽地下水或地下流體，如油氣等所致，亦即自地下含水層抽取的水量超過或大於地表降雨及地面水補助地下水的補注量，也因爲長期的入不敷出，而造成地下水位的下降，引起地層的沉陷。世界許多地區均曾有發生因地下水超抽造成地層下陷的案例。另外，因都市發展、工商業發達、人口稠密、建築物、道路林立、綠地減少也同樣使地下水的天然補注量減少而導致地層下陷。也可因都市大廈高樓的興建，造成地下含水層的荷重甚鉅，在地下壓力含水層之水壓一定時，增加的荷重大於含水層顆粒承受的最大應力與水壓總和時，含水層即遭壓縮而發生地層下陷。

此外，天然因素引起的地盤下陷包括有地殼變動之升降、地震、火山爆發等不易預測或掌握，且不易治理、預防，故不在此章詳述。

（二）地盤下陷之原因

有多種原因均可造成地盤下陷，主要可分爲天然因素與人爲因素兩種。

天然因素引起的地層下陷，主要有地殼運動的自然上昇或下降，地震及火山爆發等。其中，自然的地殼變動往往可使大規模的地殼發生上升或下降運動，其運動是極緩慢的升降作用，證明某些地區是在慢慢上升，有些地區是慢慢下降。其通常幅度約在 1~15 公釐間，例如義大利的威尼斯城，每年下沉到亞得利海中（Adriatic sea）約 4 公釐，是海岸慢慢下沉的一例。在大規模地震發生時，往往伴隨斷層而突然下陷，日本關東大地震，地面曾有 30 公分的下陷量。當火山爆發噴出大量的岩漿和水氣後，因火山口附近的頂岩缺少下面岩漿的支撐而發生陷落。

至於人爲因素引發的地層下陷有抽取地層中之流體，包括抽取地下水、油氣及岩鹽，其中抽取地下水將在下一節詳述，另抽取天然油氣、地熱流體及鹽層均可造成地盤下陷問題，其原因皆多類似，係在地層中長期抽取時，而未能加以補充時，地層中流體壓力遞降，地層中固體顆粒受壓縮而發生變形，地表即發生沉陷。唯此類下陷比抽取地下水之深度較大，且範圍較小，造成的災害亦較輕微。

另外因地面荷重增加引起的地層沉陷，如水庫之蓄水、高樓建築之興建，均因地面荷重的大量增加，導致土壤之應力不足承載時，地層沉陷自然發生，尤其是易溶蝕的石灰岩地區。

（三）超抽地下水引起的地盤下陷

超抽地下水往往會引起地盤下陷。超抽地下水是指地表下地層中的抽水量超過自然的補注量，其結果引起地層中地下水位的下降，導致孔隙水壓減少，引起沉積層的壓密作用，使得土壤有效應力增加，因而土壤、地層受到高度壓密，地層加速沉陷。

故在地盤下陷初期階段，孔隙水承擔了大部分負荷，但其後水被排出孔隙後，負荷逐漸被地層顆粒承擔，此種同時發生水排出孔隙與顆粒受壓縮調整產生變形。

因過度超抽地層內壓力含水層中地下水，可使地下水急降而產生地層下陷，因其影響區域範圍廣大，且影響到達地層深處，此種沉陷稱之爲區域沉陷或深部沉陷。所以地面的沉陷與含水層水壓的減少量成正相關性。若地層下陷係在地下水超抽過程中發生的又稱爲活性沉陷。而當超抽停止後，地下水的水壓逐漸趨於穩定，但地層之下陷未立即停止，仍持續一段時間，其沉陷速率隨時間逐漸緩和，最終始告停止，此時發生的沉陷稱爲殘餘沉陷或落後沉陷。常在活性沉陷停止後，殘餘沉陷仍可持續 30

至 40 年之久，其持續時間與地層中黏土含量有關；當殘餘沉陷趨於零時，沉陷才可認爲全部停止，沉陷停止後之累積沉陷量稱爲終極沉陷量。

（四）超抽地下水造成的環境問題

地層下陷的影響可引起諸多的環境危害，重要的直接影響建築物、橋樑、隧道、街道、鐵公路、明溝水道與下水道及埋設管線等的破壞，間接的影響包括了排水困難、海水入侵等，現將分述如下。

1. 國土環境的損失

從地層下陷造成的土地，結構物的破壞、排水不良、土地的汙染、鹽化等，均是導致土地環境的極大損失。

2. 堤防安全程度減少

地層下陷時，河川堤防或海堤防也隨著下降，因此堤防必須加高，或需要延長，原來沒有設置堤防的地方，地面沉陷下降後，必須興建堤防，以防止洪水倒灌造成損失。此外，沿海地區也需要加築防潮堤。

3. 含水層機能破壞

地下水含水層具有輸水、貯水、供水功能。當含水層因過度抽取地下水而發生壓縮時，孔隙率減低，含水層厚度減小，以致不易恢復原狀，含水性能及貯水、供水、輸水性能，均大爲減退，是一種不可彌補的損失。

4. 排水發生困難

地層下陷後，排水系統的坡降及出水口的相對高度會發生變化，影響排水系統的效能；例如排水道出口降至河水面以下時，可發生排水困難，尤其低窪地區常因排水不良產生劣化。

5. 危害建築物安全

當地層發生區域性下陷而地質發生不均勻沉陷時，若建築物又橫跨於不同沉陷量的兩側時，易造成建築物的安全危害，因而造成路面龜裂、房屋扭曲或有房屋倒塌之可能。

6. 影響水工結構物功能

地層下陷常導致都市地下管線之破裂，也可致水井管開裂影響抽水效率，井水亦易汙染，此外也引起灌溉工程輸水系統結構的改變、破壞，難以有效控制。

7. 海水入侵的威脅

地下水超抽導致含水層中的壓力水位下降，一旦濱海地區，因海水入侵，不僅水井將有完全廢棄之虞，造成地下水質鹽化汙染，含水層無法再作爲水源使用。此外海水入侵，土地造成農田鹽化，無法耕作。

8. 電力的耗費

地下水水位降低後，抽水效率也隨之降低，必須加深鑿井、加大馬達馬力與增加抽水機級數。這些增加動力的消耗，造成大量金錢的浪費。

（五）防治處理方法

1. 減少超抽地下水或禁止抽水。
2. 優先使用地表水，以減少地下水抽用。
3. 使用地下水補注法，以人爲高壓的水壓，經由水井灌注含水層，以利補充。
4. 興建地下截水牆，以減少地下水流入海洋量。
5. 下陷區內以管制抽取地下水的控制量，或以課稅或抽水付費方式以減少抽水量，減緩地盤下陷。
6. 任何減少抽取之措施，均有助於解決地盤下陷問題。
7. 若地盤下陷位於沿岸區，興建加高海堤及改善排水設施。
8. 對於抽取地下水養殖漁業須改變鹹水或其他養殖方式。
9. 興建水庫蓄水，供應其他行業使用，減少地下抽水。
10. 興建攔河堰引取河水做爲調節之用。
11. 沿海岸開發淡水調整池，用於儲存雨水逕流或灌溉餘水。
12. 主要採取的措施是設立地下水抽取的規範與限制，替代水源的開發及地下水的合理化使用等。
13. 對於地層下陷潛在地區須進行長期的監測工作，通常以水準測量來監測地層下陷的沉陷量；而水井觀測則以直接測量地層收縮量、地下水位及水質等，以作爲處理改善、防治的重要依據。

五、都市化開發之地質環境問題

（一）簡介

都市是人類對自然作了最大的變化，如對土地、空氣、有機物和水等主要資源作了改變。今日，在工業開發國家，大多數的人口居住在都市，尤其發展中國家，工業擴張和都市化被視爲繁榮之鑰。工業革命伴隨的人口膨脹，更造成激烈的都市化成長。今日超過 20% 的世界人口居住在 10 萬人以上的都市。

近年來，人口、都市化、科技和環境已進入了一個嚴重的衝突。在過去，都市與環境很少被人們關注，而現今，愈來愈多的人知道，建築、公路、水壩、橋樑等的建造已無法與環境隔離分開，也注意到人類受其產生的衝擊與影響，這種人與環境間的互動關係沒有比在都市來的更爲顯著。

都市是一個地方與其人類的特別組合，被廣泛定義爲包括自然、社會和人爲組織聚集在人口眾多地方的一個整體。而都市化是指都市建立與成長的過程，普遍指都市人口的增加，及都市擴張所造成，而這兩種因素都會嚴重影響到周遭環境，也同時會受到環境的影響。環境是指影響個人或人口群體生活之外在條件的集體，環境最終決定了人類生活的品質。自然環境則由地形、土壤、地層、大氣、湖、河、海、水體以及生命體等之綜合環境構成。

都市人與都市環境之間的互動是都市化涉及對環境的改造以及自然的環境可以影響都市的形式，機能與成長。因此我們應學習都市的人與環境間的互動關係，且需要知曉環境之改變與環境之了解。

基本上，都市中的人與環境間的關係極端複雜，例如，都市的空氣汙染係受人類活動或氣候因素造成，而大氣的條件又可能局部受到地形、地表水分布，植物與人爲等的影響。土地上的植物一旦被砍伐或燒毀，會增加地表的侵蝕與逕流；反過來說，改變了土壤的物理與化學性質，可能減少土壤的肥沃度。最常聽到的是人口的增加與活動導致空氣的汙染。

都市高人口密度與居住空間的需求導致遷移山坡地，而引發山崩、土石流危害。技術的進步雖有助於都市化的進展，但卻也因營造、工業的生產導致環境破壞或汙染。因都市化面臨的大量廢棄物，若不能適當處理，則引發汙染環境問題。隨著都市化成長，科技或能源的原料、燃料需求愈益增加，在尋求、利用過程中，對環境的複雜性也相對增高。在都市化中，人類需求的水源有限，導致利用管線輸送、抽取地下水，或建造水庫等方式解決，可導致另一複雜性的環境問題。

（二）都市化之地質與地形

一個都市的擴張、發展多少會考慮到基本的地質與地形條件。早期，歷史上人類尋找都市的區位，考慮到下列的地點因素：①容易接近水運或陸運之處，②可避開水患、山崩、暴風雨等天然災害之處，③具安全性可避免敵人的侵襲，④鄰近水源供應，⑤建築材料、燃料等資源易取得之處，⑥穩定安全的基地可供建造。幾乎這些聚落的選擇都依賴地質和地形的條件。由此了解，地質地形條件對聚落之區位，甚至都市的選擇及其成長、發展扮演了一個關鍵的角色，但也有案例造成了負面的影響。例如墨西哥市即位於早期湖相的沖積層和沉積層上，其由砂礫泥組成，在一次的大地震發生，雖然其震央距離災難區有數百公里之遠，仍造成極嚴重的地震災害，探究原因係此種砂礫泥構成的湖相未固結鬆軟盆地，在地震發生時，其垂直運動的表面波振幅增大，造成劇烈搖晃。

從經濟利益的觀點而言，都市的擴展，常會沿著最少地質與地形阻力之處拓展，當然會選擇在比較平坦或起伏緩而排水良好的地區。但在人口快速成長的迫使下，都市發展擴展逐漸會從平地或盆地低地擴張至鄰近的山坡地或山丘地發展。但因山坡地形陡峭，若加上地層軟弱、土壤層厚、排水不良等地質地形不良條件下，可能在一次暴雨之下就會造成山崩、土石流災害。

都市的成長擴張必然也需要配合交通運輸的向外拓展，其道路選線常常受限於地質、地形條件。沿線的地形坡度、排水、挖掘填土的困難度等均是需要慎重考慮的事項，尤其是興建隧道，其工程的地質問題更加複雜困難。

世界上許多城市鄰近海岸，工商業的發達，原料的需求和成品的輸出，大都靠海運運輸，船舶停泊裝卸貨物之用，同時港口與內陸間要有便捷的交通網，以便於集散，轉運貨物等。因此興建港口即成為必要的工程建設。港灣工程的開發興建當然受到海岸地層、岩性、地質構造、地盤升降、海岸地形、海岸沉積作用、波浪作用、潮差等地質、地形、氣候等自然因素之控制。

早期，在都市開發前的郊區，常有許多礦業的開採活動，其後歷經數十年的都市化拓展，遷移到鄰近都市的郊區，然這些過去開採過的廢棄礦業可能導致的地表下陷，汙染等又會造成都市化的另一環境問題。另外，若都市開發區鄰近火山、地震等天然災害區位時，更需要先前確實了解當地的地質地形情況。都市化的擴展多少一定會造成周遭環境的破壞、汙染或影響，確實的保護、防治措施才是都市化發展下需關注的另一重要事件。

(三) 都市化之氣候和空氣汙染

都市有著與周遭鄉村、郊區迴然不同的氣候。人類居住在都市地區已經改變且深深影響其氣候，如溫度、空氣流通和熱量累積。都市化以各種不同的方式改變了都市的氣候：①首先都市化因建造了許多建物和鋪設了水泥、石塊、瀝青等人為物質，使地面變成不透水性，增加其熱量的吸收，或增加粗糙度而影響到風；②因都市人的活動而產生氣候上的熱量；③由於機能的運作，都市引進大量微粒物質到空氣中。

大部分的都市，人類已使用其 50% 的地面變成不透水性，既使小雨的逕流也需要排水系統才能有效的排出，否則因暴雨而易導致積水。都市因廣大的混凝土或水泥舖面，而具有高的熱傳導和吸熱力，在白天可吸收較多的熱量，待夜晚則放出其熱量。因此在都市的混凝土地面上空，其晚間的溫度要比鄉村田野溫度高些。大部分情況，都市較開闊的鄉村地區，因建築物等的阻擾而干擾到空氣的水平層流，故其地面粒糙度為大，而影響風的結構，改變了地面空氣的移動。

在中、高緯度的國家，其都市在冬天因家庭暖氣、工業活動等而產生的熱則進入都市的熱系統，其較鄉村地區來得溫度高。其他都市也因商業與家庭使用化石燃燒、電氣等均可產生大量熱量。由於人類活動、燃燒燃料、工業排放等造成空氣中的塵埃、煙和其他顆粒物總稱之為混濁度。都市因人類活動產生的空氣汙染與混濁度，使都市較鄉村地區產生的顆粒較多，也使水蒸氣容易凝結成較多霧，致使能見度低，且霧氣發生率較大。

都市的大氣中充滿了氣體與懸浮固體，而都市的空氣較鄉村的空氣，其塵埃量多了 4 至 1000 倍，而在都市塵埃物中的鉛含量常是郊區的 3 倍以上，其他鎘、銅、鉛、鋅、鉻、鎳等金屬汙染亦多來自交通及工業排放。另外都市空氣中微生物含量約是鄰近鄉村地區的 10 倍。人類在都市活動中，因來自汽機車排入空氣中的一氧化碳、二氧化氮及燃燒煤與石油化石燃料排出之二氧化硫、二氧化碳及其他有機氣體等以及化學汙染物含量也都相對增高，對人體健康均有危害。1952 年英國倫敦發生濃霧事件，當時在 80% 濕度，1 度溫度的氣候下發生濃霧，燃燒煤釋放的灰、二氧化硫導致能見度差，因而造成 4000 人因空氣汙染而死亡，大氣中的二氧化硫和霧氣造成的酸性危害人類和植生，且酸性微粒吸入肺部引起健康問題。

(四) 都市化之水體

根據國外之研究，都市化的成長改變了支配水之發生與流動的過程，因而增加了洪水的規模與其他水的問題。對於都市集水區洪氾增加的可能性，有四項的影響因素：

①因不透水地面積百分比的增加，而增加暴雨逕流的總量，且減少水入滲地下的量；②爲了改善自然溪流河床而改變舖設水泥河床或進行截彎取直工程，這些改變都會減少降雨與其導入成河床的逕流之間的時間差；③土地的美化工程及分割成建地，也會縮短水流排水道的距離，因而也減少了降雨與其導入成河床的逕流之間的時間差；④在氾濫平原上填土或建立聚落，會減少谷地可用來儲存洪水的空間，因而迫使水位上升且流得更快。上述原因，都市化可使逕流量增加，因較少及有限的水可滲入地下，故都市化比未都市化地區或鄉間地區的逕流量顯著增加，且提前發生洪氾，也就是縮短主要降雨和洪峰來臨之間的時間。

另外，因都市化後，由於來自地表不透水面的大量逕流和藉下水道涵管排出的水體，將大量的增加周遭河川或盆地的流量。正常情況下，溪流河床具有足夠的容量可容納平均每兩年一次的洪水流量。溪流河床的形狀與容量是決定每年發生幾次事件的主要因素。

一年中所發生過最大的洪水稱爲年洪水。年洪水的大小規模每年不同，故以年洪水之或然率分布來估計。這個分布的平均又稱爲平均年洪水。平均年洪水不可與平均年流量混淆。年流量只是一年中所有流量的平均值，任何一年的年流量也是隨機的或然分布，這個分布的平均就是平均年流量。根據研究，河川的流水量一年中，每四天就有一天超過平均年流量，其表示溪流的多變與不確定性。根據經驗得知，大約平均每 50 年就有一次氾濫平原被淹沒的深度約等於河堤頂至河床的高度，此現象稱之爲 50 年洪水，其意味著經過去紀錄，一河川的高度或排水量預期相等或超過 N 年一次洪水的平均值，而重複發生的間隔可界定爲此事件每年發生的或然率，因而一個 50 年洪水發生在任何一年的或然率爲 1/50。

1. 都市化之洪水

當流域盆地都市化之後，河川的「年洪水」與「年流量」之或然率分布都會受到影響，洪患水文之改變所造成的社會與經濟影響極大。爲了直接量測都市化對「尖峰洪水流量」之影響，必須有該地區發展前、後之長期洪水記錄，但必須藉間接的方法來評估都市化的效應。可行的研究是利用數學的電腦模式去模擬反應暴風雨降雨的聚集行徑，可以用來推估在某一集水區內，相同的暴風雨在假設不同程度之都市發展下，所造成的洪水規模，這個模式被用來研究都市化所引起的洪水規模之增加。分析比較降雨和逕流之歷史紀錄與都市發展之改變，如不透水地區的百分比及有暴雨下水道系統面積的百分比。以「不透水面積」與「有下水道面積」兩者不同組合的值，應用模擬模式運算，來估計都市化對平均年洪水之影響。以都市化前、後排水量之比例顯示在這特別的流域盆內，都市化可以增加平均年洪水量達 6 倍之多。

另一個「都市逕流模式」來估計「流域形狀」與「流域密度」（即流域內河道總長度與集水區面積之比例）對「高峰逕流率」的影響，結果顯示，流域密度對「高峰逕流率」有顯著的影響，但流域形狀卻沒什麼重大影響。根據資料，顯示完全都市化之後，河流溢出堤外的發生率較其原來自然狀況下多出了 5 至 6 倍。

2. 河川堆積、淤積和沉積

都市堆積、沉積、或淤積對其下游會產生自然的衝擊。在河川流至低平地區、水庫和港灣所產生的堆積物沉積，常導致自然的改變。沉積物覆蓋河川底部的動、植物，引起生態上的損害。失控的侵蝕與堆積負荷所造成之損失，遠遠超過爲了合理控制建造工事所損失的經濟利益。

根據研究，美國東部因都市化或開發地區所導致的堆積物，最大產生堆積物的地區爲，人們爲了建造工事而清除地表面，使其裸露易受侵蝕的地方。一小塊建築工地所產生的堆積物之量，可能是相當時間內農田和林田因侵蝕所產生之量的 20,000 至 40,000 倍。顯然地，堆積沉積或淤積物產生間接與人口成長和經濟發展有關，因爲大部分都市地區的堆積物來自建物與公路的建造，視土地開發的密度而定。

並非所有來自工地受水侵蝕及搬運的物質都會被帶至下游。堆積物之沉積、淤積可在工地沿河流下游之處，但是隨著都市發展而增強的逕流終究會把更多的堆積物帶往更遠的下游河床、河岸土地，甚至水庫、海灣。任何時間一條溪流所能搬運的堆積物之量，主要視這條溪流的「流率」而定（某種程度也受集水區之型態影響）。大部分的堆積物是在高流量時被搬走。河川流率與堆積物產生量之間的關係稱爲「堆積率曲線」。但都市地區每年所產生的總堆積物量還是比鄉村地區爲大。如前所述，都市裡每年較大堆積量的主要原因爲都市發展之後導致「高峰逕流率」增加所引起。

3. 河川水質與溫度的改變

都市化影響水質與水溫，以及氾濫與沉積。工業與家庭廢棄物從成千上萬的腐臭汙水槽與化糞池排入地下水貯水池，然後注入河川中，這樣的河川水質當然會受到改變。研究美國長島都市化的納紹（Nassau）河川的影響，其分析結果顯示，在都市化的納紹郡之河川，其溶解固體含量較高：平均硝酸鹽含量多了 14 倍；清潔劑含量多了 9~18 倍；而溶解的固體平均數量多出 3~4 倍。同樣在舊金山半島上沙龍溪（Sharon Creek）所作的研究中指出，溶解固體物質流出量是其自然情況下的 10 倍。

另外，研究都市化對河川溫度的影響，對太陽能的熱量投入與暴雨逕流兩者均強烈受到都市發展影響，反應顯著而快速。都市化通常會導致沿溪流引水形成池塘與湖泊，如爲了都市造景或景觀規劃，常引河川水塑造人工池塘或公園小湖泊，河堤植物的清除，暴雨逕流流入河川量的增加，即注入地下水的量減少。結果導致都市河川較鄉村河川，夏天時較溫暖而冬天時較涼冷，使平均河川溫度在夏天時上升 5 至 8 度（當白天接受較高太陽輻射的日子裡，甚至上升至 10℃）。冬天溫度平均較涼冷 1.5 至 3℃。其原因是由於：①冬天時都市地區逕流常較注入河川的地下水涼冷，及②沒有植物保護的河川，易釋放熱氣至寒冷的冬天大氣中。

有些策略可用來減低這些都市作用的程度，如沿河川保留原來植物或種植新植物，或在池塘設置多重外溢口（在不同深度）用以調整下游的溫度。其它另外工程控制的方法也可用來影響水質。由都市化所導致的溪流暖化之環境效應，鮮爲人所知曉。然而，關於溫度改變的大小，大致與發電廠排熱廢物所引起的溫度改變之規模相等，生物學者正開始研究這些熱廢物排放對水中生態的影響。

4. 水資源需求和影響

都會區水供應有許多不同的利用方式，居家、商業、工業、公共、和其它。居家用水可以區分爲家庭用水和噴灑灌溉草地用水。家庭用水主要爲飲用、烹飪、洗澡等，使用之後回到下水道。灌溉的水，因蒸發散而消失，不是回到下水道。影響居住區用水量最大的單一因素是家庭的數目。商業與工業的水需求受到其經濟活動的影響，對水的需要是個很複雜的問題。都市得到水資源有二個基本來源：①地表供應，水流在土地地面，如河川或暫時儲存成湖或池塘；及②地下水，水在地下儲存或緩慢流動。

美國及全世界的許多城鎮從地面水，如河川與湖泊，得到水的供應。當城鄉移民的繼續，及隨著人口和個人所得增加導致水用量增加，對都市用水量的需求將持續成長。然而，爲了滿足未來對水的需求，小心經營其水資源。每當都市的水需要量超過自然供應的最小量時，就必須考慮到這個關係。在這個情況下，必須得利用水庫，如自然湖泊或人造水壩來儲存濕季時的水，以供以後乾季時之使用。

在美國，東部早期的都市首先從最鄰近的地面水道取水。當都市成長，原來供水的流域變成都市化，而水質也降低。然而，對水的需求卻增加，必須得尋找新水源。許多都市在一些原來不可能都市化但卻有豐富且高品質水源的地區，尋找新水源。山地區開發一些高地水源或建造了水庫。都市對水的需求一年中有變化，一般在初夏時最大而冬天時最少，主要原因包括室外草地灌溉、洗車、游泳池和高的蒸散時期。正如都市水需求並非一年中都一致，河川流量也不是隨時都一樣。由於水之利用與供應呈現起伏，特別是一年中某些時期水需要超過水供應，因而必須建造水庫。水庫的供應機能是在濕季時儲存水，以應乾季時的利用。

地下水是許多都市的重要水供應來源。在 1962 年時，美國最大 100 個都市中，有五分之一完全使用地下水作公共供水之用。另外 14 個都是依賴地下水和地面水兩者供應。美國地質調查所報告指出，全國水利用的 19% 是來自地下水。地下水單一最大的利用爲灌溉之用，占 65%，雖然許多都是高度依賴地下水供應，但就全國抽取的所有用水中，地下水並未構成多數。地下水係利用井從各種地質岩層中抽取出來，最常見的是砂與礫石的沉積層，地下水取自多孔隙之地層，稱之爲含水層。在引水給都市使用時，考慮可從任何特定地下水區位到底可以抽取多少量的地下水？何處挖井？井應多深？井與井之間應多靠近？使用後是否應將一些水倒回地下？這些問題須視含水層之形狀，與鄰近不透水層的關係，及該地區之水文等而定。

持續的都市化導致了需要更多的淡水需求。例如，在長島的鄉村地區，水抽自淺井，部分透過散布的井，和農業灌溉等回到地下。都市地區，水從公共井抽取而部分透過化糞池、過濾場地回到地下。然而，不同處置的方法卻造成近地面之地下水的嚴重汙染。爲了取得不受汙染的水，遂開挖更深的井及建置更多的下水道。不幸地，這兩種方法可能產生一般所知的「鹽水入侵」的問題。正常情形是，淡水地下水在海岸處延伸入海至某距離，因爲淡水較海水密度小而輕，在海水中往外推。如果井所抽取的淡水較從地面補充的多情況下，則地下淡水與海水交界面會移向陸地，且上升造成海水入侵的現象。美國大西洋岸最早海水入侵的例子是在長島。沿海地區的含水層出現了大片的鹽水體。不過，有些個案因爲都市化過程使鹽水以較快速率入侵。快速成長的都市地區需要努力致力於排水與整地的工事。鹽水侵入在邁阿密區域已構成對地下水資源的重大威脅。

5. 排水與下水道

另外一項問題是都市輸送排水的系統，早期的系統主要是建造來排放暴雨的水逕流，多建築在自然排水河床。這些系統可注入到最近的河流或海灣。但是早期衛生排廢物不能放入下水道，因而，創造出了一個所謂的「聯合下水道」雖然透過這些下水道排放暴雨的水進入河川與湖泊是很恰當的，但加入衛生廢物後就產生了新的問題。所攜帶的有機廢物進入水體後就分解，耗盡了溶解水中的氧，產生了無氧條件，伴隨著一股難聞的硫化氫和其他腐臭物質的味道。

許多美國都市都有聯合下水道系統。如紐約、費城、波士頓、底特律及華盛頓特區。今日，聯合下水道依然是都市中主要的水汙染源。因此，幾乎每逢下雨，暴雨逕流和衛生排水等受汙染的混合流水常被排放至蓄存水體的地方，以待處理，其說明在一個都會區裡涉及水和廢物排放的複雜性。在波士頓地區，下水道系統部分是聯合系統而部分屬於分開系統，運用截流下水道及處理工廠，建造與運作他們自己的收集系統。初步廢物處理包括利用過濾、沉澱和漂浮的方法將懸浮固體物質去除掉。

在俄亥俄州辛辛那堤地區的下水道系統是把暴雨與下水道汙物分開處理，乾季時，暴雨下水道的水流是由地下水滲透而來，水質清澈、乾淨、且具有高品質；在暴雨時則水質就變差。每年所攜帶的懸浮固體廢棄物量比平均多出 140%。在暴雨時，都市逕流中汙染物瞬時實際聚集量，可能等於或超過衛生下水道中相同汙染物的量。

（五）都市化之土壤與土地

大部分都市的住所與建物均建立在地表面，也是建立在土壤上，即堅固母岩上較疏鬆的土石物質，雖然基盤母岩可提供更優越的基地，而土壤並不適於作基地的物質，一些土壤若受到干擾可能對人類與環境產生嚴重的後果。一方面，人類依賴土壤，另方面，卻又有其限制，在此情況下，選擇都市的區位及規劃發展時，必須得考慮到土壤。如果考慮到土壤，墨西哥市就不會建立在由火山物質、沖積層和湖泊組成的盆地上，係屬鬆軟、具有壓縮性的物質。可能也不會在陡峭、易崩塌的山丘建房子與道路。或臨近河岸導致大量的土壤侵蝕及河川中的堆積。簡言之，都市的發展不能忽略了地表情況及評估土壤受到干擾所產生的衝擊。

1. 都市化對土壤的衝擊

都市人因土地利用以許多方式改變土壤的狀態分布及性質（圖 10-14）。這些包括：①因都會的建築消耗了農業土地；②因都市建設之需要而從土地採掘砂、土、礫石；③因土地開發造成土壤的侵蝕與堆積；④藉著挖填而改變土壤與地形；⑤以固體廢棄物填補低窪地區而造成汙染；⑥注入液體廢棄物使土壤受到汙染；⑦因鋪設不透水地面與抽取地下水，導致土壤乾燥化。因此，土壤問題已由過去鄉村的問題轉移至都市地區且持續增加。

圖 10-14　由於都市化擴張快，鄉村農地常因整地或客土而改變了原有土壤

美國許多的地區，愈來愈多的土地被清除而作爲道路、房屋與購物中心之用，使原來是鄉村的地區變成都市。都市化的過程可能破壞大部分作未來重要農業使用的土地。上層的肥沃土壤被丟棄，爲鋪面所覆蓋。到底被轉變爲其他用途之農地再恢復爲農業用地的可能性有多少？不得而知。

都市成長需要大量的土石物質作爲建築之用，而都市所使用的砂土、礫石和石塊中有相當高的比例是採掘自當地附近，土石的採掘常在都市之周遭，因考量運輸成本之故。採掘砂、土、礫石可以不同方式影響到都市的機能。

人類的土地利用增加了土壤的侵蝕速率，在美國，人類所引發的侵蝕每年從土地上剝取了近 40 億噸的堆積物，其中有 30 億噸沉積在氾濫平原、河床、湖泊和水庫；其餘的 10 億噸被帶入海洋，但不同土地利用（農業、自然、都市等等）對侵蝕影響的了解較爲欠缺。侵蝕包含土壤顆粒之剝離與搬運。最容易受到侵蝕的土壤都是那些較微小顆粒、鬆散、黏結性小的土壤。當黏結土壤顆粒的力量減弱時，侵蝕就會增強。例如，地面植生被清除（新建築或開發的先期工作），導致土壤顆粒間黏結的消失，而且，也使土壤直接暴露在雨滴的侵蝕力下。

逕流之水量與流速有助於地面流水之侵蝕。地面逕流會因地面不透水性，如鋪設路面與建停車場，地面擠壓（如充填與路基的情況），及清除地面植物等而增加。前兩個因素可減少地面水之滲入地下，而後者因素則減少中途攔截與蒸發。一旦造成侵蝕和堆積的結果，是令人困擾的。大部分人都了解因農地侵蝕導致的農業生產力喪失，尤其是富有機質的表層土導致生產力之降低更加顯著。侵蝕不僅造成河川的混濁度與堆積，而且也使陸地上的養分枯竭，其營養物質豐富了湖泊與河川，成爲「優養化」，造成其他水體的死亡。因此，都市土壤侵蝕的影響可能遠及都市外之地區。當然，侵蝕的最終結果是造成充滿泥沙的河川與湖泊。在美國，每年侵蝕產生的 40 億噸堆積物中，估計有 15 億噸最後送至全國的水庫裡。

一般而言，都市的挖掘與填補的目的，是想創造一個適合建築基地的條件。都市地區的挖掘與填補，係使土質加速夷平外，現代都市也使用大量被當廢棄物丟掉的各種物質，其包括垃圾、廢物灰燼、拋棄物、枯死植物及固體工業廢棄物等，以作爲地表填補之用。人類把大部分這種廢棄物引進土壤，造成嚴重的汙染。

都市廢棄物經常被傾倒在鄰近的地點，這些地點的土地利用卻有環境上的危險。氾濫平原地表接近地下水位，如果把廢棄物傾倒在那裡，將提高水汙染的機會。把廢棄物傾倒在淺井分布地區，也會導致水的汙染。倫敦的地面幾個世紀來，由於廢棄物的堆積引起空氣中的「塵雨」，大部來自人類，是一個重要的來源。

土壤常有意地被當作許多不同的液體與固體廢棄物的收容器。都市活動可以改變人類所依賴都市土壤的一些性質。受到汙染的土壤可能引發汙染的水供應，枯萎的植物，甚至是人類的健康問題。地下水可能受到不同方式的汙染，但從傾倒垃圾、填地和地下水道設置系統引起，而透過土壤所引進的汙染源，值得注意。某些土壤的特性，可能對水質與健康造成傷害。土壤特性中以土壤滲透性特別重要。若廢水透過土壤的滲透率，一般會導致地下水的汙染。

都市裡密集的車潮帶給土壤與植物鉛、鎘、鎳和鋅的汙染。其汙染與汽油、機油、和輪胎，以及這些物質的廢棄物之堆積等有關。受這些金屬汙染的土壤會有什麼結果呢？鎘對人體健康是最危險的，鎘含量足可引發血管疾病。鉛也是眾所周知的毒素，土壤上層鉛的累積可能引起淺根作物之品質的下降，特別是草類。

都市發展大大減少了降水帶給土壤水分的量。都市地面不透性增加了逕流之流量與即時性，如地面鋪設柏油後變成不透水性，使雨水立刻直接變成逕流，無法滲透至地下。因而，地面較少有機會吸收濕氣。大部分都市抽取地下水已劇烈地降低其地下水位，使得既使是深根植物的濕氣來源主要是借毛細管作用從地下水位吸上濕氣使土壤中的水上升。土壤中之氣體與濕氣是維持土壤中微生物和植物根之生存不可或缺的東西，所以在都市公園，土壤與樹木通常有充分的水和氣體。

2. 災害性土壤對都市的影響

土壤與都市之關係是密切的，我們要了解什麼種類的土壤在建築、道路或建物時會有危險性；這些不同的土壤放在不同的都市活動上會產生什麼限制的作用。首先很重要的是，要認識土壤種類與土壤條件，而在規劃都市發展時可以給予適當的建議。另外，利用補救或使土壤穩定的方法，使得土壤適合發展。我們先考慮主要土壤組成及其重要特性，其中最最重要的是礫、砂、粉砂及黏土是土壤基本的組成成分，且構成其不同的特性。

從地質觀點而言，大部分的土壤屬於搬運沉積土壤，其包括風力、湖泊、冰川、河流、海洋等作用沉積形成。大部分選爲建築用地的都在這類土壤上，主要是經淘選作用組成。另一類土壤是殘積土壤，指在母岩風化的地點形成，這些土壤較搬運沉積土壤更具穩定性。但其中，土地上有問題的災害性土壤包括有強塑性土壤、膨脹性土壤、季候或紋泥土壤、液化土壤、永凍土壤、崩塌土壤及有機土壤等。

強塑性土壤是當受到干擾時或重塑會失去其抗剪強度，在沒受到干擾時，其抗剪力是相當高的，在強塑性組成的山坡地即使只有 10% 的坡度，也可能發生山崩。顯然的，應避免在強塑性土壤的山坡地興建建築物。

膨脹性土壤是一種指它的體積隨含水量的增加而膨脹，隨含水量的減少而收縮，因其中含有吸水膨脹性質的蒙脫石黏土礦物。當受到季節性濕度的變化時，會產生凸起與膨脹，膨脹性土壤在道路與運河以及建物的建造上會造成問題。滲透至鋪路下的水會引起黏土的膨脹，而導致路面的隆起與膨脹。因之，在膨脹性土壤上進行建造，必須利用石灰控制土壤濕度，作穩定土壤的處理。

季候泥或紋泥質土壤是由紋層狀泥質和粉砂質互層組成的湖泊沉積物，常具有泥與黏土最不好的高壓縮性與低抗力特性，有時也會對建物之建造造成困難。

液化土壤是指土壤中產生液化現象，係因土壤中的疏鬆砂受到振動時，誘發了高度孔隙的顆粒土壤之壓縮，這些土壤並不具有黏結堅固的特性。瞬間振動時，孔隙中的水來不及排出砂體之外，其結果使砂體中孔隙水壓上升到使砂粒間的有效應力消失，砂粒就會懸浮於水中，砂體喪失強度及承載能力，稱之爲土壤液化，此時砂土完全失去剪力強度。土壤液化會使地基滑走、沉入土壤中，地下結構物會浮到地面上，在某些情況下會對道路鋪面，建造物和牆造成其破壞性的壓力。

永凍土壤是指長年結凍的土壤，在極寒冷地帶土壤中水分永遠是冰凍的，而經年不融化，不論是否爲冰所固結，也不管組成土壤層的顆粒性質，一旦失去支撐就會發生塌陷。如果永凍土是在充滿水的泥或黏土細砂上，融化後造成不穩定的地基，這時土壤可能會下陷，或者再結冰而膨脹向上隆起，這些作用都可破壞結構建物。

崩塌土壤與其所導致的土地下陷常見於某些土壤，特別是黃土沉積物，主要的土壤組成分是粉砂、黏土塵和碳酸鈣膠結物，水的張力是結合的媒介。一旦膠結粉砂質黃土中的黏土薄層和碳酸鈣層被大量水沖離則就發生崩塌，造成建物沉陷、龜裂。

有機質土壤，例如泥炭土或腐植土，主要由 30% 以上的有機質組成的土壤，因具有高含水量、低密度及低承載力，對人類的活動構成嚴重的問題。當承載建築物或排水後，泥炭可能減少其原來的體積 90% 之多，可能會造成很劇烈的地盤下陷。

3. 都市利用之土壤分類

都市利用的主要土壤，大致是用來作建築基地，護堤或結構填充物質、道路的路基及放置地下設施。某些都市的土壤利用，均有其特殊性，故有不同性質的土壤使用在不同的目的上。一個良好基地的要素是它不會過度下陷，也不會崩塌。任何一個土壤之承受力與下陷特性可以根據工程土壤測試與土壤力學理論加以評估。例如，哪種土壤一般較適合或較不適合作爲地基之用。土壤的分類系統可作爲反映土壤之承受力與下陷特性的參考。最廣泛使用的系統是「統一分類系統」。

工程實務使用的統一土壤分類系統是依據自然土壤，係由粗粒的礫和砂，細粒的粉砂和黏土及有機質組成。故此分類系統先將粗粒土壤、細粒土壤和有機質土壤分類；每一分類群再按主要粒徑與有機含量分類。粗粒土壤是指土壤中 50% 以上重量百分比的直徑粒徑大於 0.074 公釐，而細粒土壤則是大於 0.074 公釐的粒徑占 50% 以下。

有機質土壤是指高的有機質含量，常具有黑灰色及腐爛蛋臭的硫化氫味。進一步再依礫、砂、粉砂、黏土、有機質等分類，並依分級良好或不良程度與高、低塑性細分類。

4. 土壤利用的都市影響

在都市土地或土壤上進行開發可能造成的影響舉例說明如下。

道路所需的土壤承受力通常比作爲建築基地要小，特別是對結凍作用的易受影響，排水特質及季節性濕度變化下的體積穩定性等也要注意。一般道路鋪面的重量不足以阻止地面下或地底之膨脹與隆凸。泥質土壤容易受到結凍隆起而非常不適當作爲道路路基。

地下隧道最主要的問題是水，有時會在鬆軟黏土碰到的問題是「壓縮」。地下隧道工程之進行應盡量減少對地面造成的影響，如下陷。下陷常發生在挖井抽水時，或者鬆軟黏土區的隧道牆在支撐支架前產生壓縮的結果。

有一些與都市化有關的人爲干擾會導致邊坡的崩壞，如爲了山坡住宅發展的挖填工程，機械的顫動及山坡水文的改變，如噴灑草地、滴灌管及廢物槽排放場。山坡林木植物的清除也會引起加速侵蝕與山崩。山坡地開發對坡地穩定性之衝擊，不管是自然坡地和經挖塡過的坡地，包括淺層崩陷和土石流，建議作較妥善的開發工程。

地表面建築物的下陷有多種原因，可能會引起建在地表上之結構物的危險。建築物下陷通常與具有壓縮性且高空隙比率的黏土有關，此類土壤容易受到地表載重的影響。另外，從土壤中抽取液體也可能導致土壤壓密與建築物下陷。下陷也可能因地下採礦而產生。

具有膨脹性的黏土，易受到季節性或人爲濕氣變化的影響，可能產生下陷或上凸。地面下陷也與「土壤液化」有關，有時伴隨著地震而來。許多建築物下陷的現象與地下水系的改變有關。任何改變地下水位位置的都市發展，如抽水作爲水供應，改變排水，或注入液體都可能引起地面高度的變化。

某些土壤先天上具有地震的危害性。疏鬆、充水飽和的沖積物可能是最不利的，因爲它們在顫動的載重物下容易產生液化作用。鬆軟而敏感的黏土也容易造成地震災害。不管其在地震時具有潛在不穩定性，開發與建造工程必要時仍須在這些土壤上進行。舊金山灣原來是低平淤泥和鬆軟港灣沉積物上塡土而成的土地上，開發成住宅建地，現在已成爲爭論的議題。這個區域鄰近又屬地震活躍地帶。

強烈地震的襲擊，毀壞了許多房屋，大部分是因斷層地震時產生的地面移動與滑動造成的。地震對結構與建物之損害，可藉由小心結構設計而得到相當程度的減輕。地表地質和局部土壤條件依然大大控制地表之移動及建物下之位移。

與都市化和區域發展有關的土地問題，有幾個方式可加以考量，依循合理的土地利用政策，根據已知區域的地表地質與地形，作出最適合其土地利用之型態，如自然區、娛樂休閒地點、居住建地或工業用地的規劃利用。

六、水庫開發之地質環境問題

（一）簡介

所謂水庫係指以人爲方法將自然水流控制，蓄積於某一地區，以供蓄水、灌溉、防洪、發電、養殖、娛樂等功能目的。現今水庫興建則以多目標爲目的，例如除防洪、灌溉外，尚可兼發電、觀光等利益，故可分類爲以控制洪水、減少水患而興建的防洪水庫；以蓄積多餘的雨水，供灌溉農田的灌溉水庫；以調節水流量用於發電的發電水庫；以工業與都市用水而設置的給水水庫；以及爲攔截河川中泥砂，避免爲害水道與下游農田建造的積砂水庫等。

因此，水庫開發工程勢必與地質有極密切的關係，也影響到的地質環境甚鉅，如對於地質狀況條件不良之地點，水庫的興建會造成漏水、淤積、破壞、潰決等嚴重問題而影響水庫的安全問題，釀成極大的災害。

（二）水庫工程與地質之關係

水庫工程的結構體均集中在壩址附近，因此基礎的地質條件對於水庫的安全影響極大。壩址的選址極爲重要，要具有支持及避免漏水的地質條件，常考慮的因素條件是地形、岩性和構造等。

1. 地形

選擇地形，以壩址上游須爲一寬大、不漏水之盆地，且盆地出口須爲狹窄的堅硬河道。水壩的興築常需進行大規模的開炸、開挖，易造成基礎岩石的裂隙及邊坡的不穩定，因此水庫漏水和基礎強度應極爲重視。

另外，水庫蓄水後水壓造成的剪力以及壩體本身的重量也影響基礎岩石的強度和構造，同樣，臨近地震帶的壩址更須考量地表震動的震度與造成破壞的情形。此外，對於水庫淤積問題，選址時對於開發河川的輸砂量應予調查了解，以避免淤積或埋沒。

2. 岩性

不同類的岩石，其抗壓、抗張、抗剪強度及抗風化等均爲不同，故不同岩性具有不同的工程性質。對於工程結構的基礎而言，岩性的不同可產生不同的應力抵抗強度，因其承載力應是以承受水壩重量及水庫水壓力。在地殼上的火成岩、變質岩及沉積岩三大岩類中，通常以火成岩的抗壓、抗剪強度最佳，且滲透率亦低，例如花崗岩、閃長岩、輝長岩、玄武岩等之抗壓、抗張、抗剪強度均佳。

變質岩類因受變質作用而產生不同的組織及構造，故視其再結晶組織構造而言，可分爲葉理狀及非葉理狀岩性兩種，一般以非葉理狀的石英岩最佳，此外，大理岩、白雲岩之成分易於溶解，造成溶蝕孔穴而減低承載力及漏水。在葉理狀的岩性中，以片麻岩、板岩的抗壓、抗張強度較佳；其他片岩類，因葉、片理發達而易剝離，減低了強度。

沉積岩類在水庫工程基礎上多爲不利的因素較多。視其組成成分、組織膠結、壓密程度而略有差異，也分類爲碎屑狀及非碎屑狀沉積岩，其中以膠結性較強的砂岩較佳；石灰岩也因碳酸鈣質成分易溶蝕而降低承載力及漏水；其他頁岩因具有薄頁狀結構及黏土組成成分，遇水軟弱變化大，雖具有不透水性，但一般而言是較爲不受選擇的岩性。

3. 構造

對於一項水庫工程基礎而言，除地形、岩性外，岩類構造往往是決定基礎工程之另一重要因素。在工程基礎上不易有完整均質性的岩體，多少均存有不連續面或弱面，此對於壩址的影響甚大。

常見的不連續面包括層理、片理、解理、斷層及裂隙等。層理是沉積岩在形成時不同岩性或同岩性的界面，尤其是砂、頁岩互層的層理受到應力時，易產生滑動，減低了岩石的強度。當岩層的走向和河谷走向平行時常造成傾斜坡，水庫經透水層滲漏，對水庫兩岸邊坡產生滑落不穩定（圖 10-15）。岩層走向與河谷走向垂直時，則爲較佳的壩址（圖 10-16）。

褶皺是岩石受壓縮力或剪力推擠後發生傾斜或波浪狀彎曲的構造。當水庫建在向斜褶皺軸部，易發生岩層破裂帶，而造成水庫的滲漏及兩翼傾斜坡的不穩定，引起剪力破壞（圖 10-17）。相對在背斜軸部上的水庫則多較安全（圖 10-18）。

地殼運動造成的斷層因產生岩體破碎帶，而使水庫漏水或遭受破壞，尤其是活動斷層地帶應儘可能避開。

節理也是因岩石經過地殼應力變形而造成的破裂面，或應力釋放解壓，人爲開挖也可發生節理。節理對工程基礎影響甚大，常導致水庫漏水或節理內的黏土易發生滑動。

片、葉理或劈理係因變質作用造成岩石內部礦物的平行排列形成的剝離面。此不連續面也是造成水庫岩體滑動或漏水的危害性。另外也要避開採礦區。

（三）水庫開發之環境影響

水庫的興築帶給人類給水、防洪、灌溉、發電等的利益，但是水庫的興建卻也破壞了自然界的平衡，水庫蓄水改變了河流的縱坡面、侵蝕與沉積作用、地下水面狀況，水庫蓄水的壓力造成水庫底部及附近岩層的破裂、甚至引發微震等。

水壩完成，水庫蓄水後，水壩上游的地下水面上升，而下游的地下水面反而下降。上游地區的地下水接近地表，對農業有助益，但地下水面上昇，使位於上游之結構物長久受潮加速其破壞；在水壩下游的地下水下降使得農業需要更多的地下水抽水來維持，且地下水面下降，地下孔隙壓力降低造成工程設施基礎的沉陷。

水庫蓄水增加了水蒸發的表面積，增加了水的蒸發量，因增加蒸發及揮發量，減少了溪流的淨流量。可能對局部性的氣候產生影響。

水庫蓄水減少了水庫下游河流之流量。水庫蓄水後蒸發及揮發增加了水的損失，使得水庫下游河段的水量銳減，改變了溪流的水文型態。水壩截留了河水，降低了洪水的沖刷，河道沒有機會沖洗，汙染漸趨嚴重。總流量的減少使注入海灣或河口的淡水減少，增加了海水的鹹度，使淡水或半淡水的生物生態環境改變。

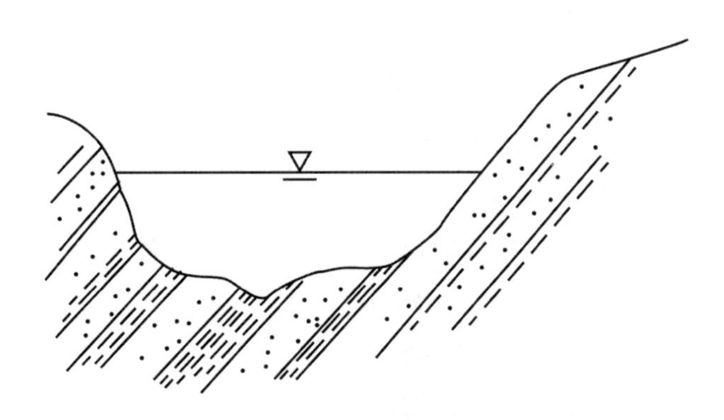

圖 10-15　岩層走向和河谷走向平行時，常造成傾斜坡而滑落，且易發生滲漏

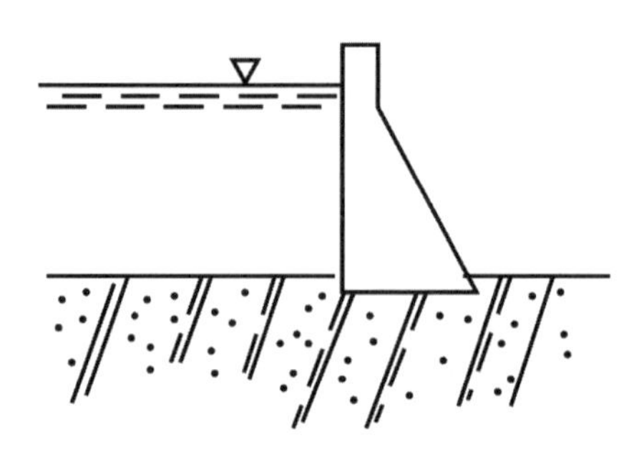

圖 10-16　岩層走向和河谷走向垂直時，是為較佳的壩址

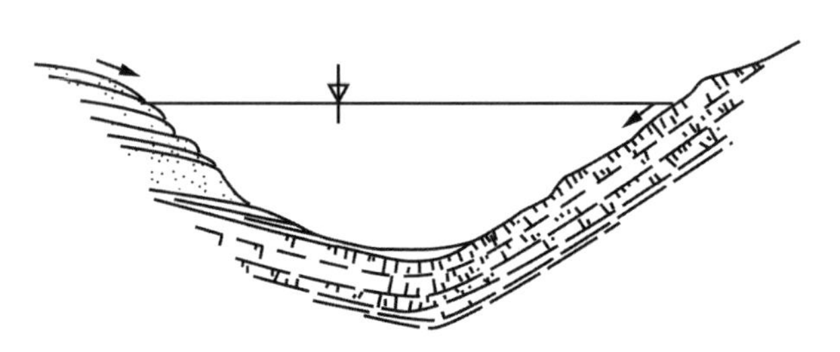

圖 10-17　水庫建在褶皺的向斜軸部時，易發生邊坡崩壞和滲漏

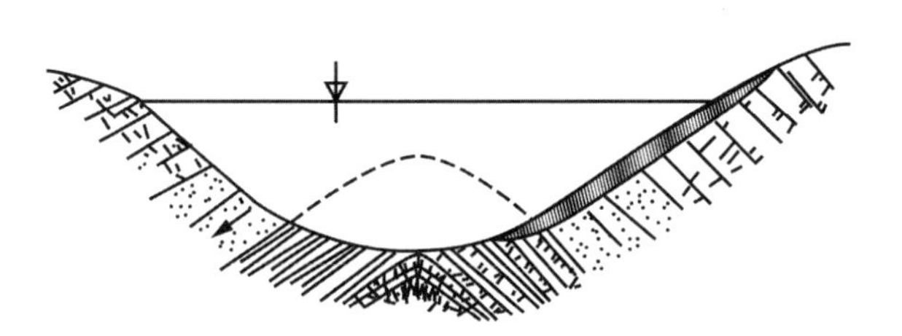

圖 10-18　水庫建在褶皺的背斜軸部時，多較安全

河流負載的泥砂於注入水庫後由於流速的降低而沉澱於水庫中，水庫的壽命受泥砂堆積的速率而減少，且改變了原來河道的侵蝕堆積環境。此外，水庫攔截泥砂，使得下游泥砂來源減少，肥沃的可耕地也減少，也失去了入海口之海灘。另外，水壩下游河水含砂量銳減，致下游河床受到侵蝕破壞。

水庫蓄水後局部地區受到的重力負荷增加，地表岩石強度、構造等產生斷裂或擴大原有斷裂面，甚至因負荷增加而產生地震現象。已有許多文獻報導因水庫蓄水而引發了地震活動。

（四）水庫壩址的防治

對於壩址的基礎須加強壩基岩體之強度，其包括加深基礎，利用岩錨將壩體固定於岩盤上，以降低應力，或以灌漿法提高壩基下岩體的強度。而壩基破碎部分挖除，並以混凝土回填法處理。此外，基礎處理應減小開挖面，在開挖面整修後以澆置水泥、噴漿或瀝青等方法保護開挖面之表層。對於漏水情形，以灌漿幕，排水廊道處理。壩體下方所受的水壓力大，故壩基兩側及谷底岩石應要有足夠強度及較小的壓縮性，並增加壩基的寬度與厚度。

水庫蓄水後，因四周地下水位上昇，水庫岸壁岩石因含飽和水，孔隙水壓加大，岩石凝聚力減弱，容易造成邊坡的崩塌，故水庫邊坡應選擇堅固不具裂隙的岩盤組成。

水庫四周邊坡崩塌地的崩塌岩屑經雨水沖刷及河流帶入水庫爲水庫淤砂的原因之一。另外，河水注入水庫後，因流速驟減，所挾帶的泥砂沉積於水庫造成淤積。其防止方法爲避免在集水區濫墾、濫伐，破壞水土保持，加強造林以覆蓋保護，並加強護坡，護壩堤的水土保持工程，以防止坡面沖刷流入水庫，同樣可建築攔砂壩阻止泥砂流入水庫，或以疏濬方法，利用機械挖移泥砂處理。若壩址須設置在潛在地震敏感區時，須考慮承受地震加速度的動力作用，設計耐震或抗震的工程結構。

習題評量

1. 試述山坡地工程開發會造成哪些地質環境問題？
2. 試述礦產資源的地表露天開採會造成哪些環境問題？
3. 試述礦產資源的地下開採會造成哪些環境問題？
4. 討論超抽地下水造成的環境問題及其防治處理之方法。
5. 討論都市化開發可能造成哪些地質環境問題？
6. 討論水庫開發造成的地質環境問題。

第十一章　廢棄物處置引起的地質環境問題

一、廢棄物處置之地質環境

（一）簡介

世界上許多國家均有面臨廢棄物處理的問題，多數的國家均認為該國工業危害廢棄物的處置場址不當，且影響危害周遭環境與人類健康。尤其是開發中都市地區的固體廢棄物，因造成的數量太大而能處置場址的空間又太少。不同的社會型態可產生多種廢棄物，但仍以工業化及都市化可造成較為嚴重的問題。雖然每年自工業、農業、都市產生大量的液態、固態廢棄物，皆經回收、處理、處置、再利用等過程，但仍存有廢棄物危機，以及需花費大量金錢在環境問題上。雖然各國政府花費在廢棄物掩埋場的處理設施改進，及垃圾減量等，但既使是在有利的地理、地質、水文環境條件下對於場址的選擇仍為不易的一件事。

早期的廢棄物量少，成分單純多棄置於河岸、河川，也易隨河川運搬，工業、都市化後，廢棄物種類成分複雜，產生的量多且成分具有危害性或毒性，更進一步懂得將廢棄物轉換成有用的回收利用。

廢棄物管理是很重要的，且須重視，例如都市地區的廢棄物需處置於衛生掩埋場，但也易引發進一步的問題，如甲烷氣、毒性液體的滲漏汙染周圍以及空氣汙染等等問題。

綜合廢棄物管理始於 1980 年代，其包括減量、回收再利用、堆肥、衛生掩埋場、焚化爐等綜合性管理、其中資源回收可減少都市垃圾量的 50%。一般而言，公司在使用廢棄物減量和回收共同方法下，可減少 50 ～ 90% 的廢棄物量。

以現代趨勢與綜合廢棄物管理觀點，將廢棄物處理方式分類為下列四項：即固體廢棄物處置；有害化學廢棄物管理，放射性廢棄物管理及海拋等。

（二）固態廢棄物處置

固態廢棄物是都市的一大問題，一般都市可產生的廢棄物包括有來自工業廢棄物的灰燼、煤渣、金屬碎屑；建築業及毀壞廢棄的木材、磚瓦、管線；垃圾的紙張、家庭廚餘；商業使用之廢棄物；以及街道清掃的樹枝、汙泥等廢棄物。這些固態廢棄物終將運送到廢棄物處置場掩埋。在產生的這些廢棄物分類中包括有紙張、塑膠、金屬、玻璃、木材、食物、庭院等物料，其中紙張爲占最多的廢棄物。有些時候來自醫院衛生機構的感染性廢棄物，若在棄置之前，未有適當的消毒處理，將造成嚴重問題。因此都市垃圾或固體處置場亦包括有複雜具毒性成分的廢棄物，故需花費在處理與監測的技術設備。

通常固體廢棄物依處理方式可分類爲現地處置、堆肥、焚化、露天傾倒及衛生掩埋等。

1. 現地處置

在都市地區，廢棄物以現地處置爲主，即是將廚餘及其他垃圾分類，以機械搗碎藉下水道導管系統輸送到汙物處理廠，但最終仍運送到廢棄物處置場處理。

2. 堆肥

係以生物化學過程將有機物質分解成腐植物質，藉由好氧的生物，有機體將含水份、固體的有機廢棄物質分解。此方法普遍於歐洲、亞洲等之農業地區。

3. 焚化

係用以 900 至 1000℃高溫燃燒廢棄物成惰性殘餘物之方法，而在燃燒過程留下灰及非可燃性物質，因此，理想上可將廢棄物減量到 75 ～ 90% 體積，但實際僅可減量近 50%。都市廢棄物的焚化法有兩項優點，①可使大量體積的廢棄物燃燒焚化成少量的灰燼，而易於掩埋處置。②藉燃燒廢棄物產生的氣體可利用於電力。但此法非一潔淨的方法，因燃燒會造成空氣汙染及毒性灰燼，也產生氮和氧化硫而導致酸雨，同時也產生一氧化碳及鉛、鎘、汞等重金屬。此法的解決處理汙染以及建置花費成本均比其他方法高。

4. 露天傾倒法

係傳統且常用的處置固體廢棄物之方法。通常此方法將廢棄物處置於任何土地方便之處，不考慮任何的安全、衛生、景觀等環境問題，常堆置到儘可能的廢棄物高度。偶爾會造成燃燒及下陷等問題。此外，也造成髒亂、空氣、地表、地下水的汙染等問題，在落後貧窮國家，露天傾倒法仍相當普遍。高度發展的國家多已改善成合乎衛生、安全、景觀之衛生掩埋場。

5. 衛生掩埋場

衛生掩埋場係以土木工程方法處置固體廢棄物，而可防範處置場的安全與衛生問題，此方法係利用工程原理將廢棄物處置的面積減少、減量廢棄物體積，並覆蓋壓密的土壤層，防止滲漏，以及排除滲漏水、氣體等之設備措施，故爲一安全、衛生、景觀兼顧的最佳處置環境。

(1) 掩埋場產生的環境災害

自衛生掩埋場可能發生的地質環境問題有幾種情形，易造成地下水或地表水汙染，一旦掩埋場的廢棄物遇到來自地表或地下的滲透水，則易發生汙染，此滲漏水爲礦物質元素離子或具有成分的液體，可攜帶細菌類的汙染，並可來自汙染源數公里的距離運搬可造成數百公尺寬廣範圍的汙染擴散。

基本上則依廢棄物成分，廢棄物和滲漏或滲透水接觸長久時間、滲透量等而可發生不同的汙染情形。另外，自掩埋場易產的災害是甲烷氣體，其係由有機廢棄物分解所致。甲烷氣體可藉土壤層傳遞到數百公尺遠處，甚至攜帶至住宅區；但經適當的管線收集甲烷氣可用以回收能源。

(2) 場址評選

衛生掩埋場的場址地質需考慮的因子包括地形起伏、地下水位、降雨量、土壤與岩石種類以及場址的地表及地下水之水文系統等。有關場址的適合性與氣候、水文、地質及人爲環境均有關聯，最佳的場址位於乾燥地區，其環境不產生滲透水；若位在潮濕環境，則廢棄物儘可置於地下水位面上的低透水性黏土或粉砂土壤層，一旦滲漏聚積於場址附近，可與黏土層發生吸附性離子交換，不致下滲。

試舉兩例說明（圖 11-1(a)），例一是掩埋場位於地下水位面以上，且水位面以上是由細砂至粉砂質組成的地層，既使地下水位面以下爲具有裂隙的岩層，但不致造成嚴重的汙染，汙染程度降低。例二（圖 11-1(b)）是掩埋場雖也設於地下水位面之上，但其水位面之下爲傾斜透水的地層，且地下水位面上是由透水性高砂礫組成的地層，可造成嚴重地下水的汙染，其原因爲滲漏水易透過砂礫土壤層，而滲入到裂隙、孔穴發達的石灰岩層而傳遞汙染，若地下水位面下爲傾斜的低透水性頁岩時，則汙染情形較輕。

(a)

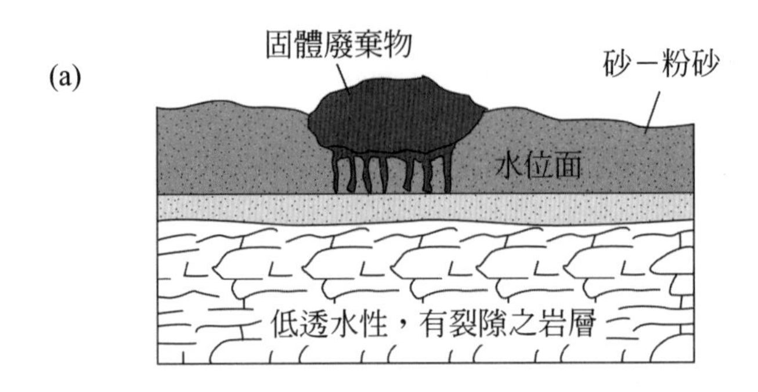

(b)

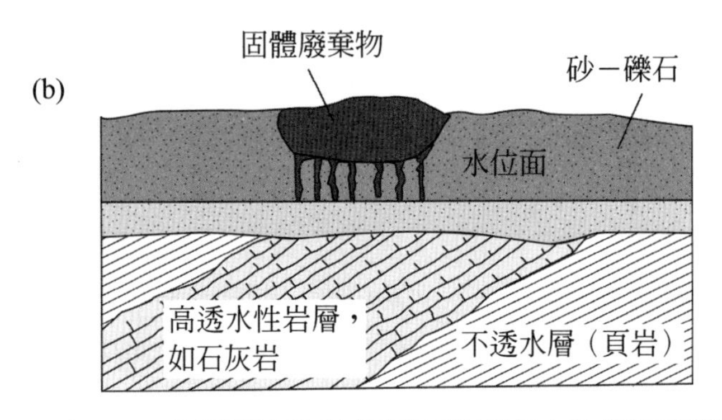

圖 11-1　固體廢棄物掩埋場區位設置之地質因素考量

一般對衛生掩埋場的選址準則列於如下：

①高度裂隙的石灰岩及砂礫岩層，因透水性高爲不利的場址。

②沼澤或易蓄水地區爲不利的場址。

③定期受地表水淹沒的氾濫平原也爲不利的場址。

④臨近海岸的廢棄物，因受風沙、地表水的吹襲、搬運，易將滲漏水汙染到海灘或海岸水體。

⑤任何高透水性及高地下水位的地帶均爲不利的場址。

⑥在起伏較大的地形，優先選擇的場址應位於河谷的頂端處，因該處地表水量較少。

⑦乾燥的黏土層爲一有利的場址。

⑧如黏土、粉砂等透水性低，且位在含水層之上的平坦地區爲最有利的場址。

(3) 衛生掩埋場之設計

現代衛生掩埋場的設計較爲複雜，以多層屏障方式，其包括設置緻密黏土的襯壁，滲漏水、甲烷氣收集導管及黏土覆蓋層等，另也設有監測井監測地下水汙染（圖11-2）。顯示理想中衛生掩埋場的設計處置圖。

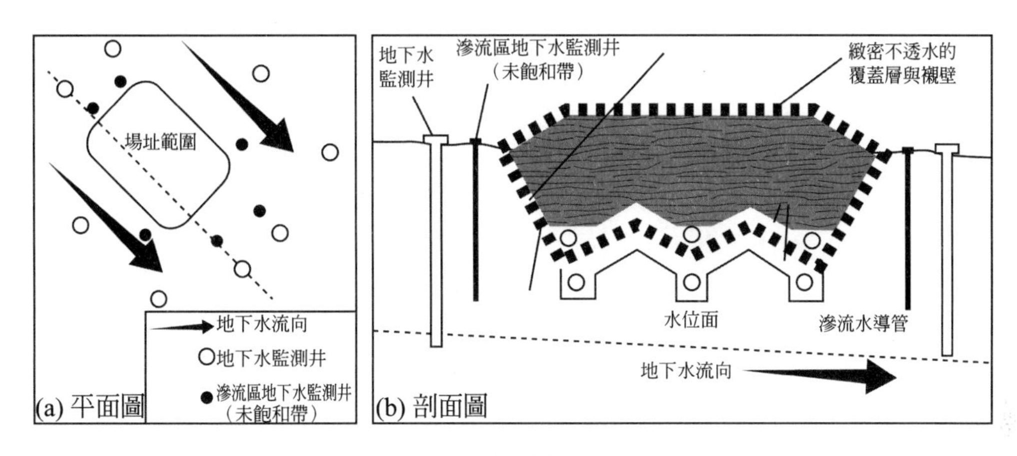

圖 11-2　衛生掩埋場設置圖

(4) 衛生掩埋場之監測

一旦選定為場址，即開始監測設計，包括此處地下水的流向系統，在掩埋場運用後，更須長期嚴密的監測滲漏水、氣體，以防汙染。場址定期水質、氣體、土壤的採樣分析，甚至周圍土壤、植生、河系、水體亦須同樣進行採樣分析。對於場址內的監測井須嚴密隨時監測地下水質、滲漏水流向、流速、水質等，以預防汙染的擴散問題。

固態廢棄物的汙染危害可經由下列幾項途徑造成：

①來自掩埋場及土壤中的甲烷、氨、硫化氫、氮等氣體經揮發進入大氣中。

②重金屬，如鉛、鎘、鐵等易殘留土壤中。

③可溶性的成分，如氯化物、硝酸、硫酸易經由掩埋場與土壤層帶入地下水系統。

④若有地表逕流水，易攜帶滲漏水傳遞到地表水系統網。

⑤若在掩埋場址處施耕農作物，易吸附重金屬或毒性物質，經由食物鏈進人體及動物的體內系統。

⑥若場址中的植生遺留有毒性物質，可藉由土壤及水文作用帶入環境中。

⑦紙張、塑膠及其他廢棄物易被風吹搬運造成汙染。

(5) 設置衛生掩埋場址的規範

各國對衛生掩埋場均設有嚴格的場址規範，其包括設計標準、運作、監測等，一般環保單位的標準規範不外乎包括下列幾點：

①場址不能設址於氾濫平原、濕地、地震或其他地殼不穩定之地區。

②場址建造須包括有襯壁及滲漏水導管收集系統。

③場址之運作須有監測系統，監測地下水質、流向等，特別是毒性化學物質。

④場址的監測須持續進行封閉場址後 30 年的汙染防止保證。

（三）危害廢棄物管理

世界各國每年造成廢棄物的數量不但龐大，且其種類、成分繁多複雜，所以從人類使用後產生的廢棄物種類以及其可衍生產生的潛在危害性物質之關係參見表 11-1，可造成人體不同的健康傷害。

表 11-1　具有潛在危害廢棄物的日常用品

日常用品	有害廢棄物質
塑膠	有機氯化合物
農藥	有機氯化合物、有機磷化合物
醫藥	有機溶劑及殘留物、重金屬（如汞，鋅等）
油漆，塗料	重金屬、顏料色素、溶劑、有機殘留物
石油，汽油及其它石化產物	石油、酚類及其他有機化合物、重金屬、氨鹽、酸、腐蝕性溶劑
金屬	重金屬、氟化物、氰化物、清潔劑、染料色素、溶劑、研磨材料、電鍍、石油、酚類
皮革製品	重金屬、有機溶劑
紡織品	重金屬、染料、有機氯化合物、有機溶劑

資料來源：美國環保署（E.P.A.）, 1980

過去，對於未適當處置化學廢棄物傾倒而造成的土壤及地下水的汙染可經由下列途徑：

①場址掩埋的桶裝化學廢棄物終究會受到腐蝕而滲漏，並汙染地表、土壤及地下水。

②液態化學廢棄物若傾倒在未設置襯壁的場址時，易經土壤、岩層滲透到地下水面。

③若液態化學廢棄物隨意傾倒在荒野地帶，易造成汙染。

故過去廢棄的化學廢棄物掩埋場尤易造成嚴重的汙染問題，是為一件不易解決處理的問題。

所謂危害或有害廢棄物概可分類爲：

①對人類及生物體具有毒性的物質，如醫療、生物機構產生毒素藥物。

②在大氣中易爆炸或燃燒性的物質，如有機溶劑、油氣類。

③易腐蝕性的物質，如化學溶劑。

④其他不穩定的物質，如核能產生的輻射物質。

在美國經統計調查掩埋場址內，綜合各種廢棄物的環境影響中，以地下水受影響最大，其他依序爲飲用水、土壤、地表水、空氣、植生、動物、人類健康等。

對於危害性化學廢棄物的處理，一般有下列幾項方式：現地處理並回收、微生物分解、化學穩定、高溫分解、燃燒、衛生掩埋、深井注入等方法。雖然各種方法均有其適用性，但每一種方法最終仍以衛生掩埋處理。

1. 衛生掩埋方式

有害化學廢棄物衛生掩埋方式（圖 11-3）是將廢棄物放置於特殊之地質條件，如低透水性，不具裂隙，地下水面以上之岩層上，並設置場址不透水的塑性黏土襯壁，防止滲漏；以及具有收集滲漏水、氣體之排水、排氣導管，以輸送到廢水處理廠或排氣利用，並防止環境汙染。此外場址亦設有監測井系統預防汙染地下水，故掩埋場址的多重屏障的設施觀念雖不可能全然保證，但仍可使環境危害降至最低。

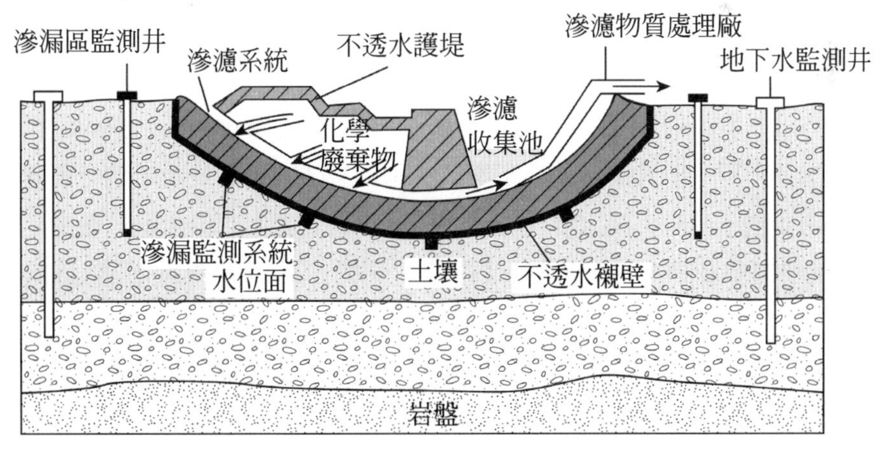

圖 11-3　有害化學廢棄物質的掩埋場設置圖

2. 危害性化學廢棄物的焚化

藉由高溫燃燒有害性廢棄物以銷毀毒性物質及減量之方法，此法在焚化過程產生灰燼之後再以掩埋處理（圖 11-4）。顯示高溫焚化系統的流程。首先將不論液態、固態或汙染等廢料進入具旋轉與燃燒功能的旋轉爐，在焚化過程中收集產生的灰燼，置於水槽中，而遺留的氣體物質則移入二級燃燒系統，且一再重複此過程；其餘剩留之氣體及微粒則經由滌氣清潔系統清除微粒及酸性成分。二氧化碳、水分及空氣則自煙道排放。另外在不同燃燒過程中產生的灰粒及廢水則再經處理或掩埋。對於特殊毒性的廢棄物，依其性質、成分、燃燒溫度而有不同的焚化方法。

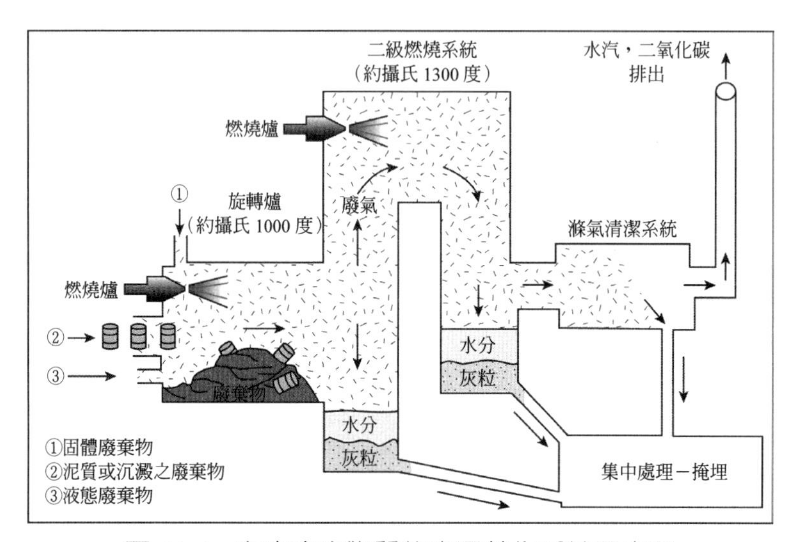

圖 11-4　有害廢棄物質的高溫焚化系統示意圖

3. 深井注入法

另一方法是有害廢棄物的深井注入法，此法是將廢棄物注入到深約數百到數千公尺的地下滲透地層，但其上層須為不滲透、不具裂隙的頁岩或鹽岩地層覆蓋之，故注入地下的廢棄物不致汙染淡水層。深井注入法也有其考慮的優劣點，優點是注入到地下深處，節省體積空間，不像地表掩埋占較大空間，但必須選擇地下適合的地質條件，如注入層須位在淡水循環層之下，需有不透水或低滲透性的覆蓋層，如頁岩、鹽岩層以及注入層本身需有足夠的孔隙、滲透性與厚度足以將廢棄物注入深井，通常選擇砂岩或具裂隙的石灰岩層為注井層。另外不利因素是注井的地層多為具有孔隙的地層，其多已有液體，尤其深處是鹹水或滷水層，易產生地層內壓的問題。另外，在油井處注入亦可造成油汙染地下水，以及因注入深井產生的內壓可能發生地震或地動。

最重要的問題是深井的監測，隨時掌握注入廢棄物的移動流向狀況，並在淺井及深井均需監測。淺井監測在於了解是否汙染到淡水層；深井監測在於了解廢棄物汙染的移動情形。尤其注入在廢棄的油井處更須注意此項問題。

4. 海洋傾倒

地球表面約 70% 爲海洋，一向被認爲是廣大的處置場，在過去拋棄在海洋中的廢棄物包括有：

(1) 來自工業及都市棄置的泥砂、石塊、固體廢棄物。

(2) 來自工業的酸液、紙張、煉製廠廢料，及其伴生的液體汙泥廢料等。

(3) 來自營建及毀壞廢棄的碎屑物，如塑膠、鐵滓、磚瓦、汙泥等物質。

(4) 其他如垃圾、爆炸物、捨棄的固態廢棄物。

(5) 放射性廢棄物。

目前美國及其他發展中的國家大都禁止海洋傾倒且有放射性、化學性、生物性溶劑等廢棄物。環保單位禁止傾倒的廢棄物且影響海洋生態者包括惰性漂浮或懸浮物質不易下沉海底；含有汞、鎘等稀有元素及其他化合物；氯、氟、碘等化合物的有機鹵素等成分物質以及汙染海洋的原油、燃料油、油滑油等。

海洋廢棄物傾倒可造成海洋汙染的大問題，危害到海洋環境及人類居住處之健康問題。海洋汙染及海岸生命的環境影響包括：

(1) 因毒性汙染而造成海洋生物體的死亡或停止生長。

(2) 因廢棄物有機質分解而導致海洋生物所需的溶氧量反而減少。

(3) 因廢棄物而在淺海河口、海灣處造成過多藻類的繁殖，造成氧的消耗，並讓水中生物類死亡，汙染海岸地區。

(4) 因海洋的廢棄物而改變海洋生物的棲息地。

另外，海洋汙染對社會大眾的影響如下：

(1) 藉海洋生物體傳遞毒性元素至人體，造成疾病或危害健康。

(2) 海灘、港彎因廢棄物、油類汙染而造成不利的視覺景觀。

(3) 因汙染而造成漁業的經濟損失及清洗海岸汙染的費用。

(4) 因汙染而關閉海岸的娛樂休閒行業。

5. 早期廢棄物處理方式

(1) 將廢棄物傾倒處置在地表 15 到 20 公分土壤表層，以藉由土壤中的菌類、黴類等微生物來分解廢棄物之方法，因爲放置於表層，對於場址及其鄰近的水汙染監測極爲重要。

(2) 地表窪地傾倒，此方法是依地表地形開挖成一窪地或窪穴，並舖以塑膠襯壁及設有通氣孔設備來處理有害液體廢棄物。因易於滲漏造成土壤及地下水汙染，且自地表窪地蒸發的成分亦易產生空氣汙染等問題。

6. 廢棄物處置的其他方式

前述的衛生掩埋、地表窪地傾倒、深井注入等幾項廢棄物處置方法，雖小心防護，仍可能會因掩埋場的襯壁、深井的導管及收集氣井等之滲漏而導致地表、地下水、土壤的汙染而影響到人類及其他生物圈。

以下是因廢棄物掩埋處置可能造成汙染的途徑，其包含：①不當的掩埋場設計程序可造成滲漏而汙染地表水、地下水；②在未設置襯壁的掩埋場可導致滲漏、逕流、漏氣等汙染；③滲漏水可從廢棄物滲透到土壤層；④深井注入之導管及其他設備仍可能滲漏；⑤自掩埋場址的桶裝廢棄物中滲漏汙染。

鑑於掩埋處置法可藉由上述多項途徑發生環境汙染，因此在處置廢棄物亦可考慮使用其他替代方案解決問題，如資源減量法、資源回收法、及物理化學處理法等。

(1) 資源減量法是藉由製造或其他處理過程將有害廢棄物減量。例如以化學製程、設備、原料等方式之改變而降低毒性物質的產生及減少廢棄物數量。
(2) 資源回收及再生法是有害化學廢棄物中的物質可以回收使用，例如在製造過程中利用酸及其他溶劑收集除法汙染物質，而這些物質可再被利用。
(3) 物理化學處理法是有害化學廢棄物可藉由不同的處理過程改變廢棄物的物理、化學成分，而降低其毒性或危害性。例如使用中和法、重金屬沉澱法或氧化法而破壞有害化學成分，當然焚化也是處理的另一項方法。

以上三種替代方案的優點是：①達到廢棄物減量，以減少掩埋場空間數量；②因使用廢棄物處理方法而降低毒性，以減少掩埋場的問題；③有用的化學物質或成分可回收再利用。

二、放射性廢料處置之地質環境

（一）簡介

放射性廢料包括了放射性同位素廢料及核廢料兩類。前者是由一般醫療、農業、工業及研究使用放射性同位素而產生；後者則來自核燃料循環，其數量占 99% 以上。所謂核燃料循環是指核能電廠所使用的核燃料，由鈾礦開採直到廢料最終隔離處置為止的整個循環過程，其包括了鈾礦開採、鈾的濃縮、核燃料的製造、核分裂發電、用過核燃料的再處理等，整個循環的過程中，均會產生核廢料（圖 11-5）。

（二）放射性廢料的分類

放射性廢料依其放射性強度和半衰期長短，可分類爲：

1. 低強度或低階放射性廢料（low-level waste）－指運轉及處理過程中的放射性殘留物、溶液等固液體廢料，種類包括核電廠運轉期間受感染的衣物、舊品、工具等，其特性爲放射性低、半衰期短。

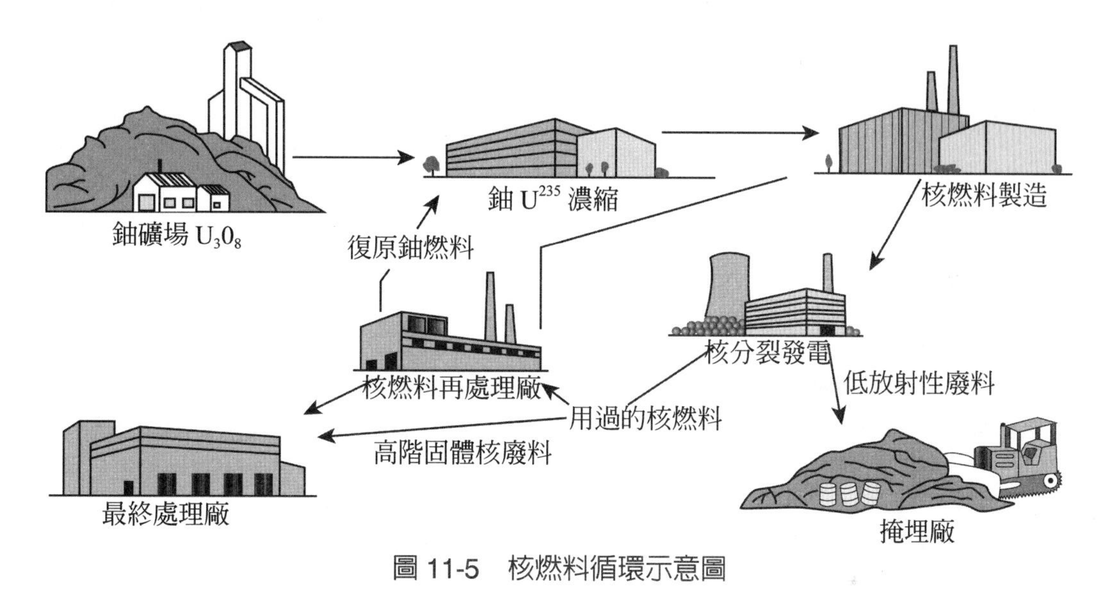

圖 11-5　核燃料循環示意圖

2. 高強度或高階放射性廢料（high-level waste）－指來自核能反應爐產生的大量超鈾元素、核分裂產物，其特性爲濃度高、放射性高、半衰期長、衰變熱高。
3. 用過核燃料（spent fuel）－指鈾、鏻、超鈾元素、分裂產物，其特性也爲濃度高、放射性高、半衰期長、衰變熱高。
4. 拆廠廢料（decommission waste）－指反應爐周邊的結構物、機件、設備等，其特性是成分複雜，視同運轉廢料處理。

基本上，依廢料處置方式，放射性廢料常分類爲兩大類群，即低強度或低階放射性廢料及高強度或高階放射性廢料。此外，因開採鈾礦而產生的尾礦砂多在礦場依照尾礦處理方式處置。

（三）放射性廢料的處置方式

核能發電所產生的高放射性廢料因爲半衰期很長，所以如何在這麼長遠的時間內，將與人類隔絕，使其不威脅到人類生命。故廢料的處置原則係以隔絕或封閉在生物圈之外爲基礎。低強度廢料之最終處理有淺地陸埋和投海棄置兩種方式，後者已因1983年倫敦公約之限制而暫停。至於用過核燃料及高強度廢料之最終處置方案，曾提出主要考慮的包括有：太空處理法、海床處置法、冰層處置法、深井處置法及深層地質處置法等，其中以深層地質處置法被公認最爲可行。

1. 太空處置法

將封閉好的放射性廢料，利用太空梭運送到地球周圍的軌道，再用小型火箭將其棄置於外太空中。

2. 海床處置法

將放射性廢料放置在板塊隱沒帶的海溝內，隨隱沒板塊下沉到地殼深部去。在海溝的環境內，溫度相當冷，地溫梯度也是最低之處，因此對於廢料的溶解作用或包裝筒的腐蝕作用也是最小。現在國際上已禁止在海床上棄置廢料。

3. 冰層處理法

將放射性廢料棄置在極地的巨厚冰層上，由於廢料的餘熱使冰層溶化，而漸漸的沉入冰層內。估計一天可下沉 1 至 2 公尺，5 至 10 年即可抵達 4,000 公尺下的岩盤。

4. 深井處置法

將液態的放射性廢料灌注到地下深處，被不透水層包圍住的透水層內。

5. 地質處置法

將放射性廢料儲存在地下深處的穩定岩層內，並加以封閉。廢料中之某些核種的半衰期雖然長，但是與地質時間相較之下，則又顯得相當短。地質處置法可以將放射性廢料隔絕在地下，於其衰變到放射性強度不危及生物之前，不會游移到生物圈之內。此法是目前處置廢料最實際、最安全的方法。用過核燃料等高放射性廢料的處置即依循這個觀念在進行研究。

深層地質處置法的理念（圖 11-6）是藉多重障壁系統將放射性廢料置於地下數百甚至上千公尺深處，以工程障壁，其包括廢料固化體、廢料桶、覆襯土、處置場之工程結構以及自然障壁；即以岩層的隔離與吸附作用等來阻滯放射性核種的游移，使得核種的放射性在未達到人類可接觸環境之前，即已衰變至可接受的程度。其中的自然障壁是整個系統中時效延續最長的單元；對用過核燃料及高強度廢料而言，岩層必須在重要的地質條件下隔離或至少延滯放射性核種的遷移達十萬年之久；因此，尋找地質條件適合之場址乃成爲深層地層處置法之先決工作。

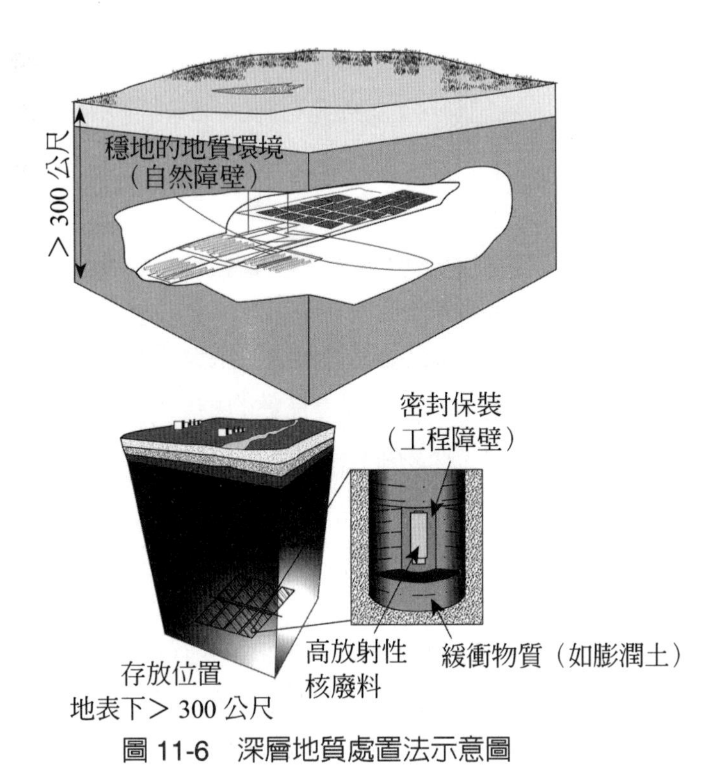

圖 11-6　深層地質處置法示意圖

然而高、低放射性廢料因其放射性強度和半衰期長短之不同而處置的方式亦有所不同；低放射性廢料處置於淺層，而高放射性廢料則多採用深層方式，既使高、低放射性廢料之處置不同，但均需考慮影響人類生存周遭的安全與衛生，即必須了解放射性廢料與地質環境之間的關係。

（四）低放射性廢料處置

低放射性廢料占放射性廢料的比例較少，其包括的廢料項目廣泛，如化學處理過程的殘留物及溶液，核能廠的固體、液體廢棄物，殘留汙泥、酸液以及汙染設備的工具、塑膠類、玻璃質、木材等其他物質。在運送到放射性廢料處置場之前，液體廢棄物需固化、桶裝處理。低放射性廢料雖不發生太多的熱，但必須隔離環境約 500 年以至達到放射性穩定而不產生環境危害。低放射性廢料可藉有效的控制及場址的監測以達安全處理，但最重要是水文和地質，因其爲阻止放射性核種遷移的必要條件。各國對於放射性廢料均訂定多項規範，採用多種屏障方式處理廢料，以降低處置場放射性核種的遷移。

不論高、低放射性廢料，一般的處理程序依其氣、液、固體種類的差異有所不同的處理過程。固體廢料經壓縮、脫水及與水泥攪拌固化後，並密封裝桶，運往貯存場暫存或送往最終處置場。液體廢料則經蒸餾濃縮，滯留觀察，並在監測下排放或與水泥攪拌固化、裝桶運往貯存場。氣體廢料經由活性碳吸附、滯留觀察，並在監測下排放。

理想中的低放射性廢料處置場址的地質條件是（圖 11-7）：

1. 低降雨量：即表示低的地表滲透率，且產生較少量的滲透水。
2. 深的地下水位面：地下水位面距離場址愈深，則滲透水到達地下水的時間愈久。
3. 中度的土壤水力傳導係數：高水力傳導係數的場址可使流體的滲透傳導速率快；而低水力傳導係數的場址易使場址積水；因此中度的土壤水力傳導係數場址為最理想之處。
4. 移動速率緩慢的地下水：地下水的緩慢移動速率可使汙染物傳遞到其他處所的時間滯留拖長。
5. 高吸附性離子交換率：使放射性分子易被吸附的地質環境。
6. 均質性地質：均質的地質易掌握汙染的遷移動向；而複雜的地質，如斷層、褶皺等不連續面易使廢棄汙染物遷移。
7. 地形及土壤的侵蝕最小：減少廢棄物受到侵蝕的地質環境。
8. 少有資源探勘開發之處：廢棄物須隔離環境數百年，故不利於資源探勘開發之處。
9. 未有地表水體之處：為減少地表水體之汙染。
10. 少有斷層或火山活動之處：場址近斷層或火山活動之處易造成放射性廢棄物的危害。
11. 適合的緩衝地帶：具有緩衝帶的場址可有充裕時間使放射性衰變而成穩定，以致增加安全性。

（五）高放射性廢料處置

高放射性廢料是來自核能反應爐而產生大量核分裂產物的毒性汙染。用過核燃料需經再處理後棄置處理。因此現今的高放射性廢料處理多經過移去、運搬、儲存及掩埋等處置過程。

來自核能反應爐的有害放射性物質包括有氪－ 85（半衰期 10 年）、鍶－ 90（半衰期 28 年）、銫－ 137（半衰期 30 年）等分裂產物，半衰期是指該元素放射性衰變度為原先的一半時間。

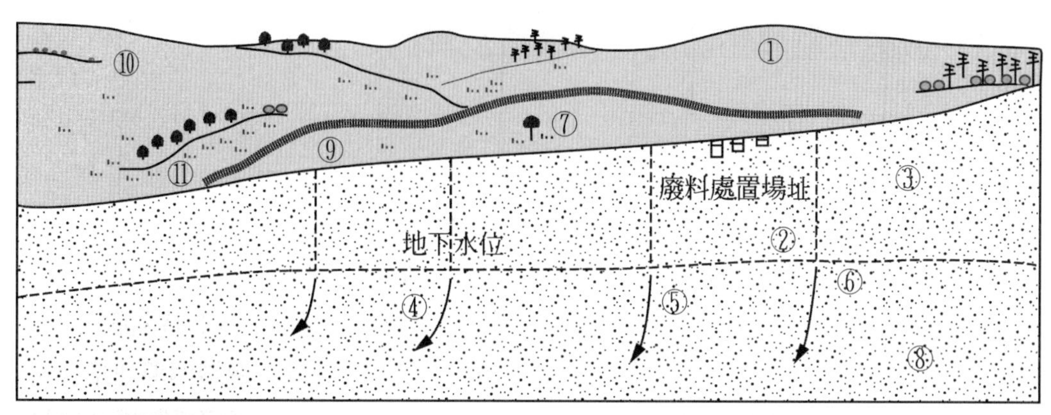

說明：①低降雨量　　　　　　　　　⑦地形及土壤的侵蝕最小
　　　②深的地下水位面　　　　　　⑧少有資源探勘開發之處
　　　③中度的土壤水力傳導係數　　⑨未有地表水體之處
　　　④移動速率緩慢的地下水　　　⑩少有斷層或火山活動之處
　　　⑤高吸附性離子交換率　　　　⑪適合的緩衝地帶
　　　⑥均質性地質

圖 11-7　理想中的低放射性廢料處置場址的地質條件

一般認爲放射性物質要超過 10 個半衰期才能達到不危害人類健康。因此這些分裂產物需要在生物圈中有數百年的封閉時間。另外反應爐亦可產生少量的鈽－239（半衰期 24000 年），而鈽及其分裂產物須隔離生物圈至少 25 萬年，因此深層地質處置爲一解決問題的方式。

高放射性廢料的處置雖有多項方法，但現階段可行的方法仍以地質處置法爲首選，其主要目的包括：

1. 查證地殼穩定區及地下水流動緩慢，並長時間才可到達地表。
2. 詳細探勘了解場址的地質和水文特性。
3. 可預測了解場址的氣候、地下水系統、侵蝕及構造運動，以有利長期的安全穩定性。
4. 對於不同預測場址項目的變化可進行評估風險。
5. 依政治因素考量是否符合社會需求接受。

例如美國選擇 Yucca Mountain 作爲高放射性廢料場址之有利原因爲：①乾燥氣候可限制水體流動；②熔結凝灰岩的母岩性質可對放射性物質具有高吸附能力；以及③地下水位面位在場址較深的距離。

（六）放射性廢料影響的地質環境及其他

因核能發電或其他而產生之廢料不論它是淺埋或深埋處理方式均仍然會使民眾感到安全上的疑慮。民眾會對放射性或輻射的名詞而感到害怕，深怕輻射會對身體健康產生影響；此外，對大自然環境上也有間接的影響，例如：

1. 低放射性廢料處置在淺層會對地表土壤產生汙染，以至於由廢料所釋放出的核種是否會傳送到土壤中，致使土壤受到汙染而無法種植。
2. 地表水可以溶解、遷移核種，因而核種有可能被攜帶至地表或地下水中，汙染到地下水層，使地下水無法飲用。
3. 不論淺層或深層，放射性廢料之處置場址若在斷層帶上，尤其是活動斷層，或火山地帶，或是地下有高熱源之地區均會有廢料處置安全的危險性。
4. 淺埋的廢料若置於易受颱風侵襲地區或該地氣候異常區以及降雨量較大之地區也會產生影響。
5. 放射性廢料之處置希望不要太接近地下含水層。
6. 高放射性廢料之處置因放置於地表之下數百公尺之處，該處若是地盤上升迅速之處都同樣會顧忌到它的安全性。

除上述自然地質、環境因素外，亦須考慮到人文及社經因素，如人為開礦、高度土地利用開發之處、自然保育地、水資源開發、風景景觀之處、人口密度高以及社經發展程度較高之地區等，都可能會因釋出放射性廢料核種而感受到心理或其他危害，因此，一個處置場的選擇就必須考慮到上述自然條件及社經環境因素。

（七）放射性廢料場址之地質與環境評估因素

為了使核廢料能獲致長期且安全之最終處置，參考國內外現有之各種核能法規及場址準則，提出的放射性廢料處置場選址評估的因素說明如下。場址準則或評估因素共分為場址形界、場址地質、水文地質、放射性核種遷移、構造或地震、人類擾動、天然資源、地表特徵、氣候、交通、環境影響、以及社經因素等十二項因素。雖然尚難認定有無場址可以滿足全部準則或因素之要求，但依此來衡量較合適的母岩、地質及人文環境以設立處置場，並配合工程障壁的功能，使得放射性廢料能獲致最安全且有效的圍阻與隔離，將是必要的程序。

1. 場址形界

(1) 處置場應設於合理的深度下。對於該區及其附近曾發生的地表作用及地下地質應予以研究鑑定，並證實將不會破壞處置場的完整。

(2) 處置場設於具有足夠厚度及側向延伸之處置母岩中。此母岩具有完整的地質障壁功能，而可能隔離放射性廢料釋出核種之量不致危害人類。

2. 場址地質

(1) 場址應位於適宜的岩層內。並應鑑定及評估其地質條件而能證實並無不利於用放射性廢料的圍阻與危及工作人員安全及隔離之事例。

(2) 場址應具有良好的地質環境。此地質環境能適應放射性廢料與處置母岩間產生的地工、化學、熱力及輻射應力等交互作用而不致影響處置系統的功能。

3. 水文地質

(1) 處置場所在母岩及周圍岩層應具有限制地下水流動之水文地質特性，以遲滯過量之放射性核種遷移至人類可接觸的環境。

(2) 處置場所在母岩及周圍岩層內之地下水應具有良好的化學性質，以使地下水與放射性廢料或處置母岩間可能發生的不利化學反應降至最低。

(3) 場址內含水層之分布及其與處置母岩間之層位關係應予確定，以使地下水資源的開發利用不致於危及處置場的完整性。

(4) 場址在置放放射性廢料之後，對於預期水文地環境的改變，確信仍然具有限制過量放射性核種釋出的能力。

(5) 處置場所在母岩及周圍岩層具有地下水狀況宜簡單而易於分析與模擬。

4. 放射性核種遷移

(1) 場址應具有阻延放射性核種之功能，以避免過量的放射性核種遷移至人類可接觸的環境。

(2) 場址的地球化學環境應使放射性廢料溶解度減至最小。且處置前的地球化學環境不宜為氧化狀態。

(3) 場址的環境應能促使放射性核種的沉澱、延滯擴散及具吸著作用；抑制能增加放射性核種移動的顆粒、膠體及錯化物的形成；或抑制放射性核種以顆粒、膠體及錯化物的型態搬運。

(4) 因受用過核燃料的熱負載而產生的礦物蝕變化作用，應不致使場址降低阻延放射性核種遷移之功能。

5. 構造與地震

(1) 場址應設在構造穩定區。對該區及其附近曾發生的各種構造變形應予鑑定分析，並確信該區構造環境不致影響處置場的完整性。

(2) 場址應設在地震少且強度低的地區。根據長期記錄顯示，該區發生之地震並無增多或增強的趨勢，若最大強度之地震再次發生，對處置場之施工、運作及圍阻功能應不致造成重大不利的影響。

(3) 場址應避免設在近期有火成活動或地溫梯度異常高的地區。

6. 人類擾動

(1) 場址應設在低度人類擾動區。該區在過去由於探勘或開採天然資源所造成之擾動對處置場圍阻與隔離放射性廢料之功能不致造成重大不利的影響。

(2) 處置場應避免設在賦存或可能賦存天然資源的地區，並應能對蓄意破壞或場外不當措施之干擾加以有效的控制，以使放射性廢料能獲致有效的圍阻與隔離。

(3) 應先取得場址之土地所有權及控制權，使得任何地面及地下的人類活動均不致對處置場造成重大不利的影響。

(4) 應加強對民眾的宣導與溝通，以使設立處置場可能遭遇的阻撓行為降至最低。

7. 天然資源

處置場應避免設在有天然資源蘊藏的地區。並應評估場址地區可能賦存天然資源之現在和未來的經濟價值及其開發技術，使開採天然資源對處置場之功能不致造成重大不利的影響。

8. 地表特徵

(1) 場址應設在地表起伏低且坡度平緩之地區。該區地表所受到之氣候變化與地質作用，應不致危及處置場的完整性。

(2) 場址所在之地面水文系統，確信對處置場之施工、運作及封閉不致造成重大不利的影響。

(3) 場址應避免設在第四紀地質時代有劇烈侵蝕的地區。

9. 氣候

(1) 對預期氣候循環而導致地表及水文系統之改變，確信不致於破壞處置場之圍阻與隔離功能。

(2) 因異常氣候所導致之災變，確信對處置場之施工、運作及圍阻功能不致造成重大不利的影響。

10. 交通
    (1) 場址應考慮交通運輸安全及經濟合理性。
    (2) 場址在選址、建造、運作、封閉及除役期間，交通運輸不應造成社經及環境的嚴重負面影響。

11. 環境影響
    (1) 場址的設置規劃，應考慮避免造成對環境的不利影響，並應對空氣、水、土地使用及環境生態體系之平衡妥加考慮。
    (2) 場址應避免設於國家公園、自然生態保育區等處，並應保留史前遺址及歷史古蹟。
    (3) 場址的設置規劃，應考慮場址周圍的工業、運輸及軍事設施所產生的不利環境影響。
    (4) 場址營運後附近居民所接受的輻射量應符合該國原子能單位訂定的安全標準。

12. 社經因素
    (1) 場址應設於對社會及經濟發展不致造成嚴重不利影響之地區。
    (2) 場址應設於低人口密度區，並應合理的抑低民眾所接受的輻射劑量。

習題評量

1. 試述放射性廢料處置場址評選之地質與環境評估條件。
2. 試述衛生掩埋場址評選之地質條件。
3. 說明衛生掩埋場址的規劃設計如何。
4. 討論低放射性廢料與高放射性廢料之處置有何不同。

第十二章　全球環境變遷

一、簡介

已知全球的環境變遷超過有百年，在 4.6 億的地球生命中地質環境與氣候環境的變遷已很明顯在增進中，但大都怪罪於人類的活動，其中最關切的問題即是大氣中二氧化碳的增加，其可導致全球暖化和臭氧層的減少，而危害到人類的健康。

若從太空看地球，可視爲一項系統，其包括陸地、海洋、大氣、生物之間的維續關係，以及它們之間對地球生命的物理、化學和生物間的交互關係，即所謂的岩石圈、大氣圈、水圈、生物圈之間的密切關係。

爲了解地球環境的改變，應注意到地球系統科學及其變遷，大氣能量的平衡，氣候變化，大氣中二氧化碳和溫室效應，臭氧層以及空氣中懸浮微粒等問題（圖 12-1）。即說明地球科學系統和全球變遷之間的主要研究方向和領域。

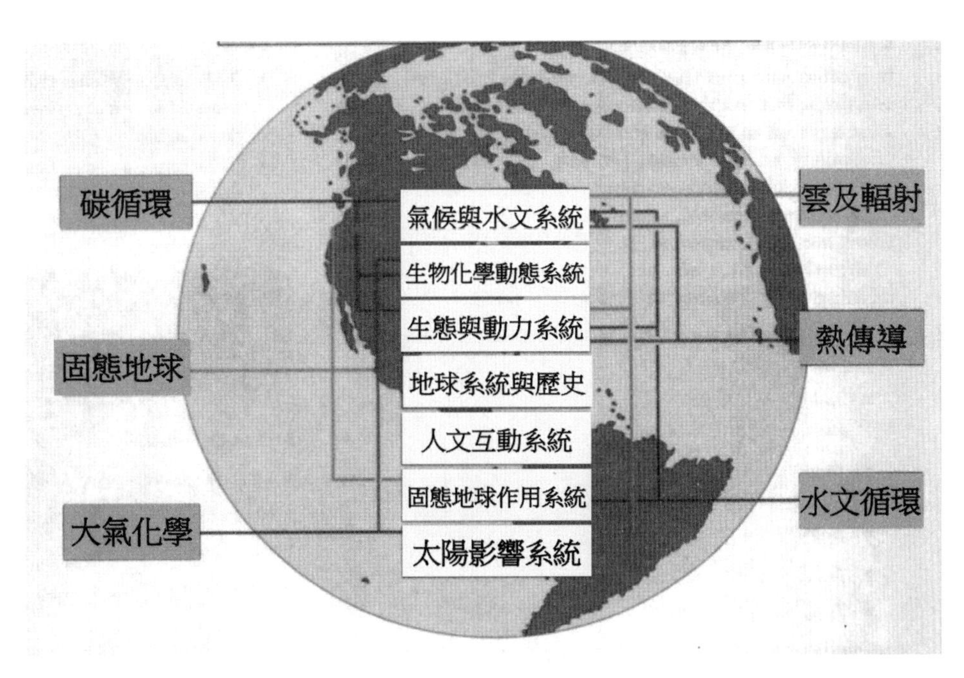

圖 12-1　地球科學系統與全球環境變遷之間的主要研究領域

全球環境變遷究竟係因人爲因素或自然因素造成的應予以釐清。因此地球的環境變遷可以分爲百年、千年內的變遷：或上萬年甚至百萬年的變遷。故地球系統科學的主要研究方向領域爲：

1. 建立全球監測系統，以了解地球在時間空間上的物理、化學、生物等之作用與影響。
2. 收集全球變遷資訊，尤其對人類在時間上的變遷。
3. 發展量化的模式，用以預測未來全球環境的變化。
4. 建立重要的資訊，以決策國家或全球區域性的全球變化準則。

二、全球環境變遷的地質證據

在氾濫平原、湖泊、冰川或海洋中沉積物的有機物質之定年可提供地層時序或地質年代，並藉由有機物質了解過去的氣候變化。研究海洋沉積物可劃分出百萬年海洋盆地中海水溫度和生物、化學的變化。海洋沉積物也可協助得知過去第四紀百萬年期間的陸地、冰川的氣候變遷。也可由河川沉積物有機質中碳 14 同位素測定獲得過去高水位氾濫的年代情況。

湖泊和氾濫平原沉積物中碳 14 同位素方法亦可獲知過去植生的變遷，因而了解過去的氣候，甚至全球地質變化。從冰川中也可知道過去地質的記錄變遷。藉由冰川捕獲的氣泡分析當初結冰時之二氧化碳濃度，以進一步了解過去的氣候。另外由樹木年輪的成長化石，可獲知過去該地區的地質歷史，甚至提供水文和氣候情況。

研究海洋、湖、河流、地下水體中流動的水可獲知陸地和水體系統之間的關連性。可推測某處含水層水的滯留或流動遷移情形，並進一步可由地下水的水化學了解過去 2 萬年的平均年溫度，此方法係利用放射性同位素追蹤劑了解水的移動變遷情形，甚至古氣候。

三、地球的大氣、能量平衡和氣候變遷

研究全球變遷需先了解對於大氣的變化，因大氣圈、岩石圈、水圈和生物圈之間均有密切的相關性。其次需認識地球能量和太陽幅射，因這些有助於了解伴隨大氣的地球作用與環境問題，如溫室效應及臭氧層等。

（一）大氣

大氣可視爲一複雜的化學反應工廠，許多發生的反應係受太陽光和生命的化合物影響，例如，人類呼吸的空氣係由78%氮氣（N_2），21%氧氣（O_2），0.9%氬氣（Ar），0.03%二氧化碳（CO_2），及0.07%其他的稀有元素，以及其他化合物，如甲烷、臭氧、一氧化碳、氧化氮、硫、硫化氫、碳氫及不同的微粒組成。在大氣圈的成分中，以水汽（H_2O）變化最大，其在對流層（指大氣中約10公里高度）占體積0～4%。

（二）太陽輻射和地球能量平衡

地球可視為太陽能量系統之一部分，地球自太陽接受能量，在其輻射回太空之前，其能量影響大氣、海洋、陸地與生命。地球能量平衡係指不同型態能量的進出平衡關係。雖然，地球可攔截太陽輻射能量的極少部分，但卻是維持地球生命的主要因素，也是地表驅動的作用原因，如水文循環、海浪、空氣流動等。來自地球內部不到1%的地熱能量可導致岩石圈的板塊作用而產生地震、火山。

（三）氣候變遷（Climate Change）

氣候變遷是指氣候在一段時間內的波動變化，一段時間也可能是幾十年或幾百萬年，波動範圍可以是區域性或全球性的平均氣象指數的變化。目前對氣候變遷討論最多的是人為因素對氣候的影響，尤其是關於全球暖化問題。

地球主要的能源是來自太陽的輻射，太陽輻射的波長幾乎全部為短波輻射。太陽輻射經過大氣層，受吸收、透射和反射3個過程。吸收輻射的主要大氣成分為平流層中的氧原子和臭氧吸收紫外線，水汽及二氧化碳吸收近紅外線的波段；透射乃由氣體分子及極小的固體或液體粒子所引起；反射則由大顆粒及雲層表面所產生，雲層的反射率極高。

太陽輻射抵達地面以後，部分被地面反射，淡色的地面反射率較高，深色較低；地面各種不同物質，如雪、草原、作物、沙漠，雲層等之反射率均不同。各種地面的反射率見表12-1。未反射的輻射被地面吸收後，自地面發射長波輻射，部分地面長波輻射被大氣所吸收，大氣及雲層吸收地面長波輻射後，一部分向下再輻射至地面，另一部分向上輻射至太空。就全部平均而言，大氣約吸收16%的太陽輻射，但吸收70%以上的長波輻射。

現在地球平均溫度約為14℃，若無大氣的保溫功能則必降低33℃成－19℃，此即所謂「溫室效應」。若地球反射率為30%，可以使地球溫度改變0.6℃。現在地球反射率約為35%，平均溫度為14℃；但若反射率降至30%，溫度將增至23℃；反射率升至45%，則溫度降至6℃。

表 12-1　地面反射率（張鏡湖，2002）

地面	新雪	舊雪	海冰	乾季草原	雨季草原	落葉林	針葉林	作物	沙漠	深色土壤	積雲	層雲	卷雲
反射率（%）	70~90	40~70	30~40	25~30	15~20	10~20	5~15	15~25	25~30	5~15	70~90	60~85	45~50

任何影響太陽短波輻射和大氣及地面長波輻射的因子都會引起氣候變遷。各種因子可歸納爲 3 大類：①天文因子：地球橢圓軌道的偏心率、黃道的傾斜度變化、歲差以及太陽黑子活動；②大氣成分：火山爆發之噴發物、雲層和各種溫室氣體含量；③地面情形：造山運動、冰雪面積、地面反射率、陸地分布與形狀、洋流與海水鹽分。除上述因子外，大氣和海洋週期性的自動變異可以產生短期的變化，聖嬰現象即爲一例。

四、全球環境變遷

全球環境變遷係由氣候變遷或環境變遷引發地質環境的改變，甚至造成不利的環境危害或災害。其發生原因可能是自然氣候變遷引起，也可能是都市及工商業發展下的環境變化，不論是何種因素均可能造成地質環境的變化，而影響或威脅到人類的生存環境。

以下僅將導致全球環境變遷較爲關切的議題，就造成之現象原因、環境影響或危害性分別介紹，其包括全球暖化、溫室效應、臭氧層、熱島效應、沙漠化、土壤鹽化、土壤或土地退化、沙塵暴、酸雨、懸浮微粒或灰塵等環境現象。

（一）全球暖化（Global Warming）

全球暖化指的是在一段時間中，地球的大氣和海洋因溫室效應而造成溫度上升的氣候變化現象，而其所造成的效應稱之爲全球暖化效應。

全球變遷乃指全球環境之變遷，包括氣候變遷、地質環境變遷、海陸生物生產力的變化、大氣化學的變化、水資源變化及生態系統變化，其可以自然或人爲因素造成，也將影響地球涵育生命之能力。當 18 世紀末時，人類所面臨的最大問題是經濟成長超過人口成長，人類生活水準提高，其代價卻是造成地球環境之破壞，而使氣候系統瀕臨巨變。

在夏威夷觀測到的大氣 CO_2 含量由 1958 年的 315ppm（百萬分之一）增加至 2007 年的 380ppm，每年漲幅大於 1ppm，上升趨勢有增無減。根據估計，工業革命前爲 280ppm，而 1.8 萬年前一次冰河期爲 200ppm。由於工業革命後大量使用化石燃料，釋放出許多 CO_2 及其他溫室氣體，使地表溫度上升，已造成地球暖化現象。長期百年溫度資料顯示，全球均溫至今上升 0.6℃。其他警訊尙包括南北極平流層臭氧（O_3）下降，全球森林面積減少，海平面在過去 200 年上升 15 公分等。如水、大氣、海洋、森林、生物等都出現驚人的變化，顯示人類活動已成爲干擾、改變地球系統的一種力量。

爲了解人類活動對氣候變化之影響，以及針對全球氣溫不斷上升的現象，科學家認爲這是自工業革命以來，人類製造的各種溫室氣體，如二氧化碳、甲烷等愈來愈多，增強了溫室效應所致，因此全球氣溫暖化將是一個長期的趨勢。此外，科學家根據南北極區冰柱中的空氣樣本，測得近 2 世紀以來空氣中二氧化碳的濃度增加了 17%，近百年來的大氣溫度則上升了 0.6℃，顯示其間有極密切的關係。

1850 至 2005 年間全球年平均陸表氣溫之長期變化趨勢（圖 12-2）顯示，陸表氣溫有上升之趨勢，氣溫上升速率約爲 0.65℃／百年；若以最近 20 年氣溫上升趨勢來看，其上升速率約爲 2.0℃／百年，顯示氣溫暖化現象正逐漸加劇當中，值得人類正視此一問題。此外，全球暖化現象也在最高溫度和最低溫度，顯示不尋常的特徵。

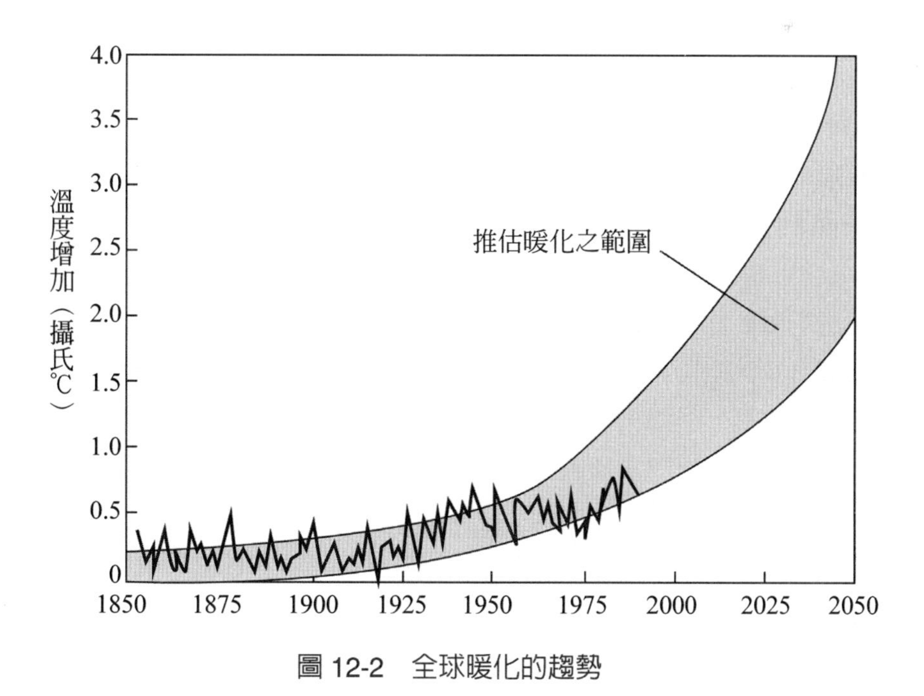

圖 12-2　全球暖化的趨勢

1850 至 2005 年間最高溫度、最低溫度以及日夜溫差之變化趨勢發現，最高溫度上升速率約為 0.5℃ / 百年，低於最低溫度上升速率 0.75℃ / 百年，亦在全球暖化過程中，夜間氣溫上升速率大於白天氣溫上升速率。由於夜間氣溫下降主要靠外逸長波輻射降溫，顯示夜間溫度上升趨勢較大，可能為夜間雲量增多，減少外逸長波輻射所致。全球暖化過程中不僅氣溫上升，也會改變區域雲量，進而改變大氣輻射平衡，甚至是降水。

海面溫度一般指海面下數公尺，海洋次表層的溫度，代表海洋面熱力狀態。1850-2005 年間全球海面溫度變化趨勢和陸表氣溫類似，海面溫度在 20 世紀以後有顯著上升趨勢；其中 1940 年代海溫出現峰值可能與 1940 年代多次聖嬰出現有關。1998 年為全球海溫最暖年分，最高海溫前五名皆發生在 1995 年之後，顯示聖嬰現象對全球暖化具有加成效果。

1850 至 2005 年間全球地表氣溫（包含陸表和海表氣溫）之長期變化趨勢顯示，過去 150 年地表氣溫是以 0.045±0.012℃ /10 年之速率上升；過去 100 年地表氣溫是以 0.074±0.018℃ /10 年之速率上升；過去 50 年地表氣溫是以 0.128±0.026℃ /10 年之速率上升；過去 25 年地表氣溫是以 0.177±0.052℃ /10 年之速率上升，顯示全球氣溫暖化現象正持續惡化之中。此外，氣溫暖化並非全球均勻分布。1850 至 2005 年間地表和對流層大氣增暖幅度之分布來看，北半球增暖幅度大於南半球，高緯度地區增暖幅度高於低緯度地區；從海陸分布來看，陸表氣溫上升幅度高於海表氣溫，顯示自然地理、人類活動、大氣環流等都是造成全球各地暖化程度不一之因素。

全球暖化可能造成以下的環境影響或危害：

1. 海洋溫度升高，海水體積膨脹，南極和格陵蘭的大陸冰川也會加速融化後退，導致海平面上升，會淹沒沿海低海拔地區。全世界有 3/4 的人口居住在離海岸線不到 500 公里的地方，陸地面積縮小會極大的影響人類居住環境。河、海堤的建立可降低海平面上升的影響，保護地勢低的地區。
2. 海洋溫度升高，水蒸發加快，大量水氣被輸送進入大氣，導致局部地區短時間內降雨量突然升高，暴雨天氣導致水災、坡地滑動、土石流等頻繁的發生，位於河流沿岸的城市和河流下游地區因此受到洪水威脅，水災面積迅速擴大，水土流失問題也比過去更加嚴重。
3. 大氣溫度升高，導致熱帶傳染病向高緯擴散，而過去在低溫下難以存活的病毒隨著冬季溫度上升，有全年活動的可能。
4. 大氣溫度升高，蒸發量上升，可能讓以前植物覆蓋的半乾旱地區失去保護成為半沙漠化地區，從而導致內陸地區沙漠化加速，沙漠擴大的危險。

5. 溫度升高，危機到生物種群的繁殖和發展，整個生物多樣性會受到威脅，許多物種會加速滅絕。
6. 兩極冰山崩塌，近極地的地方溫度會迅速下降，嚴重影響當地生態系統。
7. 全球暖化使得多種流行病的流行模式發生改變，增加爆發機會。
8. 極端氣候會使農作物失收，減少糧食供應，一些地區造成嚴重的經濟損失，甚至導致饑荒，乾旱會使荒漠化範圍擴大，農地生產力下降。

（二）溫室效應（Green House Effect）

所謂溫室效應是指地球大氣層所具有的保溫機制，由於太陽輻射爲整體地球氣候系統唯一的能量來源；欲保持系統恆定，地球整體必須輻射出等量的能量以維持平衡，在此輻射平衡條件下，地表平均溫度應約爲 −18℃，比目前溫度 15℃低甚多。可見大氣之存在使地表氣溫上升 33℃，而溫室效應爲其主因之一。

溫室效應係因太陽能放出穿透力強的短波輻射，而地球在加熱後亦會放出輻射，但因溫度不高，只能以長波方式輻射。由於大氣中許多氣體專吸收長波輻射，如水汽、二氧化碳（CO_2）、甲烷（CH_4）等，因此，當太陽短波輻射到達地球大氣層時，除部分被反射及吸收外，大氣約允許 50% 的太陽輻射穿透到達地表，攔截大部分來自地表及大氣長波蝠射能量，加溫之大氣向地表輻射，使地表對流層溫度升高，於是大部分的長波輻射能量被阻擋在地表和大氣下層，維持地表的一定溫度，大氣層的這種保溫作用被稱爲溫室效應。除水汽、二氧化碳（CO_2）及甲烷（CH_4）爲重要的溫室氣體外，一氧化二氮（N_2O）、氟氯碳化物（CFCs）等也是溫室氣體。雖然大氣主要固定成分爲 78% N_2 及 21% O_2，但造成目前大氣垂直溫度分布的主因，卻是些含量極少的溫室氣體，如水汽及臭氧，而 CO_2 則使氣候變得更暖。

溫室氣體的發展可分 4 個階段：①工業革命以前，人類活動所產生的溫室氣體微乎其微；② 1850 年至 1960 年，二氧化碳爲主要溫室氣體；③ 1963 年至 1980 年，其他溫室氣體的重要性快速增加。溫室氣體增溫的效應爲二氧化碳占 55%；甲烷，15%；CFC-11 與 CFC-12，17%；其他 CFCs，7%；一氧化氮，6%。④ 1980 年以後，氟氯碳化物對臭氧層的破壞受到重視。

19 世紀工業革命後至 20 世紀末，CO_2 量增加了 30%，主要來自燃燒化石燃料、水泥製造以及土地利用。另外，CH_4、N_2O、CFC（氟氯碳化物）等亦因人口增加、經濟活動日趨活洛，而迅速增加。在燃燒煤炭的工廠中，CO_2 爲燃燒的主要產物之一，每年由燃燒所產生的 CO_2 量是相當驚人的，所產生的 CO_2 大約有一半留存在大氣中慢慢的累積起來，另一半被植物所利用或被吸附於海洋中。然二氧化碳並非大氣下層吸收能量的主要氣體，吸收能量的主要氣體爲水蒸汽。不過在同溫層中，二氧化碳及臭氧卻爲吸收能量的主要氣體。在此二層中，當 CO_2 逐漸累積時，將能吸收更多的能量，而使地球輻射更難逸入太空中。

二氧化碳含量的變化主要決定於：①礦物燃料的排放，②植物在光合作用過程中吸收的二氧化碳量，及土地利用改變後，植物生質和土壤中有機物排放的二氧化碳，③大氣與海洋之間二氧化碳的交流。

人類活動所產生的甲烷占總來源的 68%，礦物燃料和生質燃燒是最重要的甲烷來源。產生甲烷的細菌存在於潮濕缺氧的環境中，以及濕地和湖泊，其他次要的來源包括垃圾、動物糞便和家庭汙物。

一氧化二氮（N_2O）是溫室氣體，量雖不多但停留時間長，強度也高於二氧化碳和甲烷，一氧化二氮也能破壞臭氧層。一氧化二氮進入大氣層總量的 25% 來自礦物燃燒，其餘來自化學肥料、森林燒毀以及自然界海水和土壤的放射與閃電。

1938 年，人類發明氟氯碳化物，用爲冰箱和冷氣機的冷煤、精密機器的清潔溶劑、塑膠製品的發泡劑以及化妝品和滅火器的噴霧推進劑。氟氯碳化物種類甚多，其中最重要的是 CFC-11（CCl_3F）和 CFC-12（CCl_2F_2），氟氯碳化物不僅是溫室氣體，更嚴重的是會破壞臭氧層。

就因爲大氣的這一層保護，爲地球上的萬物提供了適合生命滋長的絕佳環境，然而，人類近 200 年的工業發展，大量燃燒石化能源，產生許多二氧化碳；同時又過度砍伐森林，使植物吸收 CO_2 進行光合作用的功能大爲減少；這些人爲的因素可能會加強大氣層的溫室效應。科學家相信地表溫度會因此持續上升，至 21 世紀末，全球平均氣溫可能上升 3~4℃，導致兩極冰帽融解，海平面上升，威脅到世界各地的沿海地區。

總而言之，溫室氣體的另一重要特性是它們在大氣中停留的生命期相當長，一旦逸入大氣，幾不可收回，只能透過自然過程逐漸消失，故其影響爲長期且是全球性的。縱使現在立刻停止人爲溫室氣體之排放，自工業革命後所累積者，亦將繼續發揮作用。

目前，人類活動使大氣中溫室氣體含量增加，由於燃燒化石燃料及水蒸氣、二氧化碳、甲烷、及氟氯碳化物等產生排放的氣體，導致全球表面溫度升高，加劇溫室效應，造成全球暖化。爲解決此項問題，聯合國環境規劃總署提出京都議定書公約，控制溫室氣體的排放量，防止地球的溫度上升，影響生態和環境。

（三）臭氧層（Ozone）

臭氧僅占大氣含量1億分之一，約有90%的臭氧集中在離地表20至30公里高度平流層下部的臭氧層中，爲臭氧濃度最高之區域，含量約50ppm。臭氧層具有吸收太陽光中大部分的紫外線，以屏蔽地球表面生物不受紫外線侵害之功能。

臭氧層中有三種氧的同素異形體參與循環作用：氧原子（O）、氧氣分子（O_2）和臭氧（O_3），氧氣分子在吸收低能量波長的紫外線後，被分解成兩個氧原子，每個氧原子會和氧氣分子重新組合成臭氧分子。臭氧分子會吸收高能量的紫外線波長，又會分解爲一個氧氣分子和一個氧原子，最終氧原子和臭氧分子結合形成兩個氧氣分子。由於這種反覆不斷的生成和消失，乃使臭氧含量維持在一定的均衡狀態，而平流層中臭氧的總量取決於上述光化學的過程。

游離的氯和溴原子藉催化作用，會消耗臭氧。一個氯原子會和一個臭氧分子作用，奪去其一個氧原子，形成氧化氯（ClO），使其還原爲氧氣分子，而ClO會進一步和另外一個臭氧分子作用，產生兩個氧氣分子並還原成氯原子，然後繼續和臭氧作用。這種催化作用導致臭氧的進一步消耗，直到氯原子重新回到對流層，形成其他化合物爲止，其他鹵素原子，如氟和碘也有類似的效應，但這兩種元素對臭氧的消耗沒有重要的作用。

故臭氧消耗的主要原因是氯化物和溴化物對臭氧分解的催化作用所引起的，這些鹵素主要來源於地面釋放的氟氯烴（CFC），商品名稱爲氟里昂。因爲臭氧層可以阻擋對生物有害的紫外線進入大氣層，臭氧層消耗會導致皮膚癌、白內障等疾病的增加，並造成一些海洋浮游生物品種的滅絕，所以蒙特婁議定書規定禁止生產氟氯烴等一些造成臭氧層消耗的物質。

1920年代發明了氟里昂（CFC），主要用於空調、冰箱的製冷劑，噴霧設施（香水、殺蟲劑等）分散劑以及精細電器設備的清潔劑，完全是人工合成的，並且在對流層的大氣中相當穩定，但這些物質一旦進入平流層，在紫外線的作用下就會分解釋放氯原子，成爲分解臭氧的催化劑。

科學家們注意到在赤道及其附近，全年內臭氧總含量都很少，在南北兩半球的副極地區，春季各有一極大值區。北半球臭氧總含量極大值區比南半球強，而且出現時間約比南半球早一個月。從1970年代以來，南極地區大氣臭氧含量，在每年春季及10月份前後，突然減少了30%~40%，減少區域像一個空間，稱之爲南極臭氧洞，而且臭氧洞的面積有逐漸擴大的趨勢。

形成南極臭氧洞的原因，科學家認爲是人造的氟氯烴（CFC），會釋出的氯（Cl）

及氧化氯（ClO）破壞臭氧，連同臭氧同時經大氣環流長程輸送至南極，而初春時在南極發展的冷渦流所形成的冰雲又極易將之留住，待日光照射便加速破壞臭氧的光化作用。極地上空平流層雲的作用對加速臭氧消耗有很大的影響，在極地寒冷的條件下很容易產生雲層，氯和溴需要在極地平流層中發生促使臭氧分解的催化劑作用才能破壞臭氧。雖然冬季雲層儲存了大量的化合物，沒有陽光，並沒有發生化學反應，一旦春季陽光出現，雲層中的冰融化，上述化學反應迅速發生，釋放大量的氯原子，臭氧層被破壞，到了 12 月末，極地雲層消失，平流層下層上升氣流帶去大量的臭氧分子填補破洞。因此，每年南半球 9 月春天陽光出現，臭氧開始分解，10 月初臭氧洞達最大面積，至 12 月溫度高於 −78℃後始告恢復。

南極地區春夏季上空的臭氧層，在 1990 年代九、十月份減薄 40 ～ 50%；北極上空每年的情況和南極不盡相同，最大於冬季和春季減薄 30%，在中緯度地區上空，臭氧層只是消耗而沒有形成破洞，故赤道地區臭氧層沒有明顯的消耗。

臭氧的主要功能是吸收太陽紫外線，從而改變大氣的熱狀況。臭氧層除了對生命機體有保護作用外，還對氣候產生影響，其包括直接影響大氣熱量平衡和熱交換；臭氧（O_3）含量的變化導致平流層溫度的變化，O_3 的存在可使平流層內的大氣層氣溫升高 80 ～ 90℃。又由於平流層溫度的改變，也間接影響對流層的大氣運動過程和氣候要素。太陽輻射在紫外線光譜區的改變，可能引起一系列生物效應，尤其某些敏感度高的生物會產生型態變異或受紫外線傷害。

臭氧層每減少 1%，大氣層紫外線增加 2%，紫外線對皮膚的影響易產生日炙、發炎、基因突變等情形，增加皮膚癌患者的風險及紫外線傷害眼睛引起白內障。臭氧層變薄也會使人類的免疫系統受到抑制。

但自從臭氧洞出現以後，南半球冰與海水交界地區浮游生物的光合作用量減少 12%，新陳代謝也受影響，全球浮游生物及漁產均爲減少。紫外線對植物的影響包括發育不全、株高變矮、葉面變小、種子品質惡化、出現枯斑及易於受病蟲害的侵襲，因此對煙草和蔬菜的傷害最大。

臭氧本身具有強烈的刺激性，吸入過量，刺激和損害深部呼吸道，並可損害中樞神經系統，同時刺激眼睛，使視覺敏感度和視力降低。此外，臭氧還能阻礙血液輸氧功能，造成組織缺氧，使甲狀腺功能受損、骨骼鈣化。臭氧超過一定濃度，除對人體有一定毒害外，對某些生物、植物生長也有一定危害。

聯合國環境規劃署爲保護臭氧層，於 1987 年主導簽訂蒙特婁協議書，至今已有 160 餘個締約國。蒙特婁協議決定管制海龍、氟氯碳化物、四氯化碳、三氯乙烷、氟氯烴、溴化甲烷等多種產物。簽約國家約定從 1993 年開始，逐漸停止使用氟氯烴

（CFC）作爲製冷劑，到 1999 年要在 1986 年的使用量削減 50%。在 1990 年的倫敦會議上，決定已開發國家到 2000 年，發展中國家到 2010 年，除了只有少量應用在治療哮喘時作爲吸入劑外，全面禁止使用 CFC 和滅火劑哈隆。1992 年在哥本哈根會議上，全面禁止的日期提前到 1996 年。

雖然蒙特婁公約使得氯和溴的排放量減少，工業生產的溴停止使用後 10 年即可在大氣中清除，但 CFC 的停留期太長，而且破壞臭氧層的一氧化氮和甲烷的含量仍在增加，因此世界氣候組織研究報告認爲50年內臭氧層不可能恢復到1980年的狀況。

（四）熱島現象或熱島效應（Urban Heat Island）

熱島現象、或稱熱島效應，是一個自 1960 年代開始，在世界各地大城市所發現的一個地區性氣候現象。從早上到日落以後，城市部分的氣溫都比周邊地區異常的高，並容易產生霧氣。這個現象的發現，是利用人造衛星從高空以紅外線影像發現了照片中城市地區的溫度有很明顯的差異，城市部分就好像在周邊地區的一個浮島。

空氣汙染、人爲熱的釋放和地表面性質的改變是人類活動引起都市地區氣候變化的三大原因。因此，都市的氣候特徵與郊區自然狀態下的氣候特徵有顯著的差異。都市是人類消耗能源的集中地，各種人爲熱源釋放出大量的熱量，使都市比郊區農村地區增加了許多額外的熱量。都市內人爲釋放的熱量，在美國一般已相當於地表吸收的太陽淨輻射熱的 10 ～ 15%；在歐洲一般爲地表吸收淨輻射的三分之一左右。

都市內大量的人爲熱釋放引起都市地區的局部升溫，使得都市在溫度的空間分布圖上猶如一個溫暖的島嶼，一般將這種由於都市而引起的升溫作用稱爲「熱島效應」，城市的年平均溫度一般要比郊區高 0.5~1℃。都市熱島效應造成市區與郊區之間的溫度差，可產生都市的局部對流，當大範圍的水平氣流微弱時，都市上空有強烈的上升氣流，而來自周圍地面的氣流向市區補充，地面盛行風朝向都市中心。

都市熱能量最終以熱的形式散發，因爲熱能的散發累積，將會引起都市的天氣變化，甚而可能引起全球天氣的轉變。因熱能的散發，道路與建築物對太陽照射的熱容量改變，使都市內的溫度要較都市附近郊區的溫度爲高，而能量的散發可經由水分的蒸發或將空氣直接加溫，在大都會區與郊區間產生明顯之水平溫度梯度，形成類似海陸風之局部環流，結果使都市中較郊區溫暖多雨而潮濕。

一般認爲，都市地區比郊區發生異常溫度升高的熱島效應原因如下：

①都市地區大樓和柏油的太陽光的蓄熱，②樹木和裸露地的減少，降雨滲透地面減少，進而蒸發或蒸散量的減少，③大氣汙染，大氣吸收的太陽熱的增加，④水泥、

柏油和混凝土覆蓋，地表面吸收太陽熱的增加，⑤產業活動和汽、機車空調設備等的人工廢熱，以及⑥建築物改變了風的流動。

內陸城市的熱島現象比海岸城市更顯著。一般認爲海水水溫變化少，能夠冷卻鄰近地區的空氣。位於內陸盆地內的城市因爲大氣的不良循環，特別容易受到熱島的影響。

另外，有關熱島效應導致都市和郊區氣候的差異，原因是都市地區比郊區的塵埃汙染物增多，日照時數減少，雲量增多，相對濕度較低，年平均溫度略高，年平均風速較小，及降雨量增加。

因熱島效應導致城市附近的環境，使空氣中塵埃汙染物不易擴散，加重了空氣汙染的程度，有時可使汙染物濃度增加。都市的工業、汽車和家庭廚房不斷地散發煙塵，使都市的空氣汙濁，能見度降低，使日照和太陽輻射減少。隨著空氣混濁度的增加，年日照射數和年日照百分率也逐漸減少。一般認爲，由於都市上空凝結核豐富和有上升氣流，雲量將有所增加，使年平均雲量增加，陰天日數也相對增加。

都市地表面大部分爲不透水的建築物和道路所覆蓋，降落下來的雨水迅速排走，當城市的地表有 50% 爲不透水物覆蓋時，雨水的急速流失，蒸發到空中的水氣顯著減少，使都市上空的空氣濕度下降；都市內的氣溫高於郊外，也使城市的相對濕度變小。也由於都市人爲活動、建築物、路面的熱量釋放，引發溫度的升高。

都市內的建築群是氣流的障礙物，使得地面風速大爲減弱，市區的平均風速一般比郊區空曠地區低。隨著都市的擴大和高層建築的增多，都市風速逐漸減弱。另由於都市上空凝結核豐富、有上升氣流和雲量較多，因此都市的雨量比自然狀態下的雨量有所增加。

對於熱島效應所能採取的對策方法包括有：①植樹，採用屋頂植樹、牆面植樹；②採用高反射能素材、塗料；③採用透水性、保水性鋪修，利用水份吸收熱量；④保持風的流通性，使較涼快的空氣從水體和郊外向市中心流動；⑤灑水；⑥管制飛機、汽機車的機器及建築物（如冷氣）的人工排熱；⑦分散市區人口至郊區，以減低人工排熱；⑧合理規劃城市建設，設置公園綠地或水池濕地，吸收熱量降低溫度。

（五）沙漠化（Desertification）

沙漠化指原由植物覆蓋的土地變成不毛之地的自然災害現象。沙漠多數強調土地不適合植物生長或發展農業，不過，沒有植物生長的土地由於不能蒸散分配水分，結果也可能反而導致乾燥氣候，土地無法耕種利用。造成沙漠化主因是由於自然的乾燥因素，和原本可儲水的土地經過氣候變遷或人為過度的畜牧與耕種不能蓄水，不耐風寒作物，而造成沙漠化。在乾旱、半乾旱和半潮濕地區受氣候因素及人類活動所造成的土地退化，這些地區有嚴重的自然因素限制，包括水資源的不足、植物生產量的低落和生物系統和功能的脆弱。在沙漠化的過程中，人類活動的傷害超越了土地承載力，其結果是產生類似沙漠的現象。沙漠化現象可能是自然的，自然現象的沙漠化是因為地球乾燥帶移動，所產生的氣候變化導致局部地區沙漠化。不過，今日世界各地沙漠化原因，多數歸咎於人為原因，人口急速增長，居住土地被過度耕種和牧畜，導致土地枯竭不適合耕種。

世界沙漠化地區 88% 的土地用為放牧，12% 為旱地農業或灌溉農業。沙漠化的徵象包括：土層薄、質地粗、鹽分高、土壤表土常有鈣積層、有機質和水分含量低、植被減少、動植物生產量低。估計在沙漠化嚴重的地區，生產量減少 25% 以上。1991 年，聯合國環境規劃署評估各大洲沙漠化面積，全球共有 36 億餘公頃沙漠化土地，占全球乾旱地區面積 69%。全球 9 億人口居住在沙漠化地區，亞洲沙漠化面積最大，非洲次之，亞、非兩洲共佔世界沙漠化土地 2/3（表 12-2）。

表 12-2　世界各大洲沙漠化土地面積（張鏡湖，2002）

區域	世界	非洲	亞洲	歐洲	北美洲	南美洲	大洋洲
面積（百萬公頃）	3602.17	1045.84	1341.70	94.28	295.81	428.62	395.92
占世界沙漠化面積（%）	100.00	29.0	37.2	2.6	8.2	11.9	11.0

突尼西亞在過去 100 年，沙漠化面積約 10%。西非從撒哈拉沙漠以南的半乾燥地區是經歷有史以來最長的乾旱，土壤硬化，作物枯萎，牧畜因而死亡，此為氣候惡化所引起的沙漠化；但在雨量不足之地，過度發展農牧亦為一重要原因。中東的美索不達米亞地區，今伊拉克，是世上最早發展農業的地域之一，從而發展成世上最早的文明發祥地之一；土壤本來甚為肥沃，不過由於過度的農業活動，人們不理會土地長期枯竭，更開發河段上游，採伐森林，上游土地從而不能吸收降雨，雨水流入河中造成水土流失以及洪水。

中國是世界上沙漠化最嚴重的國家，新疆東部上古時代湖面達 12,000km^2，因居民大量引水灌溉，湖水逐漸減少，至 1972 年全部乾涸，草木枯死，農莊廢棄，一片荒涼。中國沙漠化土地共 262 萬平方公里，占國土面積 27%，分布在內蒙東部、華北、東北草原地帶及新疆、甘肅及內蒙西部沙漠地帶。沙漠化造成動植物生產力的下降，優質牧草被劣等品種所替代。

防止沙漠化的對策是保持土地的濕潤，加強土地的保濕，保濕度大於乾燥度應是解決沙漠化的關鍵因素，大量的水分來源與保持應爲沙漠化逆轉的關鍵。土地的保濕最有效方法爲水分的供應和蓄水，以及耐風寒植物、樹木的種植。

水分的供應與蓄水可來自兩種方式：①自然因素：河水、湖泊的維護與地下水的維護、延伸、擴建，以保持水量；儲水耐風寒植物、樹木的栽種，以保護自然水源區域的土地與濕度。②人爲因素：地下水網管的建設，地底下的水網管不易爲乾燥的空氣使得水分散失；在地下水源處創建人工河、湖，並栽種耐風寒儲水植物、樹木以保護土壤與土壤濕度，亦可效仿綠洲逆轉法。

以下是防止沙漠化的方法：

1. 合理利用水資源。
2. 利用生物和工程措施構築防護林體系。
3. 調節農林木牧漁的關係。
4. 採取綜合措施，多途徑解決當地能源問題。
5. 控制人口增長。
6. 推廣作物的輪休制度。
7. 推進土壤保護制度。
8. 多種植樹木。
9. 加強沙漠化教育。
10. 減低人口增長壓力。

沙漠化的改善也有下列優點：

1. 土地的可用性增大，土壤獲得充分的水分、養分。
2. 大面積林地能提供林木的來源，保持林木成長率大於開發率。
3. 林木提供更多的氧氣予生物使用，並協助降低暖化現象。
4. 林木的防風保護使得部分沙漠化逆轉的地區可再興建建築物，增加土地的容積與使用率。
5. 可以有更多的建設和種植空間。

（六）土壤鹽化（Soil Salinization）

土壤鹽化常發生於氣候炎熱、乾燥，實施灌溉卻排水不良之沙漠及沿海地區等農牧業地區的現象。鹽化通常是因灌溉方式不當所造成，作物根部吸收水分但不吸收水中所含大部分的鹽類，在乾旱區域每年灌溉之水量遺留的鹽分必須有良好的排水系統才能沖洗清除。

沙漠空氣中的水分少，但水分蒸發量卻很大，當蒸發量大於降雨量和地下水下滲量時，土壤中含鹽分和鹼的地下水受蒸發作用（毛細管作用）而被引到地上，然而水中的鹽分仍存留在陸地表面或建築物內而發生結晶作用，最終可能使建築物龜裂。鹽分和鹼含有強鹼性的鈉離子，對植物生長不利，當其上升至表土時，植物便無法生長，常造成極大的農業損失。

在使用地下水灌溉的地區，若水位深度低於 1 公尺，水溶性鹽類隨土壤毛細管上升至表土；若地下水位超過 3 公尺，則鹽化極少發生。在沿海地區，地下水層淡水耗竭以後，海水入侵也會造成鹽化，耕地鹽化影響作物對水分和養分的吸收，甚至毒害作物。沿海地區，建築物及公共設施的金屬部分，會因空氣中鹽分較重而易發生鏽蝕。輸電線路的絕緣，因鹽分附著而降低絕緣能力，因此除了改用抗鹽害的種類以外，還需定期清洗。

鹽害之危害建築物、公共設施以及出土遺蹟在中國北方也為此問題所苦。中東是世界農業的起源地，早期農民利用底格里斯和幼發拉底河水灌溉，土壤鹽分乃逐漸增加，小麥無法適應，逐漸為產量較低、品質較差，後改用適應鹽土的大麥所替代。1958 年，巴基斯坦 20% 的耕地因鹽化而廢棄，1959 年政府在耕地內鑽數千個深達 70 至 100 公尺的管井抽取大量地下水沖洗鹽分。此後在印度的印度河流域亦用管井灌水方法治理鹽地。改進鹽化的另一方法是將硫酸加入鹽漬土中，使其結合成為易於沖洗的硫酸鹽。

1980 年代末，世界鹽化土壤面積共 7,600 百萬公頃，其中 69% 在亞洲，19% 在非洲；鹽化面積最多的國家依次為印度、中國、巴基斯坦、美國、前蘇聯、伊朗和埃及。世界 20% 的灌溉農地有鹽化問題，伊朗和埃及超過 30%，巴基斯坦 26%。

（七）土壤或土地退化（Soil Retrogression and Land Degradation）

土地退化是指因土壤物理和化學性質的改變，使得農、牧、林等生產力降低的過程。而土壤退化也可說是因自然環境不利因素和人為利用不當引起土壤肥力的下降，植物生長條件惡化和土壤生產力減退的過程。土壤生產力決定於土層厚度、土壤質地、礦物質和有機物的含量以及鹽化、酸化、積水、土壤壓實等因素。

土壤是重要的自然資源和生產資源，土壤的植物生產能力是衡量土壤資源質量的指標。在人類社會生產過程中，因不合理利用土壤或局部自然因素的破壞作用，常使土壤和植物生產條件惡化，土壤資源質量下降，導致土壤退化。土壤退化是土地退化的最主要形式。造成土壤退化過程以水蝕最爲重要，約占一半以上；風蝕次之，約占1/4 以上；其餘爲包括鹽化、酸化、汙染和養分損失等化學變化，以及土壤壓實、地層下陷和積水等物理變化。

根據聯合國土壤退化評估小組的研究，從 1945 年到 1990 年間，世界土壤退化的總面積爲 19 億 6,500 萬公頃，約占陸地面積 15%；其中輕度退化，但不難恢復者占總退化面積 38.1%，需要相當大的投資和技術投入才能恢復的中度退化占 46.4%，嚴重退化占 15.5%。表 12-3 所列爲世界各大洲土地退化面積。歐洲與非洲退化土地分別占其總面積 21.7% 與 21.6%，此兩洲農耕土地面積之比例亦高。土地退化之原因，就世界總面積而言，過度放牧占 34.5%，森林破壞占 29.5%，耕地管理不善占 28.1%，其他如工程建設、採礦等占 7.9%。據統計顯示世界 43% 的植物覆蓋地區有土壤退化的現象，使農田、草原和林地生產力下降 10%。

表 12-3　世界土地退化面積（百萬公頃）

區域	世界	非洲	亞洲	歐洲	中北美洲	南美洲	大洋洲
過度放牧	679 (34.5%)	243 (49.2%)	197 (26.4%)	50 (22.7%)	38 (24.0%)	68 (27.9%)	83 (80.6%)
伐林	579 (29.5%)	67 (13.6%)	298 (40.0%)	84 (38.2%)	18 (11.4%)	100 (41.0%)	12 (11.6%)
耕地管理不善	552 (28.1%)	121 (24.5%)	204 (27.3%)	64 (29.1%)	91 (57.6%)	64 (26.2%)	8 (7.8%)
其他	155 (7.9%)	63 (12.7%)	47 (6.3%)	22 (10.0%)	11 (7.0%)	12 (4.9%)	0
總面積	1,965	494	746	220	158	244	103
占土地總面積（%）	15.0	21.6	17.0	21.7	6.5	13.6	11.2

資料來源：張鏡湖，2002

（八）沙塵暴（Dust Storm）

沙塵暴（沙暴與塵暴的總稱）是一種多發生在乾旱和半乾旱地區的天氣現象，由強風颳起乾燥地表上的鬆軟沙土和塵埃形成，其導致空氣混濁，能見度變低。近幾十年來，沙塵暴的主要發生地曾經都是大草原，沙塵暴是大草原植被破壞的標誌。前蘇聯 1960 年代的沙塵暴，也是開墾大草原的結果。近十年來中國頻發的沙塵暴是中國北方草原被開墾，生態持續惡化的標誌。沙塵暴源頭曾經是草原，因爲那裡降雨量少，不能長樹。

根據觀測研究，當沙塵暴形成時，一般能搬運的沙粒直徑多在 1 公釐以下，平均直徑在 0.15 至 0.3 公釐之間；如果風速每秒 30 公尺時，粗沙（直徑 0.5 ～ 1 公釐）會飛離地面幾十公分，細沙（直徑 0.125 ～ 0.25 公釐）會飛起 2 公尺高，粉沙（直徑 0.06 ～ 0.004 公釐）可達到 1.5 公里的高度，黏粒（直徑 < 0.004 公釐）則可飛到 1.2 萬公里的高空。沙漠中各種不同型式的沙丘，依照它們的穩定堆積程度可分爲移動沙丘和不易移動之沙丘。沙塵暴發生時，移動沙丘揚起沙塵的量最大，不易移動之沙丘最小。除了沙漠、沙地之外，下列地表面也能爲沙塵暴提供沙塵物質的來源：①以石礫爲主的乾旱地區；②受風力破壞後的各種地表面；③乾涸的河床及湖盆；④由沙粒構成的風化岩石；⑤堆積在山前、溝口的洪水沖積物；⑥黃土。

自然界沙塵暴起沙的基本道理是，如果低層空氣穩定，揚沙較不易捲揚到高處；反之，如果不穩定，揚沙將有機會捲揚到高空，影響的範圍較大、較廣。因此，兩處地區風力和沙源條件相同時，那麼空氣穩定與否就對沙塵暴強度有決定性的影響。中國的西北、華北、東北以及外蒙古地區是亞洲沙漠和沙礫集中分布的地方，此地沙漠和沙地面積達 100 萬平方公里以上，開闊的沙海提供沙塵暴源源不絕的沙源。

世界上不少地區也會出現沙暴或塵暴。撒哈拉沙漠南部是沙塵暴最嚴重的區域，沙塵的主要源地在沖積平原。撒哈拉塵土含有機質呈紅色，爲歷經數萬年沙塵暴沉積而成。阿拉伯半島和蘇聯高加索山脈以及伏爾加河附近也常有沙塵暴。1950 年代，蘇聯開發西伯利亞伐林開墾，1951 至 1962 年沙塵暴頻率比 1936 至 1950 年增加 2.5 倍。

中國北方是近數十年沙塵暴頻繁增加最快的地區，500 年前每 150 年發生一次，250 年前約 8 年發生一次，100 年前 5 年發生一次，20 世紀 90 年代 1 年發生多次，2000 年發生 12 次。沙塵暴增加的自然原因爲氣候的乾暖化，人爲因素則包括砍伐森林及破壞植被、過度開發農牧，以及在山西、陝西及蒙古西部開採煤礦、翻動表土。每年春耕翻動土壤是沙塵暴最頻繁的季節。

中國沙塵暴有兩大主要發源地，一在內蒙，一在塔克拉瑪干沙漠，通常前者沙塵飛揚僅達到 3,000 公尺高度，後者可達 5,000 公尺；高度較高的沙塵暴受西風帶高空氣流的吹送可抵達 5,000 公里外的美國。中國北方的沙塵和撒哈拉不同，含有大量的鈣、磷和鐵，沉積在太平洋中可供海生物的營養，但亦含有鉛、鎂、砷等有害金屬。甘肅西部沙塵暴發生時沙塵壁高達 500 公尺，鐵路交通中斷，房屋倒塌，電桿損毀，樹木倒塌，數千人及數萬隻羊死亡，人民呼吸困難，眼睛疼痛。新疆沙塵暴，曾有將湖底乾涸後所含鎂鹽飛揚、沉積之例。中國北方最強的沙塵暴可以經韓國與日本遠達美國西岸。2002 年 4 月 8 日沙塵暴侵襲南韓，空氣含沙量達平常含量之 30 倍，能見度降低，飛機航班取消，漢城學校停課。

因此，沙塵暴可造成乾旱地區的土壤流失，失去有機質和土壤中養分，減少農業生產。此外影響交通航空，以及減低陽光照射地面，增加雲層和熱效應，且也傷及人類呼吸器官。

30 年代，美國西部大平原發生的沙塵暴，連續數年夏天乾旱酷熱，作物枯萎死亡，主要原因為農民利用農機耕犁翻土種植小麥，而且有些地區過量放牧。經過 30 年代的災害後，美國大平原農民不僅調整土地利用而且採用許多旱作方法，例如休耕、輪種、條植、殘株、覆蓋等，並大量建立防風林。

保護草原植被，改善耕作方式，或禁止開墾和其他破壞草原的行為則是防治沙塵暴的根本辦法。

（九）酸雨（Acid Rain）

另有一種空氣汙染物質，雖尚未形成全球性的汙染，但於許多地區已非常顯著，這就是酸性雨（acid rain）及雪的二氧化硫（SO_2）。燃燒化石燃料產生二氧化硫（SO_2）、二氧化氮（NO_2）及硫氮（N_2S）氣體，在大氣中轉變為硫化物或硫酸小滴。由於風力移動，某一地區所排放出的硫化物，可能被風帶到數百公里之外。大氣中的硫化物可能因降雨、重力作用或直接衝擊土地或植物上。在中北歐地區發現土地已逐漸酸化，瑞典亦發現湖泊與河川亦變得比以前更酸化。1970 年代末美國和加拿大開始受酸雨之害，於是酸雨成為一個嚴重的環境問題。

酸雨正式的名稱是為酸性沉降，可分為「濕沉降」與「乾沉降」兩大類；前者指隨有氣狀汙染物或粒狀汙染物，隨著雨、雪、霧或雹等降水形態而落到地面者；後者則是指在不下雨情況下，從空中降下來的落塵所帶的酸性物質。酸雨又分硝酸型酸雨和硫酸型酸雨。在化學定義上，水之酸鹼值等於 7 為中性，小於則是酸性。自然大氣中含有大量二氧化碳，二氧化碳在常溫時溶解於雨水中並達到氣液相平衡後，雨水之酸鹼值約為 5.6，因此大自然的雨水是酸性的。

未與空氣接觸的純水酸鹼度 pH 為 7.0 之中性溶液，水與空氣接觸後吸取其所含之二氧化碳成為碳酸，pH 降至 5.6。低於 5.6 之雨、雪、霧、霰、雹通稱為酸沉降。酸雨中主要含量為二氧化硫溶解而成之硫酸及氮氧化物溶解而成之硝酸，亦有少量氨。氨之主要來源為氮肥；二氧化硫之主要排放源為發電廠及工廠所用之燃料礦物，尤其是煤；交通運輸所用之石油則排放較多之氮氧化物。因此酸雨成分以二氧化硫及氮氧化物為主。

決定酸雨之另一重要因素爲空氣中所含鹼性物質之多寡，在乾燥地區大氣中含有較多之鈣、鉀、鎂所組成之塵埃，可與酸性物質中和。酸雨最嚴重的是在酸性土壤地區。雖然理論上，pH 低於 5.6 即酸雨，但此一酸鹼度不足以對森林、農作物及其他生態系統產生傷害。因此，有人認爲酸鹼度 5.0，甚至 4.6 才是生態上有意義的酸雨指標，大氣中最低的 pH 可以達 2.32。

一般酸水化學組成中，較重要的元素包括 Cl^-、NO_3^-、SO_4^{2-}、NH_4^+、K^+、Na^+、Ca^{2+} 及 Mg^{2+} 等八種。其來源包括自然及人爲來源。在大自然中，由火山噴發釋放出的硫化氫、二氧化硫，海洋釋出的硫化氫，高空閃電導致的氮氧化物等，均可使雨水進一步酸化。其中，NO_3^- 及 SO_4^{2-} 爲主要的致酸物質，係由硫氧化物（SO_2）與氮氧化物（NO，NO_2）轉化而來。在人爲汙染排放方面，硫氧化物與使用化石燃料、火力發電廠、燃燒含硫有機物有關，氮氧化物主要來自工廠高溫燃燒過程、交通工具排放等因素。Ca^{2+} 及 NH_4^+ 爲主要的中和（致鹼）物質。

SO_4^{2-} 來源自石化工業、火力發電廠、燃燒；Na^+，Cl^-，Mg^{2+} 來源自海洋的海水浪花濺沫；NO_3^- 來源自工廠高溫燃燒過程、交通工具排放；Ca^{2+}、K^+ 來源自塵土；NH_4^+ 來源自農藥噴灑。除了上述酸性離子外，亦存在其他如銨根、鈣、鎂等鹼性離子，以中和其酸性。換言之，雨水中若有高濃度之硫酸根與硝酸根離子，但因有其他鹼性離子中和之，那麼雨水未必呈現酸性反應（即低酸鹼值），但更重要的是必須進一步進行雨水化學成分分析，了解其汙染物來源，並計算隨雨水沉降至地表的汙染物通量（即所謂沉降量，以公斤／公頃／年爲單位），進而制定控制策略以改善之。

世界上三大酸雨區爲北歐、美國東部以及中國西南部。1970 年代初，北歐最先發現酸雨，其原因之一爲北歐土壤酸性太高。北歐酸雨中硫酸占 70%，其中一大部分來自英國，引起北歐國家抗議。美國二氧化硫 41% 來自俄亥俄河流域諸州，硫酸約占美國東部酸雨成分 60%。煤是中國主要的能源，因此二氧化硫與氮氧化物排放量極高，所幸北方乾旱及半乾燥地區空氣中含大量鈣、鉀、鎂，足以中和酸性物質。四川、貴州沒有鹼性土壤而且煤含硫量超過 4%，因此降雨的 pH 低於 5.0，部分地區在 4.5 以下。

關於酸性化對環境有諸多的影響，不論對人體、土壤、農作物、森林、水體與水中生物，甚至建築物，能見度等均有相當的傷害或影響。

1. 人體

酸汙染對人類最嚴重的影響就是呼吸方面的問題，二氧化硫和二氧化氮會引起哮喘、乾咳、頭痛、和眼睛、鼻子、喉嚨的過敏。酸雨間接的影響，就是它會溶解在水中的有毒金屬，被蔬菜、水果和動物的組織吸收，但吃下這些卻對人類的健康產生嚴重影響。如累積在動物器官和組織中的汞與腦損傷和神經混亂有所關聯；動物器官中的另一金屬鋁與腎臟問題有關。

2. 土壤

土壤中因酸雨釋出的金屬可能為植物吸收造成影響，這問題極其複雜。在酸性土壤中鈣、鉀、鈉、鎂等礦物質養分被溶解濾去，而鋁、鎘、鉛、汞等毒性金屬則趨於活躍。土壤中鋁可以傷害植物的細根，降低其吸取水分和養料的能力。鉛可以引起老人癡呆症和巴金森病，鎘會引起腎病。在酸性土壤中有益的微生物也減少。

3. 農作物

酸雨會影響農作物稻子的葉子，同時土壤中的金屬元素因被酸雨溶解，造成礦物質大量流失，植物無法獲得充足的養分，將枯萎、死亡。一般而言，pH 值在 4.0 以上的酸雨對農作物之發育、生長和產量都無明顯影響，pH 降至 3.5 以下時，酸性土壤對根莖作物生長之影響最大，各種多葉蔬菜種子萌芽率隨酸鹼度而下降。酸鹼度 3.5 時蔬菜產量約減少 10% 至 30%。小麥在 pH 3.5 時產量減少 10% 以上，酸雨也會導致大豆蛋白質含量的下降。

4. 森林

多數的土地酸性化下，酸性化合物的增加，將會降低森林生長的速率和生產力。在酸雨影響下，種子萌芽遲緩，樹根發育不良，樹木矮小，樹幹細小，葉片受傷，樹幹可能出現裂罅，甚至生長贅瘤。

在酸沉積的環境，森林生態系統中的鈣、鉀、鎂等養料被溶解而濾出，使森林生長停止甚至大片死亡。土壤中鈣減少以後，必須長期施肥補充。樹葉細胞中的鈣被淋洗後，禦寒能力隨即衰退。

5. 水體與水中生物

酸雨會影響河川或湖泊的 pH 值，當 pH 值小於 6 將影響到水中生物的生存或繁殖，當 pH 值小於 5 將導致水中生物大量死亡，可能會影響到養殖魚業。

湖泊酸化以後，浮游植物的種類和數量都大幅減少。當 pH 低於 5.0 時，浮游植物被植物性附生生物所取代。當 pH 低於 3.5 時，魚類幾已絕跡，湖泊成為一個死寂的世界。

酸性湖泊缺乏碘、氯、鉀、鈣等養料，而且毒性金屬增加，使魚類難以適應。魚和兩棲類動物卵的孵化也深受酸水影響。甲殼類、雙殼類及軟體動物的殼需要鈣質，因此 pH 低於 6.0 即難以生存。缺少鈣質使魚類的骨骼脆弱甚至變形。

在酸水中，某些有毒性的金屬轉趨活躍，魚吸取鋁會使其骨骼變形，免疫力衰退，內分泌失調。在酸水中汞，魚類可以吸食，孕婦食用此種魚類可能造成小兒智能不足。

6. 建築物

酸雨中的二氧化硫和氮氧化物是腐蝕劑。鋼鐵、石灰石、大理石、塑膠、紙張、皮件和紡織品都會受其玷汙，失去光澤、生鏽或剝落。在腐蝕的過程中乾硫和濕硫的效應不同。硫酸可以與碳酸鈣結合而成石膏，石膏比原有的碳酸體積大，因而造成表層的破裂。許多歷史上著名的建築物因酸雨而加速敗壞，酸雨也會對金屬建材產生影響。波蘭南部曾因酸雨腐蝕火車鐵軌變形，妨礙火車行駛。

7. 能見度

形成酸雨的物質，有時亦形成光化學煙霧的物質，即使不降雨，也常會導致能見度下降。

（十）懸浮微粒或灰塵（Dust）

懸浮微粒或灰塵（或稱浮游塵、氣懸膠）爲飄浮大氣中微小的液體小滴或固體微粒（0.001~10μm）微米之總稱，爲自然和人爲所產生的空氣汙染物。其顆粒的來源包括來自陸地或海洋的自然界浮游塵，其次是工業活動所產生的人爲浮游塵。自然界可來自沙漠地區夾帶沙礫的風暴（0.3μm）；自然界產生的臭氧和碳氫化合物之間，因光化學反應所產生的微粒（小於 0.2μm）；以及火山爆發噴出的微粒及 SO_2 爲主的氣體變成浮游塵，存在於平流層或同溫層中。自然界海洋中也可來自海水水分蒸發的鹽類（0.3μm）。而人爲的浮游塵可因固體燃燒所形成的顆粒，如煙、煤灰、工業灰塵、硫酸鹽／硝酸鹽等；及氮氧化物和碳氫化合物之間，因光化學作用所產生的顆粒（粒徑小於 0.2μm）。

這些塵粒有吸收輻射，但也散射太陽輻射的作用，故所在高度或許氣溫升高，而其他區域則變冷。如平流層中之火山灰一方面吸收長波輻射，使平流層增溫；但另一方面阻擋陽光穿透，使地表附近溫度下降。另外，其間接作用則爲雲凝結核，幫助水汽未達飽和即開始凝結，增加小水滴數量，增加雲量。總之，大氣中懸浮微粒含量增加可能造成的影響爲增加小水滴數目，拉長雲的生命期，以及大氣與地表將吸收較少太陽輻射；所以間接造成輻射冷卻，使對流層和地表溫度降低；但懸浮微粒的生命期甚短，故傳送距離不長，分布爲區域性，只集中在汙染源附近。

土壤中或土地上的灰塵或懸浮微粒常伴隨季風的吹拂，產生塵暴；此外，現今工業化地區嚴重的空氣汙染懸浮物或灰塵亦成爲測定標準之一。通常粒徑 10 微米以下之粒子稱爲懸浮微粒，亦稱灰塵，爲空氣汙染指數（PSI）測定標準之第一項，用以指示地區性一天中空氣的品質狀況，且依據當日空氣中監測的懸浮微粒、二氧化硫、二氧化氮、一氧化碳及臭氧等濃度測值，以其對人體健康影響程度換算出該汙染指標之最大值爲當日空氣汙染指數或指標。懸浮微粒之細小粒子容易經由呼吸吸入肺部，造成呼吸道傷害。礦坑中工作的礦工，也因環境過多的煤灰而成爲肺塵病的高危險族群。另外，懸浮微粒或灰塵也爲易形成塵蹣寄生之處，除了導致呼吸道問題之外，蹣亦是許多呼吸道疾病的過敏原。

習題評量

1. 對土地而言，全球環境變遷會造成哪些環境問題。
2. 對都市而言，全球環境變遷會造成哪些環境問題。

第十三章　環境地質調查評估

一、前言

環境地質調查評估係運用地質、環境、與工程地質的理論概念以及配合其他的調查技術方法，針對土地規劃、開發、提供專業的地質資訊、技術，進行調查、研究、評估、以解決地質限制條件與防災等問題。環境地質是工程地質的先期地質工作。

環境地質調查評估目的在於爲土地利用規畫提供可靠技術性的地質資料，以便作爲土地開發的依據，避開或改善不利的地質環境，以確保土地利用的安全、穩定、經濟、合理和正確的運用。因此基本的調查評估內容包括：

1. 調查評估某地區的環境地質條件。
2. 評估選擇地質有利條件之地區，配合工程建設的性質，提供合理技術可行的工址配置。
3. 依據地質資料，提供不良地質條件的改善、防治、與解決的措施方案。
4. 預期在工程開發、興建後，對地質環境可能造成的影響，制定保護或維護地質環境的措施。

環境地質是土地開發建設的先期階段工作，其調查評估工作偏重地表調查，且調查的精確度則由大範圍漸次步入小範圍的比例尺，調查程度由粗淺進入詳細工作階段。在必要時，爲深入了解地質情況，須配合地球物理及鑽探的技術協助判定。環境地質與工程地質之區分，在於環境地質爲先期性的地質工作，而工程地質爲之後的地質工作，環境地質是先期性的區域性調查研究，針對地質災害發生之原因，進行調查研究評估，因地質因素引起之災害，影響到人類生存環境之安全與衛生。工程地質是後期性的局部區域的調查研究，以地質觀點來研究工程或建設基址的地質工程技術與力學參數。因此，一處土地的開發與建設，應先有環境地質調查，之後才進行工程地質調查。環境地質調查的範圍、項目較工程地質之調查廣泛許多，故環境地質調查係提供基本的地質及地質限制的有利、不利資料，而工程地質調查則是以工程爲目的的調查工作。

二、環境地質調查前之基本環境資料

環境地質調查是作業中的一項基礎工作。但在進行環境地質調查前需要廣泛蒐集調查區域或基地相關的基本環境資料與底圖，如地形、地質、土壤、水文、氣候、土地利用、動植物、社經等之資料與底圖，並配合調查地區的環境地質條件之需求，選用適當比例尺的地形底圖進行各項環境地質調查作業。一般在區域性的地質調查時，多先採用小比例尺（如 1/25000）的地形底圖開始，當逐步進入到局部區域的詳細調查時，則改用大比例尺（如 1/200）底圖，以確保其精確性。有關我國土地利用計畫所依據的圖說比例尺參見表 13-1。

主要的地質資料，另於環境地質調查章節中詳述外，茲將調查區域的基本資料重要性分述如下。

表 13-1　我國土地利用計畫所根據之圖說比例尺（潘國樑，1993）

計畫名稱	圖說名稱	比例尺需求
縣市綜合發展計畫	土地使用分區圖	≧ 1：25,000
都市計畫	主要計畫書	≧ 1：10,000
	細部計畫書	≧ 1：1,200
區域計畫	非都市土地使用分區圖	≧ 1：5,000 及：≧ 1：25,000 兩種
	非都市土地各種使用地編定圖	≧ 1：5,000
	非都市土地使用現況調查圖	≧ 1：5,000
區域計畫－山坡地開發建築管理辦法	開發建築計畫圖	≧ 1：1,200
	申請雜項執照地盤圖	≧ 1：4,800
	申請雜項執照整地配置圖	≧ 1：1,200
	申請雜項執照主要工程設施圖	≧ 1：200
國家公園計畫	計畫總圖	≧ 1：25,000

（一）地形

地形即是地貌或地勢，其可由大區域尺度下的平坦地形改變到小區域尺度下的起伏地形。環境地質調查的重要地形因子是高程、坡度、坡向和山脊山谷。高程是顯示基地高低地形變化及其相對之關係。坡度是固定距離的地形高度變化指數，及其高差比率。坡向是助於了解地勢、水文、水流方向。山脊山谷是協助了解基地之地形、坡向與集水區。

（二）土壤

土壤是關係到地表的基礎承載穩定，如沉陷、位移、崩坍、地下水排水等地質問題。並對覆蓋、土壤層性質、深度、組成物質、分布、透水、固結性等均是重要的土壤參數。

（三）水文

水文資料係可了解河川、集水區湖泊的季節變化，洪流、河川高低水位、流量大小以及地下水排水與地下水的品質或汙染等項目。

（四）氣候

氣候對環境地質而言，雖不如前四項的環境資料明顯重要，但因氣候涉及到的因子有氣溫、降水、風、濕度、日照與日射，季節性梅雨、颱風等，故因氣候變遷導致周遭環境的影響也極爲重要。

（五）其他

對於土地開發區域而言，動植物、土地利用、社經等基本資料，不但是土壤、水文等環境組成的重要指標，也是環境影響評估的評估項目之一，不可不重視。將於之後章節中詳述。

另外，由於空間資訊技術的發展，如航空測量及遙感探測技術均可在環境地質調查之前或同時進行分辨目標物。航空測量乃是裝置於飛機上的航空攝影機對著地面攝取的照片或航照數値影像，透過航照判釋方式，分辨目標物，以獲取資訊之技術。遙感探測簡稱遙測，是藉由人造衛星、飛機等載台上的感測器，以接受、測量、記錄地面上目標物之反射或輻射電磁波，並以此分析、辨識目標物之方法。這些均是一種區域性的調查技術，可在短時間內蒐集到大面積的地面資訊，如地形、山崩、侵蝕、構造、汙染等現象的判釋，其對於人力無法到達現地調查，或在調查之前的判釋評估，對環境地質的調查工作均有所助益。

三、環境地質調查與環境地質圖

(一) 環境地質調查

環境地質調查基本必須從蒐集地質資料開始。首先需準備合適比例尺的像片基本圖（即地形圖）、航空照片、遙測影像及前人曾調查的地質資料與圖幅。此外，若有土壤圖、水文資料、以及煤礦開採或其他土地開發等資料以及相關的環境圖資料均一併於調查作業展開之前即蒐集完備，以利作業。

基本上，環境地質調查主要是針對周遭環境的地質災害進行調查、分析、評估。故其調查的災害項目複雜廣泛，除一段地表地質調查的基本岩性、岩層、層態、地層構造項目外，針對潛在的地質災害項目，如山崩、土石流、河岸侵蝕、地震、斷層帶、地盤下陷、海岸侵蝕、膨脹性黏土，河水氾濫、火山地帶等，甚至人爲採礦、捨石、地下水超抽、人工填土等舉凡認爲對環境危害或影響的自然或人爲引起的潛在災害均一併列入調查的項目範圍，故其複雜性可想而知。

地質災害爲一種動態現象，加上地質調查爲一種點及線的調查，若要作全面調查，使用不同時期的航空照片是一種最理想的方式。利用航照判釋技巧，可在照片上進行各項廣域性調查，而且航空照片尚有提供立體景觀的優點，對區域性的地形、水系、植生密度及地質均可一目瞭然。從航照上辨認現地或潛在地質災害，如崩塌、泥流、侵蝕等，比地面調查更容易、精確，且有效率。一般而言，從航照上可以很快地獲得山崩的位置與範圍、海岸及向源侵蝕的位置、土壤加速侵蝕的位置與範圍、活動斷層的追蹤、坡度及地層傾角、差異侵蝕及沉積地形、植生密度、礦場的捨石場位置、邊坡穩定性的區域評估、及地質災害的發生頻率等。

但航照判釋也有一定限度，當航照上無法辨認某些地表現象或對判釋結果沒有充分把握時，須在地面上做近距離觀察。其順序也可以倒轉過來進行，例如先在地面上定出地層界線或構造線的位置，然後才從航照上來追蹤。因此，航照判釋須與野外實地調查密切配合且相輔相成，方能發揮最大的功效。

航照判釋與野外調查工作完成後，須將各種發生或潛伏的地質災害之分布範圍，配合地質資料標示於地形圖上，而完成環境地質圖。

較常見的地質災害，應標示於環境地質圖上者包括：山崩、河岸侵蝕、向源侵蝕、海岸侵蝕、差異沉陷、斷層帶、崩積土、捨石場、人工填土、地盤下陷、地下水超抽、地下採礦、膨脹性土壤等。

以下爲列出環境地質野外調查須注意的調查項目，概可分類爲地形、地質、地表堆積物、水文、現行地質作用及礦產與其他資源等六大項目。

1. 地形

(1) 地貌：是指地形的起伏與高程變化，其影響氣候、風化、水流、排水等問題。

(2) 陡坡度：為引發地層的不穩定，易發生山坡的滑動、崩落塊體運動。

(3) 坡向：影響地勢、水文與水流的方向，易造成積水以及岩層的滑動，尤其當地層面與坡向一致時造成的順向坡災害。

2. 地質

(1) 岩性：係指岩石中依據礦物組成、粒徑大小、結構組織來作為岩石的分類，其會影響岩石的強度與透水性。

(2) 岩層之層態：是指岩層的傾斜、走向及其分布與延伸狀況，其層態影響順向坡、滑動、不連續面的危害因素。

(3) 風化：指岩石暴露在大氣營力下的物理和化學的瓦解和分解作用，易由堅硬變為鬆散、腐爛，嚴重影響岩石的強度，易造成崩落、滑動，影響地基。

(4) 構造（層理、褶皺、節理、斷層、破碎帶）

①層理：是指沉積岩因岩性、粒徑，組成物的不同而使岩層成層狀或平行排列的構造，層理面也是不連續的中斷界面，若層面與地形坡面為一致方向時，會造成順向坡的滑動災害。

②褶皺：係因地殼變動擠壓，而發生的彎曲現象，尤其在褶峰、褶谷地帶易產生裂隙，造成滲漏水。

③節理：係指因地殼運動，但未發生位移的破裂面，是為脆弱高滲透性之處。

④斷層：為岩石因地殼運動而產生地層相對位移的破裂、破碎，是為引發地基破裂、滲漏水之處。

⑤破碎帶：指任何因斷層、節理等地殼構造運動導致的裂隙、破碎地帶。

3. 地表堆積物

(1) 土壤：係由風化作用造成砂、礫、黏土等構成的鬆軟產物，易鬆動崩落，或易吸水塑性高而產生滑動。

(2) 人工填土：泛指由人為堆積的土層，如礦碴堆、捨石堆，多因組成物質複雜，且多未經確實壓實造成地表不均勻沉陷，建築物等易受損害。

(3) 現代沖積層：指現行自河流山谷流向平原處形成未膠結礫、砂、泥組成的沉積物，因其粒度形狀差異，孔隙率大，未經壓實，易造成地表建物的沉陷、龜裂影響。

(4) 殘留土石：指岩石經風化作用後，遺留在原地的土石殘留物質，如山麓地區的紅土層，其孔隙率大，滲透率大，易發生沖蝕、崩落。

(5) 崩積土或崖錐堆積：指地表的斜坡運動，將未膠結的礫、砂、泥組成的沉積物質搬運的堆積物，因其粒度形狀不同，孔隙率大，且未經淘選、壓實，故易造成地表建物的沉陷、龜裂之機率。

4. 水文

(1) 水系：指由河流的主流和其支流所形成的組合型態，如水系有樹枝型、格子型、放射型、矩型等水系，因其受下伏岩層性質和構造所控制，故可了解下伏岩層的影響性。

(2) 淹水：淹水是指颱風暴雨之際，降雨量大，河川水流湍急，流量迅速漲落，挾帶泥沙發生河道溢流至下游地勢低窪地帶，或因都市而地表滲透率減少，逕流量增加，及排水系統無法發揮，導致人民生命、財產的極大損失。

(3) 高地下水面：指某深度以下，被地下水完全充滿於地層孔隙中地帶的上部界線稱為地下水面；其隨地形而有起伏，在高上為上升，山谷向下降，又因氣候而有變化，雨季上升、旱季下降。在河流、湖泊、池沼處，其水位面可達地表的高地下水面。其近地表易溶蝕石灰質岩層造成洞孔；山坡鬆軟地層則失去黏結力，潮濕地帶易發生蠕動，故易造成危險性環境。

(4) 滲流：指在未飽和土壤孔隙中，可緩慢流入、流出的水體，此滲流地帶易引起建物基地上土體的結構變形。

(5) 含水地層：是指地下具有良好孔隙及滲透率高的透水層，可以儲存豐富的地下水，含水地層多為礫石、粗砂及富含孔隙的地層，但須注意超抽下陷與水質汙染問題。

(6) 地下水補注區：指水文系統中，來自雨水、雪水、河川、湖泊等之地表水經緩慢進入地下含水層，以補注地下水資源，係一儲水作用。雖可供利用，但地表的廢棄物易藉補注作用汙染地下水質。

5. 現行地質作用

(1) 加速侵蝕

①惡地：指雨水逕流地表，沿坡面沖蝕，表土流失，沖蝕成溝狀地形是為惡地。此處多為泥岩，透水性低，遇水軟滑，形成蝕溝、雨溝；因乾燥硬、潮濕軟、雨後崩塌，易造成地表龜裂、崩落，不利植生。

②向源侵蝕：是指在河流源頭處，因河流的下切作用反而使河道向上游處發

生崩落，故易造成山區路基的崩塌。

(2) 沉陷：因地下地層超抽地下水體或採礦而挖空，造成地層內改變顆粒的壓密性或失去支撐而發生塌陷，對地表建物、工程影響極大。

(3) 潛移：是指砂土表層或地面岩層沿地面坡度緩慢的向下坡流動，易造成建物、道路的龜裂。

(4) 山崩：係指在斜坡上，因重力作用而發生下滑崩落的現象，也是邊坡的災害，對建築物、工程結構、地基帶來危險。

(5) 土壤膨脹：土壤中含有蒙脫石黏土類時，因有吸水膨脹、脫水收縮的體積變化，故具有高度塑性，在遇季節改變的含水土壤層時，對建物、道路基礎造成影響。

(6) 岩溶：石灰岩或碳酸鈣地層易受地下水的溶蝕作用而成洞穴，乃為陷落危險之處。

(7) 活動斷層：係岩層受到地殼變動發生週期性的運動，而產生破裂、位移，因而釋放能量引發地震災害。

(8) 火山活動：火山噴發的熔岩流，火山碎屑物、火山灰以及氧化硫、氧化碳、硫化氫等氣體對人類安全造成嚴重的危害。

6. 礦產及其他資源

(1) 礦產資源：礦產的開發、開採可造成地表的破壞、沖蝕、汙染及地下開採的落盤、瓦斯、下陷等問題，可構成嚴重的災害。

(2) 其他資源：如石油、天然氣的開採及水資源的開發均為地下鑽井的開挖作業，易引發地下水系統變化與汙染，影響環境。

（二）環境地質圖

環境地質圖是將環境地質調查所獲得的調查資料放置於地形圖底圖上，如地形、地層岩性、地質構造、水文地質、自然地質現象、地質災害等，以顯示環境地質的條件而綜合繪製的圖幅稱為環境地質圖。除一般所稱的地質圖係將某一調查區域的地形、地層、岩性種類、構造（包括斷層、褶皺、不連續面等）等之分布資料彙整外，再補充加入不穩定地形、地質災害地帶及水文地質等資料綜合繪製出的圖幅，此圖目的在特別顯示地質災害的分布範圍及其與地質條件的關聯性。

一般地質圖的比例尺大小，因依目的與需要之不同而有所區分，通常十萬分之一和更小比例尺之地質圖表示區域概略地質圖；而二萬五千分之一至五萬分之一者為基本地質圖；而一萬分之一或更大比例尺者則屬詳細地質圖，然無論何種比例尺的地質圖，皆表明一區域的地質狀況，其包括岩層分布、岩層種類、地質構造等。

前述環境地質圖的繪製，除將一般基本地質圖所需要的地層種類、地層層態（岩層走向與傾斜）、地層界線、地質構造，如斷層種類與昇降側、褶皺的背向斜與傾向，葉劈理走向與傾斜、岩脈層態、火成岩體種類及其他等等必備繪圖項目外，另將與環境地質災害相關的坡度、崩塌地（山崩土石流）、地盤下陷（礦坑、超抽地下水）、基礎沉陷（塡土、捨石堆、崩積土）、膨脹性土壤、土壤侵蝕、向源侵蝕、河岸侵蝕、斷層帶等項目也一併納入環境地質圖。

茲將繪製環境地質圖常納入標示的調查項目說明如下。

1. 基本地質圖標示之項目

(1) 層態（地層之走向與傾斜）

岩層走向和傾斜合稱爲岩層之層態，藉此可明瞭岩層水平與垂直方向之延伸。傾斜地層之層面與水平面相交之直線方向稱爲走向；與走向垂直之下傾方向爲地層之傾向；傾斜層面與水平面所夾之銳角爲地層之傾斜角，故傾斜包含傾向及傾斜角兩項。

(2) 地層界線

按照岩石的性質及地質圖比例尺大小，將岩層劃分成數個基本單位，此單位稱爲層，而層與層之間的界線是爲地層界線，可表示出岩層層序與延展之情形。

(3) 地質構造

地質圖上另一重要的項目是地質構造現象，其包括斷層、褶皺、節理、葉理或劈理、不整合、火成岩體等。

① 斷層爲岩層中的破裂面，指兩側岩層曾發生相對的移動。隔開兩側岩層之面稱斷層面，可成不同角度的傾斜。斷層可分爲正斷層、逆斷層和橫移斷層三大類。當沿著斷層面，斷層上盤對下盤作相對向下移動稱之正斷層：而當斷層上盤對下盤作相對向上移升稱之逆斷層：而當沿著斷層面未作上下垂直的移動，僅有水平的左右移動稱爲橫移斷層。因斷層作用而錯開移動的一段距離又稱斷層之滑距。

② 褶皺指岩層呈波浪狀的彎曲構造變動，主要可分背斜和向斜兩大類，背斜岩層向上隆起，褶皺中兩翼分向相反的方向傾斜，較老岩層依次在褶皺的彎曲中心出露；向斜岩層向中間凹入，兩翼岩層向中心傾斜，較新的岩層逐次在褶皺的彎曲中心出露。軸脊或軸線指褶皺中任何一個地層的最大彎曲度各點連結之一條線。褶皺的軸線不呈水平而傾斜者，就是軸線和其水平面投影線

間所成的傾角稱之傾沒角。

③ 節理是岩層經過變形所造成的破裂面，但破裂面兩側的岩層未發生相對的移動，大致是一個平面。

④ 葉理或劈理是指岩層經過變質作用而形成可剝離的片狀平行排列構造，可量測葉理的走向、傾斜方向及傾斜角。

⑤ 不整合爲介於兩不同地質時代岩層的一個侵蝕面，係一沉積作用的間斷面，其判定則依地層態的不連續、地層缺失置於數層地層上或其他岩體之上等現象而辨別之。

⑥ 調查區內若有火成岩體，其包括熔岩流、火山碎屑、火山灰等，雖不具層理特性，僅將其分布、類別、結構等標示於地質圖內。

2. 環境地質災害圖標示之項目

環境地質災害是指可造成災害的各種地質現象，故根據災害誘發的能量、營力、成因之不同，概可分爲邊坡災害、河川災害、海岸災害、地殼災害、火山災害、土壤災害及基礎沉陷等七大類。茲將各類地質災害的評估項目分述如下。

(1) 邊坡災害

邊坡災害是指組成邊坡的物質因受重力作用下，向下坡發生滑動或崩落，促使其位能轉變成動能之斜坡運動，概稱之爲崩塌。斜坡運動的發生常受地質、地形、氣候或人類活動等因素影響控制。斜坡運動又可略分爲落石、滑動、流動與複合型等類別。此種邊坡災害常危及到人類的生命財產安全。

① 落石

落石指在陡峻邊坡上的岩層、土體，因受節理等不連續面切割，應力釋放，強烈風化，增加孔隙水壓，甚至人爲開挖坡腳等因素情況下，失去支撐，自母體分離墜落、崩落的災害現象。

② 滑動

滑動指邊坡的岩層、土體沿一連續的滑動面向下滑移，其滑動面可能是地層面、節理面、葉理面、不整合面等不連續面，或軟弱泥質夾層、崩積土與基岩交界面等。滑動係因滑動面上的物質發生剪切面移動；滑動面可分爲弧形或平面兩種型態。另外順向坡災害是指地層或不連續面之傾斜方向與邊坡之傾斜一致時，且夾角在 20° 以內者，較易發生順向坡滑動，此種情況之邊坡，可能因坡腳切除致失去支撐力，若雨水下滲至地層面上造成潤滑作用，使上方岩層沿層面下滑，是極不利的建築結構物之基地。

③ 流動

流動指邊坡的地層、土體以塑性流體方式向下坡移動的現象，多因物質中富含水分而形成流體或塑性流動，一般不具滑動面，緩慢的流動如蠕動式潛移，快速的流動如土石流、泥流等。

④ 複合型

複合型則指上述兩種以上方式合併造成的斜坡運動。

(2) 河川災害

河川的水流在重力作用下，沿著河谷流動，其流動過程因受地質、地形、河水流量、氣候、人為等因素，會不斷對河谷地形產生影響，分別發生河川侵蝕、沖蝕與淤積及洪水等災害。

① 河流之侵蝕災害

河水自高處流向低處時，因河川流量搬運挾帶的砂粒能量可將侵蝕河床及其河岸兩側，因而造成河岸侵蝕與向源侵蝕現象。

(A) 河岸侵蝕：河流因長期的側蝕作用和曲流帶的發育可在河彎的外側進行侵蝕，又稱切割坡，故在基腳處淘空而造成崩塌，致使上方道路、建築物之基礎遭受破壞毀損。

(B) 向源侵蝕：指在河流源頭處，因河流下切作用致使河溝逐漸向上游源頭處支流延伸，且伴生崩塌，造成支流頂部凹坡地形。

② 河流沖蝕與淤積：因山區坡地的不當開發以及河岸兩側受到河流侵蝕崩塌的泥砂物質，可搬運攜帶到水庫、港口處淤積，增加洪患機率。

③ 洪水：流域的河流流量，因雨量大而流量增加，其與滲透排水能力達到不平衡時，就會發生河流的洪水氾濫，例如上游地區森林的過度砍伐、築路開發等，而失去地表覆蓋，又因降雨增加，致使河流流量增加，河床發生侵蝕、淤積，無法容納過多河水，自然從兩岸氾濫造成洪患。

(3) 海岸災害

海岸災害係指海水運動對陸地的侵蝕、破壞作用，即藉波浪、潮汐、海流等營力對海岸附近陸地邊緣進行侵蝕、後退、平坦化的作用。其影響因素甚多，如波浪的強度、海流的方向、風力與風向、海岸剖面型態、海岸岩石性質、岩層構造及海岸開發與結構物等，可謂相當複雜。

(4) 地殼災害

此處的地殼災害是指因地殼運動或變動而發生的災害，如自然的活動斷層與地震、或人為的地盤下陷等。活動斷層乃指在過去可發生週期性活動的斷層，常伴隨地震，稱之爲地震斷層。地震斷層可使活動斷層再度活動，並導致地裂、山崩、地盤下陷、海嘯等其他災害。

地盤下陷則因地下水超抽、地下採礦、地下岩層溶蝕等人爲或自然因素，導致地盤受壓縮或失去支撐而引起的下陷災害。

(5) 火山災害

火山災害是指地球內部火山噴發的岩漿及水氣等噴出地表造成的災害，其可噴出火山熔岩流、火山碎屑、火山灰等物質。其中熔岩流爲一高溫超過數百度，所流經之地區處所將被破壞殆盡；火山碎屑流也爲一溫度高、流速快，可掩埋土地；爆裂的火山碎屑在豪雨下可形成土石流，火山灰的散布範圍廣，影響地表土壤。火山氣中的二氧化硫、硫化氫、二氧化碳等氣體可造成人類、生物的窒息，且影響氣候；這些氣體與熱水混合形成的酸性熱液可腐蝕周圍的岩石。

(6) 土壤災害

岩石暴露地表經風化作用形成土壤後，當降雨及地表逕流強大時，即可沖蝕土壤而造成溝狀沖蝕，致使土壤流失，降低土地生產力。又因土壤係由鬆軟的粉砂、砂、礫、黏土、有機質構成，其中若含膨脹性黏土，則有隨水含量增加而膨脹，減少而收縮之特性稱之爲膨脹性土壤，則對建築地基不利，易造成危害。此外，液化土壤則是地震發生在含飽和水砂質土壤層時，砂土受振動而形成較高的孔隙水壓，產生土壤液化，影響建築基地。

(7) 基礎沉陷

所謂基礎沉陷泛指結構物地表的基礎發生下陷現象，凡是地表由採礦、廢石礦碴堆積，人工塡土、斷層破碎帶，崩積土、甚至地下溶蝕的空洞等所組成的地基物質，常未經確切壓實，多爲結構疏鬆、非均質、顆粒淘選差，壓縮性大，強度低等因素易發生不均勻沉陷、滑動或基礎變形等災害，不宜作爲建築基地。

四、環境地質之分析評估

（一）山崩潛感性分析與山崩潛感圖

1. 山崩潛感性分析

環境地質圖繪製完成後，就需進行山崩潛感性的分析工作。山崩潛感性分析乃是綜合坡度、基岩強度、破碎情形、風化程度、山崩歷史、河流侵蝕作用（包括河岸侵蝕和向源侵蝕）、表層沖蝕以及人爲因素等影響山崩潛感性的因子，經分析評估予以分級，並排列組合而將調查區土地自然狀態下發生山崩的機率劃分爲低、中低、中高和高潛感性四級。並完成山崩潛感圖。

地形陡峭對山崩潛感性的影響占有很重要的比率，坡度愈陡，其山崩潛感性隨之增高；反之坡度愈低，其潛感性也降低。在使用山崩潛感圖時，由環境地質圖上標示坡度小於 30% 的區域，以及等高線之疏密情形，可了解某一地區之山崩潛感性和其坡度之關係。

地質災害與山崩潛感性之關係，可由山崩潛感圖中得知某一地區之山崩潛感性高低情形，爲了解影響該地區山崩潛感性的因素，必須配合環境地質圖查明原因。例如，在山崩潛感圖中得知其代表高山崩潛感性，再配合環境地質圖得知爲一舊崩塌地且有崩積土分布，故其山崩潛感性偏高。此外，由環境地質圖中也可得知該地區之地層與岩性，根據其地層岩性及山崩潛感性評估之描述，可初步了解該地區的工程特性（見表 13-2）。

表 13-2 各種不同岩性之工程特性

岩性	工程特性
沖積層	坡度過陡時（通常在河岸侵蝕位置出現），容易發生崩塌
台地礫石堆積	台地邊緣斜坡容易發生土石流災害
紅土台地礫石堆積	台地邊緣斜坡容易發生土石流災害
泥岩、頁岩 砂頁岩互層 厚層砂岩	可能會發生泥流 順向坡上可能會有平滑災害 注意不連續面發育，可能有落石災害

山崩潛感性分析方法乃是參考各種邊坡穩定性評估方法整理而成。潛感性高低評定係照下列程序步驟，說明如下。

1. 進行坡度計量，將坡度分爲① 0~5%（0°~3°），② 5~15%（3°~8.5°），③ 15~30%（8.5°~17°），④ 30~55%（17°~28.8°），⑤大於 55%（大於 28.8°）。
2. 於坡度計量圖上標示崩塌地、崩積土、捨石場、人工塡土等的範圍。
3. 評估基岩及土壤性質、基岩性質，包括岩層強度、弱面間距與風化程度等三項因素。其中岩層強度依國際岩石力學學會所推薦的標準分類（如表 13-3）；弱面間距則參考南非 Bieniawski（1979）之地質力學分類法的評分標準（如表 13-4）；至於風化程度則依據英國地質學會所推薦的分級標準加以分類（如表 13-5）。根據以上三項因素，將山崩潛感之評估分數總和起來，依其總分的高低不同，而將基岩分爲強岩、中強岩及弱岩（如表 13-6）。

4. 若有其他考慮因素，如河岸侵蝕、向源侵蝕、地面沖蝕、土壤或岩石內部排水的難易、坡向、地震等。
5. 將坡度、基岩性質及其他因素等三個主要因素組合之後，可將山崩潛感性分成低、中低、中高、高四大類（如表 13-7 所示）。還可將表 13-7 轉換成繪圖（圖 13-1）表現，以便於閱讀及查詢各種因素組合後之分類結果。

表 13-3　ISRM 岩石材料之強度分類標準（工研院能礦所，1988）

分類符號	分類	單軸抗壓強度（MN/m^2）	野外簡易分類法	山崩潛感評估分數
R0	極弱	0.25 ～ 1.0	大姆指甲僅略能壓出凹痕	2
R1	甚弱	1.0 ～ 5.0	可以地質錘細端敲碎；可以小刀切削之	2
R2	弱	5.0 ～ 25	用地質錘之細端可敲出淺痕；小刀難以切削	2
R3	中強	25 ～ 50	地質錘敲擊一次可裂；小刀無法切削	1
R4	強	50 ～ 100	地質錘敲擊一次以上始裂	1
R5	甚強	100 ～ 250	地質錘敲擊多次始裂	0
R6	極強	＞ 250	用地質錘猛敲僅見小碎片跳出，極難敲裂	0

表 13-4　弱面間距分類（工研院能礦所，1988）

分 類	弱面間距（公尺）	山崩潛感評估分數
DI	大於 2	0
DII	2~0.6	1
DIII	小於 0.6	2

表 13-5　岩石風化程度分類標準（工研院能礦所，1988）

符號	分類	風化程度	山崩潛感評估分數
IA	新鮮	岩層未見風化跡象	0
IB	極微風化	不連續面上稍見褪色	0
II	微風化	全部岩材均已變色	1
III	中度風化	一半以下的岩材分解或崩解爲土壤	1
IV	高度風化	一半以上的岩材已分解或崩解爲土壤	2

表 13-5（續）

符號	分類	風化程度	山崩潛感評估分數
V	全風化	所有岩材均已分解或崩解爲土壤，但岩層原結構仍清晰可見	2
VI	土壤	所有岩材均已變爲土壤，岩層原結構已不復見	2

表 13-6　基岩性質分類*（工研院能礦所，1988）

符號	分類	山崩潛感評估總分
A	強　岩	0~2
B	中強岩	3~4
C	弱　岩	5~6

*同時考慮岩石強度、岩層風化程度及岩層之弱面間距等三項因素。

表 13-7　台灣地區山崩潛感分級表與說明

山崩潛感性	評估因素組合	災害分級	災害防治成本指數
低	IAa, II Aa, IAe, IBa, ICa	0	0
中低	IAb, IAc, IAd, II Ad, II Ae	1	5
	III Aa, IBb, IBc, IBd, IBe		
	II Ba, ICb, ICe, II Ca, If*		
中高	II Ab, II Ac, III Ab, III Ad, III Ae	2	10
	IV Aa※, II Bb, II Bd, II Be, III Ba		
	III Bb, III Be, IC$_{C}$, ICd, II Cb		
	II Cd, II Ce, III Ca, II f*		
高	III Ac, II Bc, III Bc, III Bd, II Cc	3	20
	III Cb, III Cc, III Cd, III Ce		
	III f*, IV B, IV C		

符號說明：

坡度 %	基岩性質 **	其他因素
I. 0% ～ 5% II .5% ～ 30% III .30% ～ 55% IV . 大於 55%	A. 強岩　B. 中強岩　C. 弱岩 ** 同時考慮強度、弱面間距與風化程度等三項因素	a. 岩層未受擾動 b 堆積層分布區 c. 崩塌地 d. 河岸侵蝕、向源侵蝕 e. 表層沖蝕 f. 廢棄土石、人爲塡土
* 人爲塡土與礦渣廢石堆積，祗考慮其與坡度的關係。 ※ IV級坡之坡地除 A 種岩類之IV Aa 屬中高潛感性之外，其他岩類皆納入高潛感性。		

資料來源：工研院能礦所（1988）及經濟部中央地質調查所

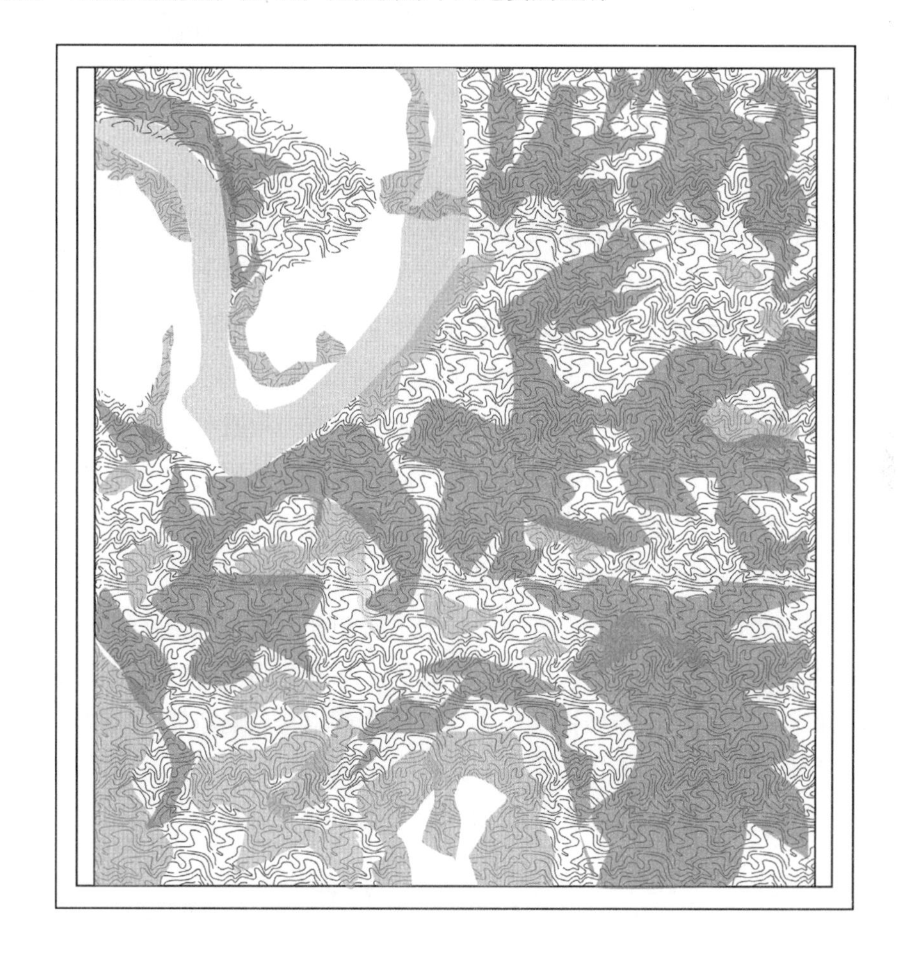

低山崩潛感區
中低山崩潛感區
中高山崩潛感區
高山崩潛感區

圖 13-1　山崩潛感性分析準則圖（經濟部中央地質調查所網站）

（符號說明請見表 13-7）

2. 山崩潛感圖之應用

山崩潛感圖可以顯示調查區內各部分在自然狀態之下發生山崩的機率（潛感性）。低潛感性多分布於地勢平坦（坡度 0~5%），地盤穩固、無邊坡滑動之虞，利用時不須複雜的工程處理，但在挖填方的情況下，則需符合工址開發的管理原則。中低潛感性之分布區，多爲坡地低平（0~5%），但可能面臨崩塌、河岸侵蝕或表層沖蝕等地質作用之威脅，成爲廢棄土石、崩積土石之堆積區，利用時必須針對潛伏地質災害的特性，施行工程處理；另一爲坡度較陡（5~30%）、但地盤穩固、發生邊坡滑動的可能性較低，利用時必須花費整坡並構築適當的護坡工程及排水設施，以防止因開挖而致使災害發生。中高潛感性之分布區，爲一坡度介於 5%~30% 的坡地，但當面臨河岸侵蝕或表層沖蝕等地質作用之威脅，或爲廢棄土石、崩塌土石堆積區，利用時必須針對所遭遇的潛伏地質災害，先做詳細調查，然後施行工程處理，由於坡度較陡，工程費用或處理難度均會相對提高；另一爲坡度大於 30% 的坡地，其地盤未受過擾動，但因坡度陡峭，整坡作業不易進行，必須構築適當的工程設施，以防止因開挖而肇使山崩災害的發生。高潛感性多分布於坡度陡峭，且已有各種地質災害發生的坡地，利用時必須先做區域性的調查，甚至需要地下地質資料，然後再針對地質災害的特性，施行工程處理，由於坡度陡峭，施工不易，花費甚鉅，非不得已，實無利用之必要。

工程選址或規劃都市發展用地時，基於安全與經濟的考慮，自當優先利用山崩潛感性較低者。至於山崩潛感性較高之坡地，應儘可能避免利用爲建地，萬不得已，非利用不可，則必須再經詳細工程地質調查，然後施行邊坡穩定及水土保持措施，方能減少災害的發生。

隨著山崩潛感性的昇級，邊坡的穩定性與土壤的沖蝕量將愈趨嚴重，故邏輯上，山崩潛感性愈高的地帶應儘量避免去動它。如果一定要將建築基地或路線的廊道放置在山崩潛感性高的地帶，則邊坡穩定與水土保持的費用將大幅增加，其每年維護費也相當可觀，有時還可能發生嚴重的災害。總之，土地的利用要適得其所，如果勉強使用，經濟上與安全上均須付出很大的代價。

（二）土地利用潛力評估與土地利用潛力圖

1. 土地利用潛力評估

完成環境地質圖和山崩潛感性分析後，則繼續進行土地利用潛力評估階段，此項潛力評估係針對供作都市發展或工址用地之土地進行潛力評估；經考慮邊坡破壞（山崩潛感性）、土壤侵蝕、基礎沉陷、地盤下陷、以及地形等因素後之交互影響綜合結果，並考慮土地開發與災害防治成本，經電腦作業評估、而將調查區域的土地利用潛力從環境地質觀點劃分成很高、高、中、低、很低等五級。需要特別注意的是土地利用潛力之歸級僅從環境地質及開發成本的觀點加以考慮，未涉及社會、經濟、文化等項因素。

土地利用潛力評估的程序步驟說明如下：

(1) 將各種地質災害之嚴重程度加以分級（如表 13-8）。基本上每種災害之嚴重程度可分成三至五級，分別以 0，1，2，3，4 代表。其數字愈大，表示嚴重程度愈高，處理的難度亦愈高。0 代表不需處理者，1 代表處理容易者，2 代表處理稍難者，3 代表處理很難者，4 代表處理極難者，或甚至無法處理者。

(2) 決定各級地質災害的防治成本指數。防治成本係依據 Laird and others（1979）所創立的計算公式估算。

(3) 將同一地點的各種地質災害之防治成本指數相加，即得該地點之災害防治成本總指數，亦即土地開發成本總指數。

(4) 依據土地開發成本總指數的大小，即可決定土地利用潛力之等級（見表 13-9）。

由以上之評估過程可知，資料庫中土地利用潛力係完全從環境地質的觀點加以評估。另有關社會與經濟層面之因素，並不列入考慮。此土地利用潛力之高低係根據土地之地質災害防治成本而定，而防治成本之高低則決定於地質災害之種類及嚴重程度。

表 13-8　各類地質災害之防治成本指數（工研院能礦所，1988）

地質災害類別	災害嚴重等級	單項災害防治成本指數
邊坡破壞	0	0
	1	5
	2	10
	3	20
土壤沖蝕	0	0
	1	1
	2	2
	3	3

表 13-8（續）

地質災害類別	災害嚴重等級	單項災害防治成本指數
基礎沉陷	0	0
	1	2
	2	3
	3	10
地盤下陷	0	0
	1	2
	2	3
	3	10
	4	20
坡度大於 55%	—	26

表 13-9　土地利用潛力等級（工研院能礦所，1988）

土地開發成本總指數	土地利用潛力等級
0~5	很　高
6~10	高
11~20	中
21~25	低
大於 25	很　低

2. 土地利用潛力圖之應用

土地利用潛力圖是以作爲都市發展或工址用地之可適性爲土地利用型態所做的評估結果。一般而言，土地利用潛力愈高，可發展之密度亦愈高；土地利用潛力很低者，則宜設定爲保護區，禁止作爲都市發展用地；其土地利用潛力爲中等者，僅適合作低密度之開發或農業使用，同時必須注意潛在的地質災害，開發前應做更詳細的工程地質調查，施工計畫應遵守山坡地社區開發與建築有關規則，施工期間則應貫徹現場督導與勘驗的規定。

五、環境地質調查評估成果報告

環境地質調查評估報告係針對調查區的環境地質調查、山崩潛感性分析和土地利用評估等作一綜合成果，並配合環境地質圖、山崩潛感圖和土地利用潛力圖等相關圖幅。其中環境地質圖係將地質災害種類與分布範圍和地層及地質構造等，繪製於地形圖上而成；而山崩潛感圖和土地利用潛力圖則是將山崩潛感分析與土地利用潛力評估之結果，繪製在地形圖上而成。此三張圖幅配合成果報告的說明，能讓使用者了解調查區之環境地質特性、山崩潛感性的高低及土地利用之潛力（圖 13-2）。

有關調查區域的調查評估成果報告內容可分為：

1. 地理概述：描述調查區之地理位置及交通狀況、土地使用及開發情況，地形分布情形和氣候資料等。
2. 地質概述：分為地質和地質構造兩部分，主要描述調查區的地層、岩性、層態以及地質構造，如斷層、背斜和向斜等之分布情形。
3. 環境地質評估：描述調查區內各種已發生或潛在性地質災害，如崩塌、向源與指溝侵蝕、河岸與海岸侵蝕、膨脹性土壤、基礎沉陷、塡土區和河水氾濫區等之分布範圍及災害現況，並提出可能之防治建議。
4. 山崩潛感性分析：評估調查區在自然狀態下發生崩塌可能性之高低，將評估結果分為低、中低、中高和高山崩潛感性等四級，並討論各級潛感區之分布及其環境地質特性。
5. 土地利用潛力評估：兼顧土地開發的安全性與經濟性，評估調查區之土地利用潛力，分為很高、高、中、低和很低利用潛力等五級，並討論各級土地利用潛力區之分布及環境地質特性。
6. 結論與建議：摘要結論調查、研究成果，並就開發應注意事項提出說明與建議。

報告內容須與環境地質圖、山崩潛感圖和土地利用潛力圖配合使用，方可獲得報告效果。

相關圖幅內容可分為：

1. 環境地質圖：圖上主要標示有地形等高線、地層界線、走向傾斜、地質構造和各種地質災害分布地點及範圍。
2. 山崩潛感圖：圖上主要標示有地形等高線，和山崩潛感性高低之圖例符號。
3. 土地利用潛力圖：圖上主要標示有地形等高線，和土地利用潛力高低之圖例符號。

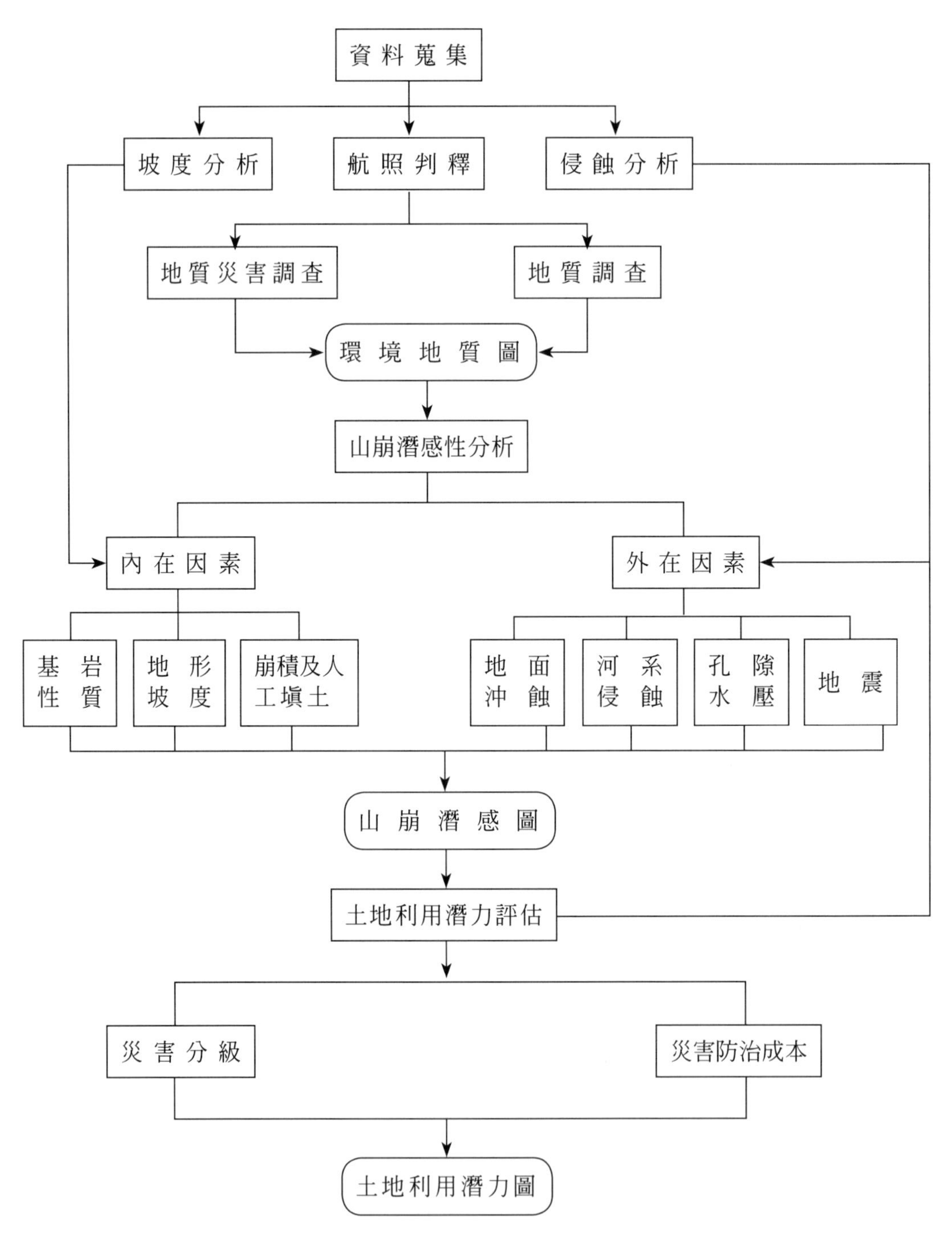

圖 13-2　環境地質調查評估步驟衍生之相關圖幅（工研院能礦所，1988）

由於環境地質圖、山崩潛感圖和土地利用潛力圖三張圖幅均是以五千分之一比例尺地形圖爲底圖，再將調查或評估結果繪製於地形圖上。因此地形對這些相關圖層的影響相當重要。在分析山崩潛感性或評估土地利用潛力時，需將多種資料圖加以重疊分析處理，數據資料極爲龐雜，必須借助於電腦地理資訊系統之軟體工具處理及分析各種地質與其他相關空間資料。全部處理作業過程有資料輸入、管理、分析及輸出等基本功能，且是空間資料與屬性資料兼顧下，套疊分析，進而產生所需的圖層。例如處理山崩潛感圖時，需輸入基岩性質圖、坡度圖及地質災害圖。若是處理土地利用潛力圖時，則需輸入各種地質災害之防治成本。

六、環境地質調查評估案例－台灣煤礦之地盤下陷災害評估

（一）台灣廢棄煤礦之地盤下陷災害調查與安全評估

煤礦資源曾經在台灣經濟成長的貢獻上扮演了重要的角色，從民生所需到工業發展都是不可或缺者。時至今日，礙於開採成本及環境保護考量下，煤礦已逐漸淡出舞台，留下的是令人無限懷念及歷史遺跡。近年來，在高度土地開發利用下，鄰近都會區的舊礦區往往許多人爲設施、建物，亦在不知情的狀況下逐漸暴露出潛在安全問題。作者曾於 2003 至 2006 年在經濟部礦務局與中央地質調查所的專案計畫下進行四年的台灣礦區普查，其後於 2008 至 2010 年進行廢棄煤礦之地盤下陷災害調查與安全評估工作，並參考前述國外調查與評估經驗，列於本段章節，提供參考。

台灣廢棄煤礦之地盤下陷災害安全評估架構如圖 13-3

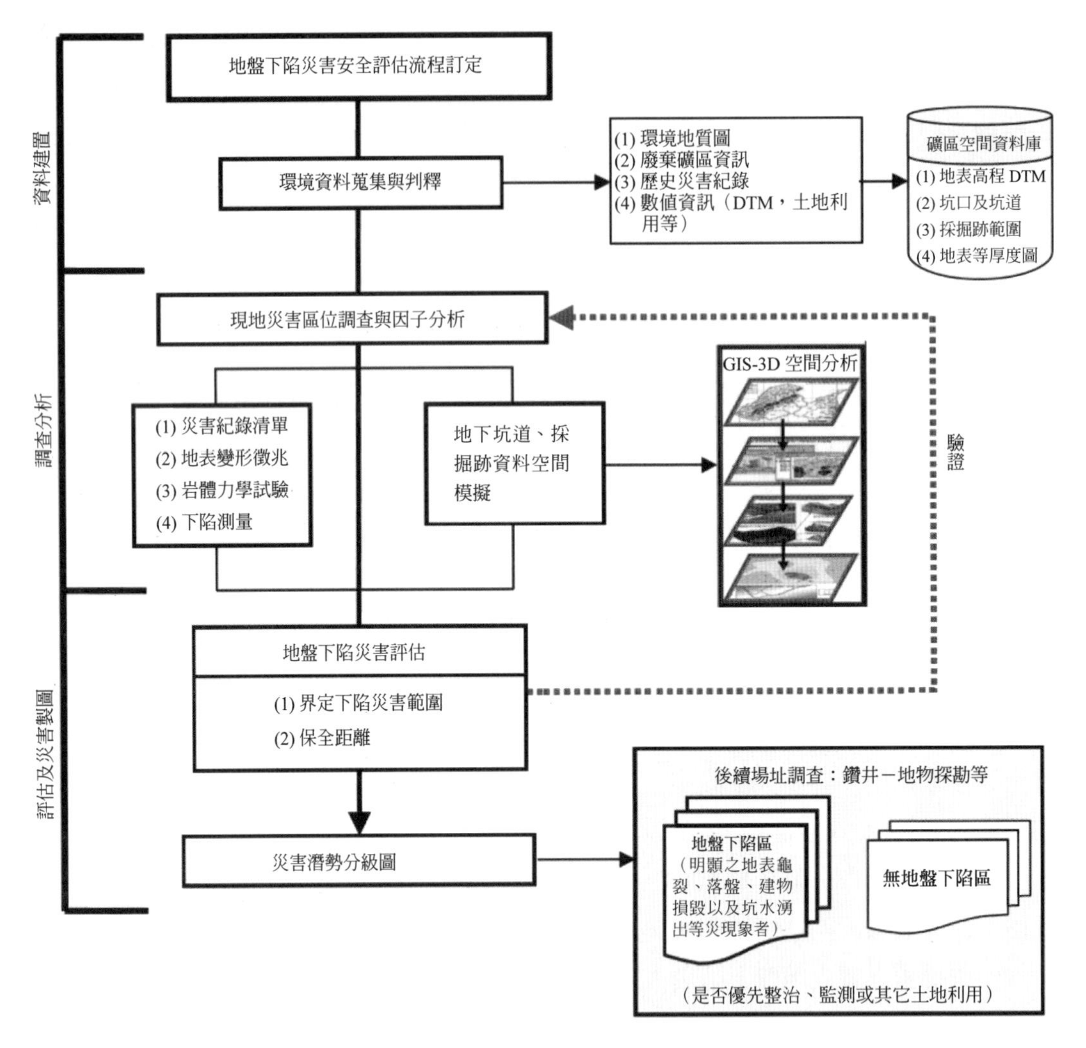

圖 13-3　台灣廢棄煤礦之地盤下陷災害安全評估圖

1. 文獻蒐集與地下坑口及坑道之高程資料補充建置：

文獻資料以有關煤礦調查之書籍（報告、圖幅）等、礦區坑道聯絡圖（即各礦區五千分之一分幅）爲主。台灣地區煤礦地下地質調查與開採有關資料以經濟部中央地質調查所及經濟部礦務局爲主要資料來源。

2. 現地災害調查與因子分析

本項工作部分包括先行推估地下採掘跡之下陷範圍，在套疊礦區坑道之相關空間資訊，以作爲現場調查災害徵兆之空間位置對比，然後再彙整成現地調查清冊。這階段包括了 (1) 現地訪談及災害現象調查；(2) 野外露頭岩石力學資料建立；(3) 現地下陷量水準測量等三部分。

(1) 現地訪談及災害現象調查

由於訪談當地居民或曾參與礦業人員可提供本項工作對該區是否有歷史災害紀錄或已發生災害之地表變形（如張力裂隙、滑動面）區位之資訊來源，因此透過現地地表徵兆或災害之紀錄與測量、歷史災害調查與訪談，可協助本計畫建立地盤下陷災害的歷史清單，以及相關地表徵兆之空間資訊圖層建立。

(2) 野外露頭岩石力學資料建立

本項工作爲煤礦之上覆岩盤相關岩力數據，如 RQD、單軸抗壓強度等資料建立，主要目的是希望能藉由案例之資料收集與試驗資料，提供地盤下陷災害驗證。

(3) 現地下陷量水準測量

以水準測量方法進行礦區之地表變形量監測，進而判釋地盤下陷區之範圍與模式驗證。這部分必須在地形允許範圍內進行測線規劃，尤其在垂直坑道上方之地表佈設測量基樁，其目的是驗證下陷量之數據與時間關係。

3. 地盤下陷災害潛勢評估

台灣因煤礦而造成地盤下陷之研究甚少，特別是這些區位多坐落於山坡地，或人煙稀少地區。須由具有調查經驗專家，以及政府的資訊協助方能進行。因此本書介紹兩種評估模式，一爲專家評估模式，另一爲 GIS 空間分析模式。之所以考量此二類模式共存，一方面主要係基於台灣廢棄礦區之地下空間資訊雖以數值化，然對其實際現地之分布區位、災害是否爲地下開挖而引發者？仍有待存疑及驗證。另一方面，對工程業界而言，每當工址開挖遇到地下爲舊有坑道存在，則必須耗費大量經費進行鑽井及相關地物探勘，以了解地下情形後，才能進一步施工規劃。

(1) 專家評估法

美國俄亥俄州交通局（DOT）於 1998 年出版之「Manual for Abandoned Underground Mine Inventory and Risk Assessment」即是專家評估模式，其分爲三階段：初步篩選、細部場址評估，以及監測規劃。本書僅介紹其原手冊中之細部場址評估（detailed site evaluation）階段之因子權重標準，專家評估因子分爲下列五項（D_1~D_5），其中 D_3 因子爲未固結層與基岩的比値，此項因子與 D_1、D_2 重複，本文並未採用。現將各因子說明其賦予其標準及權重參見表 13-10。專家評估法經由上述因子訂定後（表 13-10），可進行對某一場址之地盤下陷災害安全評估，分數愈高代表災害潛勢愈高。

表 13-10 專家評估法之各項評估因子尺度分級與權重賦予

廢棄坑道之地盤下陷災害場址評估規範項目簡表			
評估項目	分級尺度之評分		
	有利條件 ←		→ 不利條件
D_1 上覆（最小）岩層厚度和最大開挖厚度（高度約 2m）之比值（權重值 40%）	1	5	10
	比值 > 50（取 100m 厚）	比值 15~50	比值 < 15（取 30m 厚）
D_2 上覆（最小）岩層厚度（權重值 40%）	1	5	10
	（> 300 呎）> 100m	30m~100m	（< 100 呎）< 30m
D_4 礦山的地質問題（包括岩體強度、DSR、構造影響等）（權重值 10%）	1	5	10
	I 、II（岩體強度分級）	III 、IV（岩體強度分級）	V ~ VII（岩體強度分級）
D_5 最近（近期）的排水（權重值 10%）	1	5	10
	乾	濕或積水	湧泉

(2)GIS 評估模式

GIS 評估模式則需較細緻之現地測量資料，如地表水準測量可提供較準確之地表高程數據。此外也須座標系統校正過之廢棄坑道數值空間資訊，如此才能對該廢礦場址分析更精確之地下 3D 位態，如上覆岩盤等厚圖、坑道沿伸方向以及煤層分布位態等。最後再推估其可能之下陷範圍，以提供大地工程業界之重要參考。GIS 評估模式如圖 13-4 所示，主體評估因子部分是前述之上覆岩體等厚圖（亦為推估下陷量之重要參數），再將下陷推估模式於 GIS 進行運算，算出推估等下陷量圖層，以界定下陷範圍。

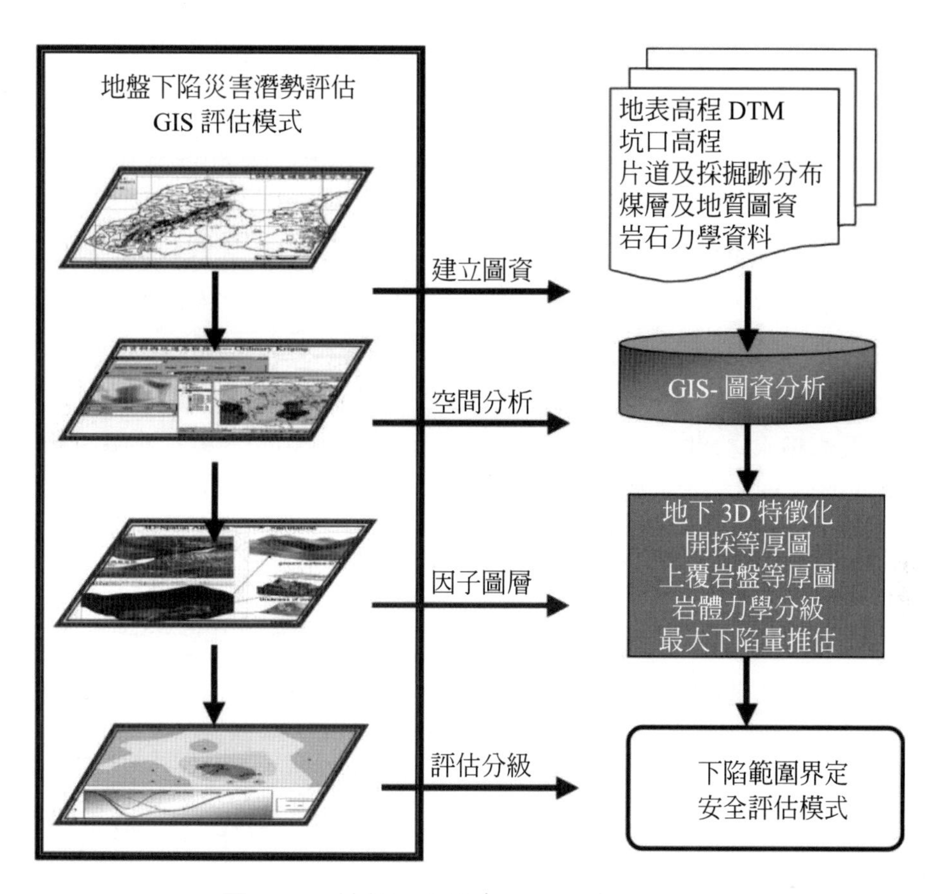

圖 13-4　地盤下陷災害 GIS 安全評估流程

（二）礦坑地盤下陷的防治處理

對於礦坑造成的地盤下陷在地下及地表之處有下列幾種的防治處理方式。

1. 須先調查了解地下礦坑開採或工作面之過去與現況之情形，並進行潛在安全評估後，選擇防治處理之方法。
2. 調查評估下陷區的下陷角與下陷範圍以及研訂安全退縮距離。
3. 在潛勢下陷區之地表危險地帶進行結構物的改善，以利安全。
4. 在下陷地區的建築物結構可採用柔性或剛性設計，若爲剛性設計，其基礎採用格式筏基爲佳，且筏基設計須厚而強勁，並以鋼筋強化。另外樁基或墩基，其基礎須打到廢棄礦之下方。
5. 使用加強的鋼骨樁打入礦坑工作室下的堅硬岩盤。
6. 在地下坑內設置保留礦界或防水柱以利支撐與防水。

7. 對於礦坑的基礎處理，淺礦洞採用開挖回填法以及較深礦洞則用灌漿法。但灌漿法仍常被使用。一般灌漿使用水泥強固的飛灰或砂石漿。通常需打鑽孔至規劃的作業面，後摻入砂、土、礫塊石以充填空洞處與岩盤，灌漿範圍約自建築物之基礎向外側擴張至礦層深度的 0.75 倍距離，及延伸至周圍地帶，以利穩定。
8. 在灌漿計畫中，須對灌漿孔的布置及順序以及灌漿液的配製成分研究評估。為了局限填充灌漿液，必須建立一道圍堵牆，以防止漿液流失；對於較大空洞，需添加大礫石於漿液中，增加錐體安息角及避免漿液流失。
9. 在地表覆蓋較深的採煤區，自地表灌溉甚不經濟，必須有些預防措施，以防止大量湧出及高壓水之危險，可採用保持開挖面前 20 ～ 30 公尺安全距離的前進鑽探方式，以防範地下水體。
10. 若礦坑工作面含水體，需在灌漿處設置排水缺口，讓水排出，以防止年久礦坑塌陷。
11. 大量的灌漿方式將會改變地下水流向及岩盤的孔隙率與透水性，甚至聚集水體或湧水，須慎思考慮處理。
12. 廢棄坑口須以回填封閉，回填豎井時保持礦坑內地下水流通及防止較細物質流失，豎井底部常以塊石填充，再在塊石上方填充回填土料，最後於近地表處加上混凝土板封蓋，以及回填土料回復地表舊觀。回填處理斜坑及水平坑時，先在坑道深處設封填段，一般由混凝土構成，目的在抵擋填土壓或上方水壓，之後再以一般回填土填塞坑道；回填至洞口近處，再以水泥牆封堵，最後回復地表舊觀。若洞口有水流出，則設置排水設施，以利將坑內水排出。
13. 對於地表下陷的處理，多先以碎石物質回填，再在地表上覆土處理。
14. 尤其地表較嚴重的下陷區，經安全評估危險性後，可決定以處理方式或須作土地其他利用之改變用途。
15. 經安全評估後，若屬低潛勢危害地區，可考慮以工程方法處理。

習題評量

1. 試述環境地質調查應進行的基本地質項目有哪些？
2. 對於環境地質調查後，其結果產生或衍生的相關圖幅有哪些？
3. 討論環境地質調查評估之成果報告應涵蓋的內容。

第十四章　環境影響評估

一、前言

在追求經濟成長的歷程中，卻普遍的忽略了環境保護的工作，以致於造成環境汙染與自然生態破壞的嚴重後果，明顯的降低了國民的生活品質，影響民眾身心健康，甚至於危害了整個自然資源的永續利用。基於以上原因之考量，建立一良好的環境管理制度與政策，同時整合各項科學技術，包括政治、經濟、社會等各層面之考慮，以謀求環境保護與經濟發展之整體平衡極爲必要。而環境影響評估制度之實施，即在於透過預測、評估過程，以發現開發計畫之潛在衝擊，並運用科技使計畫之實施對自然環境及人文環境之負面影響減至最低，以期維護自然生態環境，並進而對環境作最有效之利用，達成環境健全之經濟發展和經濟健全之環境保育政策。

1960 年代歐美先進國家已經意識一味追求經濟成長，而置環境問題於不顧，未必能爲民眾爭取到福祉。由於工業發展及資源利用方式之不當，導致生活環境惡化，其結果不但需要額外投資，用以建造並維護汙染處理設備，而資源的損失更是得不償失。權衡兩者得失，環境影響評估觀念乃爲流行。此制度創始於美國，由於其對環境問題之解決，具前瞻性、建設性意義，遂逐漸廣爲世界各國所接受與仿效。

環境影響評估係指在某一特定的開發行爲進行之前，就該開發行爲對於生活環境、自然環境、社會環境與經濟、文化、生態等可能造成之影響類型、程度及範圍，予以科學、客觀、綜合的調查、預測、分析與評估，並據以提出管理計畫，之後公開說明，付諸審查，以作爲決定該開發行爲可否進行之決策參考依據，其目的乃在於透過環境管理制度的建立，以求得開發與環境保護的兼顧。環境影響評估就是對所有新建設的工程，可能對環境產生的不利影響和需要採取的措施，預先進行調查評估，徵求工程所在地居民和地方政府的意見，對原計畫進行修改，直到取得一致意見再開始建設，是一種導向性的評價，各國國家對環境影響評估的格式和規範有不同的要求。環境影響評估可能會極大的影響工程設計、投資和開工日期，但可以將工程對環境的不利影響預先降低到最小，減少以後的汙染治理費用。

二、環境影響評估內容

環境影響評估內容、項目與過程大致可區分爲開發行爲、環境變化及環境衝擊三部分。開發行為部分乃在於界定開發行為型態及其所影響之範圍，此一階段之過程大多集中於影響範圍內環境資料之蒐集；環境變化部分在界定、分析受開發行為影響因子，以及預測可能的改變程度；環境衝擊部分則是藉由開發後可能之環境狀態、衝擊減輕對策之效應與環境所能容受之條件的比較，評估開發行為的適當性，並進而作出決策。

任何的開發行為，必然會對於地表之地形和地質造成相當程度的改變，因此在環境影響評估當中，地形與地質因子是不可或缺的評估項目，此二項因子更需要詳細且審慎的分析與評估。環境影響評估工作包括第一階段、第二階段環境影響評估及審查、追蹤考核等程序。

依照環境影響評估法總則，下列開發行為對環境有不良影響之虞者，應實施環境影響評估，其包括：

1. 工廠之設立及工業區之開發。
2. 道路、鐵路、大眾捷運系統、港灣及機場之開發。
3. 土石採取，及探礦、採礦。
4. 蓄水、供水、防洪排水工程之開發。
5. 農、林、漁、牧地之開發利用。
6. 遊樂、風景區、高爾夫球場及運動場地之開發。
7. 文教、醫療建設之開發。
8. 新市區建設，及高樓建築或舊市區更新。
9. 環境保護工程之興建。
10. 核能及其他能源之開發，放射性核廢料儲存或處置場所之興建。
11. 其他經中央主管機關公告者。

環境影響評估法所稱不良影響，係指開發行為有下列情形之一者：

1. 引起水汙染、空氣汙染、土壤汙染、噪音、振動、惡臭、廢棄物、毒性物質汙染、地盤下陷，或輻射汙染公害現象者。
2. 危害自然資源之合理利用者。
3. 破壞自然景觀或生態環境者。
4. 破壞社會、文化或經濟環境者。
5. 其他經中央主關機關公告者。

亦即開發行為有上述不良影響之虞者，即應實施環境評估。

開發行為依規定應實施環境影響評估者，開發單位於規畫時，應依環境影響評估作業準則，實施第一階段環境影響評估。開發單位申請許可開發行為時，應檢具環境影響說明書，向目的事業主管機關提出，並由目的事業主關機關轉送主管機關審查。

主管機關審查結論認為對環境有重大影響之虞，應繼續進行第二階段環境影響評估。

對環境有重大影響，係指下列情形之一者：

1. 與周圍之相關計畫，有顯著不利之衝突且不相容者。
2. 對環境資源或環境特性，有顯著不利之影響者。
3. 對保育類或珍貴稀有動植物之棲息生存，有顯著不利之影響者。
4. 有使當地環境顯著逾越環境品質標準或超過當地環境涵容能力者。
5. 對當地眾多居民之遷移、權益或少數民族之傳統生活方式，有顯著不利之影響者。
6. 對國民健康或安全，有顯著不利之影響者。
7. 對其他國家之環境，有顯著不利之影響者。
8. 其他經主管機關認定者。

亦即有上述情形者，應進行第二階段環境影響評估。

開發單位取得目的事業主管機關核發之開發許可後，逾 3 年始實施開發行為時，應提出環境現況差異分析及對策檢討報告，送主管機關審查。主管機關未完成審查前，不得實施開發行為。

開發單位變更原申請內容有下列情形之一者，應重新辦理環境影響評估：

1. 計畫產能、規模擴增或路線延伸 10% 以上者。
2. 土地使用之變更涉及原規畫之保護區、綠帶緩衝區或其他因人為開發易使環境嚴重變化或破壞之區域者。
3. 降低環保設施之處理等級或效率者。
4. 計畫變更對影響範圍內之生活、自然、社會環境或保護對象，有加重影響之虞者。
5. 對環境品質之維護，有不利影響者。
6. 其他經主管機關認定者。

三、環境影響評估之環境調查要項

基本上，環境影響評估階段對開發行為須進行環境調查的類別項目分述如下。

1. 自然資源：其包括地形、地質、土壤、水文、水質、氣候等。
2. 生態資源：包括動物和植物。
3. 人文與社會經濟：其包括人口、產業、土地使用、公共設施、交通、居民意見等。

4. 景觀資源。
5. 文化資源：其包括古蹟、遺跡、建築物、紀念物等。
6. 其他（空氣品質、噪音、振動、廢棄物、惡臭）。

（一）自然資源

1. 地形地勢

地形是地貌的同義字，在大區域的尺度下，它由平坦的平原到重山峻嶺，而在小區域尺度下，它則是起伏的土地或地平面的變化。由於地形深深影響微氣候、排水及水土保持、動植物分布及生長棲息、土地使用機能，及空間視覺等相對關係，因此是所有的環境規劃過程中不可忽略的重要因素。地形因子的調查分析應包括高程、坡度、坡向、山脊及山谷線等細項，這些資料對於開發環境常有決定性的影響。

(1) 高程：高程亦即基地環境的海拔測量標高。可以表現地形的方式，可以讓規劃者清楚看出基地及鄰近環境的地形變化及相對關係。
(2) 坡度：坡度係指一固定距離間的地形高度變化指數，以更明顯的高差比率呈現，更清楚反應一地區的地形變化。為使人類的開發與土地利用不超過限度，常以地形的坡度，來做為土地利用或設施設置之重要規範標準之一。
(3) 坡向：坡向分析有助於環境開發之地勢、水文、水流方向、植物生長及建築鄰棟之了解。
(4) 山脊山谷：主要在協助對基地地形坡向及集水區之了解。
(5) 大地形：大地形是用來描述大比例的區域地形，然而大地形對於區域特性、基地特性、方位、景觀及土地利用都有直接之影響。大地形主要包含河谷地形、溶蝕地形、荒漠地形、乾燥地形、冰川地形、海濱地形、火山地形與構造地形等。

2. 地質土壤

地質調查主要目的是為評估地質對開發區之可行性，使土地利用之規劃、設計、施工及維護有所依據。換言之，係為了了解地表及地下之土壤與岩層安定性，以期順利推動開發計畫。環境開發所關心的地質問題，大都起因於基礎承載力、邊坡穩定、地下水排水等考量，複雜地質條件使環境的開發經常發生不同的地質災害，如沉陷、位移、崩坍及土石流等問題。

地質調查時應考量的要項：①特殊地形或不穩定地帶：如沖積層及山崩等；②覆蓋層：土壤深度、組成物質、分布、固結度及透水性等；③基岩地層狀況：岩層類別、層序、年代、岩相、物理及化學特性等；④地質構造：型態、分布、斷層及不連續面等；⑤地下水情況：滲水位置及變化；⑥其他特殊異常之地質現象：如地熱、油氣、礦產等。

3. 水文、水質

環境基地鄰近的水資源不僅可提供區域內的飲水、灌溉、遊憩使用，相對的亦可能造成水患，影響微氣候，甚至整體規劃配置，由此可見水文因子在規劃中所扮演的重要性。

水文調查應包含要項：①調查每一水文體系及各水文體系之集水區域分界及河川等級；②調查水體的分布，並檢查水的品質；③調查河流及湖泊的季節變化，了解其洪流暴潮位及高低水位；④調查地下水的狀態（含水位高度及季節變化）；⑤調查基地之排水，了解基地內外水流流向及水量大小。水質調查對象以河川或其他水體環境基準規定之水質標準，以避免影響人類健康及生活環境。

4. 氣候

各地區皆有不同的氣候特性，這些不同的氣候因子，常對基地環境產生極大的影響，對環境規劃影響較鉅之因素有氣溫、降水、風、濕度、季節性因子等。

(1) 氣溫將有助於了解基地之居住及活動適宜性、植栽生長條件等特性。
(2) 降水調查應有基地鄰近氣象測站之 10 年內降水資料、年／月平均降雨日數量、日最大降雨量，及平均降雨強度等，將有助於了解基地之居住及活動適宜性、水資源可利用性、暴雨管理，及植栽生長條件等各項環境特性。
(3) 環境規劃上之基地調查應有月平均風速、年平均風速、瞬間風速、平均最大風速、強風日數，及每月風向、常年風向等基本資料。風速與風向之調查有助於了解居住及戶外活動之適宜性，以及建築物通風、傳熱等特性。
(4) 濕度有助於了解基地的居住或活動適宜度。因此在規劃設計上，應特別考量人體活動的舒適性與設施的維護。
(5) 日照是指太陽輻射直接日射地面的狀態，其會影響植栽的生長及建築的位置方向。
(6) 季節性的氣候特性，對環境造成極大的影響，故在進行規劃時應亦同時考量這些季節特殊因子與環境間的相對關係。

（二）生態資源

1. 動物

動物與植物合屬於基地環境中之自然物。由於各種棲地的不同，動物可概分爲陸生與水生動物兩大類，大部分動物均有其固定的棲地。在環境開發的過程中，常因規劃者未能深切了解規劃範圍內的動物棲地生態，而造成開發後對動物族群的重大衝擊，甚至導致許多野生動物瀕臨滅種。因此必須先對規劃基地範圍內及鄰近野生動物有深入的調查了解，方能規劃出對動物生態干擾最少的環境。

2. 植物

了解基地環境植物的組成與分布是極重要的，因植物除在景觀上扮演美學、生態及經濟的主要角色外，也同時是許多環境的組成元素，如土壤、水文等指標。因此，判斷出重要的植物種類及植群狀態，再經由現地分析出詳盡的分布與演替變化是爲環境開發的重要工作。

（三）人文與社會經濟

1. 地區沿革

對於已有聚落建設、開發之地區應對其發展歷史先行調查分析，以了解地方發展特色。

2. 土地使用

依規畫開發基地之範圍、區位進行其土地使用現況與計畫之調查比較，以引導地方之發展特色，並規範不適開發內容，但必須視整體環境開發或保護等需求而定。

3. 人口與產業結構

人口數量、年齡層、分布、性別特色等及地方產業發展（一級、二級或三級產業），可以反映地方開發程度之高低，可明顯呈現地方發展之趨勢。

4. 交通運輸

都市化現象與交通運輸密不可分，更因此基地環境開發之交通運輸考量包含地區大眾運輸系統（如高鐵、鐵路、公路、捷運、公車等）以及各級道路及路網型態與停車之供需狀況等，係協助環境發展的有利條件。

5. 公共設施

除道路外，公共設施中之公園、綠地、遊戲場、體育場所等之面積、數量與分布攸關地區之環境品質，另外，如垃圾掩埋場、焚化爐、汙水處理廠等雖屬鄰避設施，但亦為保障環境品質之必要考量。

6. 居民意見

環境影響評估制度必須包括公眾參與之規定，經公聽會的過程，民眾得有機會參與審核及評論開發者所提計畫。公眾參與提供了開發者或審核機構了解地方需要，民眾價值及反應的一個適切方式。

（四）景觀資源

景觀資源係一種綜合性資源，它涵蓋自然與人文資源之複合特質；它代表社會文化素質與政經穩定成長之新指標。景觀資源調查是就前述自然與人文社經資源所呈現之環境美質，是否具有保護保育之必要性或可妥善利用為休閒遊憩開發，或藉此強化為地方特色所進行之調查分析。如瀑布、溪流、山林等自然景觀或重要寺廟、古蹟、歷史建築、聚落等人文景觀，皆納入環境規劃之美學考量。

（五）文化資產

在環境開發區的調查，對於有形或無形的文化資產紀念物、傳統建築物、古蹟、遺跡等須特別注意，因這些資產可能會在開發行為造成保存狀態的破壞或影響。

（六）其他（空氣品質、噪音、振動、廢棄物、惡臭）

對於交通設施及建設工程開發需要進行的環境評估項目，除考慮自然環境因素外，尚需要調查評估的有因交通、工程建設造成的空氣品質、噪音、振動等公害問題，其程度和地域的廣度、影響範圍須作一調查評估、分析，以避免造成環境和社會的不安。

任何開發計畫，不論規模、性質，其所造成的廢棄物，若無適當規畫、控制、處理均可對廢棄物汙染源附近產生環境品質的惡化，甚至對土壤也構成不利的環境，若進一步處理不當，因其分解作用引發的惡臭更對公共衛生、人類健康及生活品質受到影響。

四、環境影響之預測評估

環境影響的預測評估，除預測環境品質之變化，如影響範圍、程度外，更重要的是變化之速率，快速的變化或變化幅度太大時，可能對生態系造成不可忍受之負擔。由於計畫的實施不僅對環境產生一系列深遠的影響，而影響因子間又具互動性，致使結果難以預測，且一些由人類活動所引起之環境變化，評估者應避免價值判斷以找出最能引起變化之因子，並就正、負面，長、短期影響加以評估。以環境影響之時空狀態而言，預測應包括三部分：

（一）計畫未實施前之環境狀況

環境變化的評估基礎爲現況之設定，最重要者爲選擇能代表現況之因子，這些因子的存在與環境狀況之關係甚爲重要。由於影響因子兼具複雜性、不可僅以調查描述狀況而必須長期監測資料始具可靠性及代表性。

（二）開發計畫不實施的環境狀況預測

爲了解開發計畫實施對環境品質之影響，對於無該計畫環境品質的自然演變，亦須加以分析、預測，需要各種不同專長的學科共同參與，其預測仍具某種程度之不確定性，但須予以量化，信賴可能發生之機率。

（三）開發計畫實施對將來環境品質影響之預測

開發計畫實施後之環境品質，亦如同前法加以預測，並與不實施開發計畫之環境品質比較，以判定其影響程度。

以下爲對於空氣、水、生物、社會等影響之系統性預測考慮到的問題舉例說明如下。

1. 空氣的影響預測

開發計畫實施是否產生空氣汙染，是否會使環境品質惡化？空氣品質現況（背景濃度）必須予以決定：區域空氣汙染擴散潛勢應予以決定，開發計畫所產生汙染物的排放量，及在各種氣象條件下所造成之地面濃度皆須計算。開發計畫對空氣品質的影響，可藉模式求得預測值與國家環境空氣品質標準比較，以決定汙染物的部分減量。

2. 水質的影響預測

開發計畫所產生之水汙染物型態及排放量、開發區現存水質狀況、決定地下水質及水量、水體（湖泊、河川、海洋）生物資料（如浮游動植物、pH 值、水溫）應加以決定。開發計畫區內主要點汙染源應加辨認，計畫區所有水汙染物排放後所造成下游濃度，以及水體之環境影響預測，包括每天水汙染量之增加率及預測濃度和現有水質標準比較。

3. 生物環境的影響預測

說明開發計畫區內所發現之動植物，包括組成型態及重要程度，辨認稀有及瀕臨絕滅之物種，並討論其相關特性，生物族群在計畫未實施前之自然演化，應加以確定，開發計畫對生物環境之預測，不僅須預測個別物種，還須預測整體族群／生態系之變化。

4. 社經環境的影響預測

社經因子與其有關之環境考慮事項應加辨認，各不同替代方案對因子變化之預測，變化較為明顯之社經因子必須加以確認及預測。

五、環境監測

對於環境評估的各項階段，產生的影響危害以及環境保護的效果必須進行環境監測來追蹤了解。由此可見，環境影響評估很依賴環境監測的準確性及可靠性。環境監測是使用能反應對象物質特性的儀器和其他手段，測量環境變化的過程。另外，環境汙染瞬間值的求得和一定期間累積值的計算，其方式也截然不同。

為解決環境問題，進行環境評估的各項監測，蒐集資料並予以解析，使測定更有效的發揮其功能。環境監測的目的可分為下列四種：①汙染發生源的監測，②環境汙染狀態的監測，③受汙染影響的監測及④環境對策的效果。

（一）汙染源的監測

根據對汙染物質、噪音、振動等因子的排放源和排放後汙染因子的監測，才能清楚汙染排放量及汙染因子的情況。監測內容為汙染物質的瞬時濃度，單位時間內的排放量以及汙染物質的大小、形狀、分布等物理性質。根據監測結果及環境汙染源對策，決定對汙染源之優先控制。在判定防止汙染技術對汙染源效果和確定汙染排放標準時，可根據監測結果實行對汙染源的控制。

（二）環境汙染狀態的監測

這種監測是對受汙染因子影響的被害主體所進行的監測，對存在於一定環境裡的汙染物質量及其汙染狀態的監測。爲了研究時刻變化的汙染物質量、汙染物質濃度及其狀態，都必須隨時要監測。監測結果作爲判定環境汙染機制方面的數據，也可作爲判定環境汙染源及評定防止汙染措施效果的依據。

（三）受汙染影響的監測

爲了調查人體、動植物遭受汙染的原因，是由汙染因子所引起，要對受害主體的變化進行監測。藉由監測可以了解汙染在大區域和小區域之間影響的關係，進一步確定汙染因子造成影響的敏感性。

（四）環境對策的效果

對於環境對策及監測對策實施效果，應注意監測相關特性，如客觀性，迅速性和廣泛性等及其與各項監測範圍的對應關係。

六、環境影響評估之作業程序與報告

（一）環境影響評估之作業程序

一般而言，環境影響評估的作業程序可包括下列各項步驟：

1. 當開發單位向主管單位提出申請時，便由主管單位對計畫可能的環境影響做初步檢查，經初步檢視後，產生三種結果：
   (1) 沒有明顯環境影響，或修正後沒有明顯影響者，主管機關准其進行後續步驟。
   (2) 環境影響不明確者，應由計畫申請者提供初步環境評估，再決定是否需要做環境影響評估。
   (3) 有潛在環境影響者即應進行環境影響評估。
2. 計畫一經決定要做環境影響評估後，便由主管機關或環境部門召集開發者、學者專家、民眾代表共同擬定評估範疇及考慮可能被影響之環境因子。

3. 研訂綱要，此項綱要係由有關機關、專家、民眾共同研訂的，其內容包括前述所擬的範疇及其他有關作業程序、準則、表格、條件、審議等項，以供辦理環境影響評估者有所遵循。
4. 進行完成環境影響評估報告書。
5. 公眾參與評估範疇之擬定，直到影響評估報告產生後之審查，每一階段都可參與。公眾參與的方式包括問卷調查、公告、公聽會等。最後進行之正式公聽會有助於計畫開發者向公眾解釋計畫的必要性及可能的環境影響，同時可將民眾意見納入考慮。
6. 當評估報告書充分與民眾交換意見後，便開始正式審查，審查意見可以有下列各種情形：①依計畫進行；②計畫修正後進行，或在某種監視條件下進行；③取消該計畫。
7. 環境影響評估進行者及審查者，只能對計畫執行與否提供意見而無權做決策。

（二）環境影響評估審查作業流程

有關環境影響評估之審查作業流程參見如下（圖 14-1 環境影響評估審查作業流程圖）。辦理說明會及處理民眾意見→提出環境影響說明書→轉送環境影響說明書至環保機關→環保主管機關審查委員會→有重大影響之虞進入第二階段環境影響評估→說明書分送有關機關舉行公開說明會→辦理評估範疇界定→撰寫環境影響評估報告書初稿→辦理現勘及公聽會→轉送環境影響評估報告書初稿至環保機關→環保主管機關審查委員會→審查結論公告並刊登公報

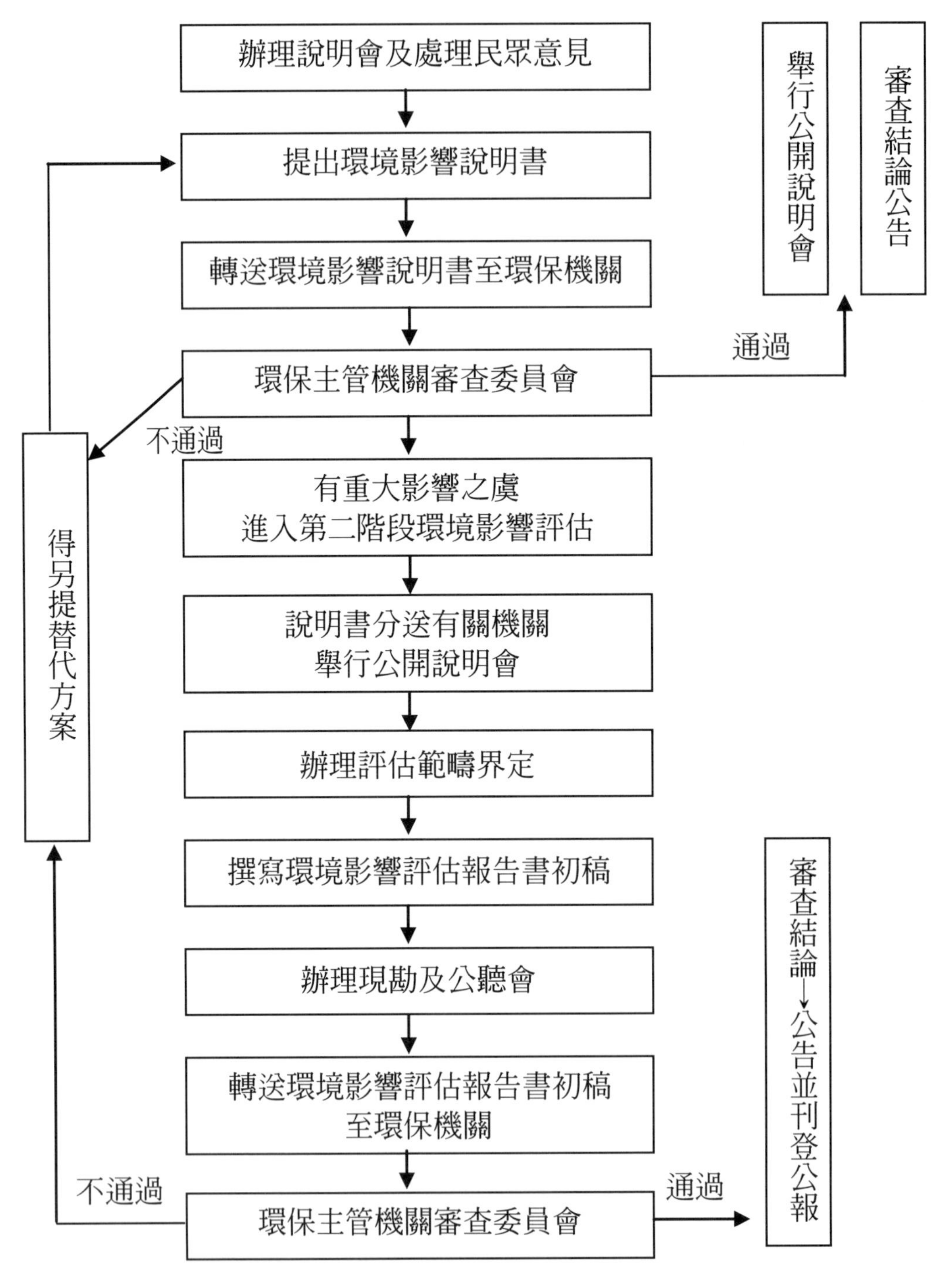

圖 14-1　環境影響評估審查作業流程圖

（三）環境影響評估報告

環境影響評估為預防及減輕開發行為對環境造成不良之影響，經指定公告的開發行為須實施環境影響評估，並藉資料的公開與民眾的參與，達成開發前溝通的目的。環境影響評估的內容應包括開發期間及開發完成後對環境的影響。

環境影響評估文件依開發計畫之性質、規模及影響程序不同而有兩類：

（一）環境影響說明書，主要目的有二：說明計畫內容及環境特性及辨認是否需做更深入研究，換言之，環境說明書扮演決策過程之中間角色。其大致綱要包括：①計畫區環境背景狀況，②計畫內容（包括計畫範圍及規模等）及目的，③詳細工作計畫流程（規劃、建造、施工至完成）、影響，④環境保護對策、替代方案。

有關環境影響說明書之撰寫內容一般涵蓋：

1. 開發計畫案的概述：對於開發工作對象、明確說明計畫目的、內容，並對其特性加以分析。
2. 開發對象之特性：對於開發計畫對象，在環境範圍中，加以設定其空間、時間、社會及生態的範圍。
3. 環境影響：開發計畫所產生的各種可能影響。
4. 背景調查：對環境現況做各方面的調查。
5. 影響的預測：利用模擬模式等方式，來預測因開發工作，或因計畫所造成對環境之影響。
6. 影響的評估解釋：評估解釋某種影響特質的重要性，詳述直接、間接效應、正負面效應，及有利、不利效應等，並加以比較。
7. 保護對策及替代方案的提出：當可能的不良環境影響被預測時，研究有無緩和的辦法，及加以評估。此外要建立監視系統，以確保計畫在進行或操作時的安全標準，並檢視影響的預期效果及提前的防範。

（二）環境影響評估報告，其綱要內容包括：①計畫區環境背景狀況、②計畫內容及目的（含替代方案）、③有無計畫未來環境狀況之預測及評估（預測模式、評估基準）、④減輕不利影響對策、⑤施工中及運轉後有關之環境管理監測計畫、⑥確認大眾關切事項。

兩者之間不同，主要在於報告的詳實程度。在環境影響評估文件準備之前，計畫申請人應考慮兩項和計畫相關重要問題。環境影響說明書與環境影響評估報告書之區別在於前者係為先期規劃敘述為主，型式簡單，為計畫不具結論的說明文件；而後者之內容較為詳盡、明確，其包括影響預測、評估、對策、替代方案等，具有結論及可作爲決策性的文件。

「環境影響說明書」即第一階段環境影響評估審查應提送之書件，「環境影響評估報告書」（初稿）則爲第二階段環境影響評估審查應提送之書件，而所謂之「環境影響評估報告書」係評估書（初稿）經主管機關審查做成審查結論後，開發單位依審查結論修正所作成之書件名稱。某「開發行爲」一旦經認定應實施環境影響評估後，應於申請許可時，檢具環境影響說明書，向目的事業主管機關提出，並由目的事業主管機關轉送主管機關審查（即第一階段審查）。主管機關於收件後五十日內，作成審查結論公告之，並通知目的事業主管機關及開發單位。倘審查結論認爲對環境有重大影響之虞，則應依規定繼續進行第二階段環境影響評估。

業者於先期規劃時（如可行性研究、先期作業等階段），應依環保署公告之「開發行爲環境影響評估作業準則」製作「環境影響說明書」，其應記載之事項如下：

1. 開發單位之名稱及其營業所或事務所
2. 負責人之姓名、住、居所及身分證統一編號
3. 環境影響說明書綜合評估者及影響項目撰寫者之簽名
4. 開發行爲之名稱及開發場所
5. 開發行爲之目的及其內容
6. 開發行爲可能影響範圍之各種相關計畫及環境現況
7. 預測開發行爲可能引起之環境影響
8. 環境保護對策、替代方案
9. 執行環境保護工作所需經費
10. 預防及減輕開發行爲對環境不良影響對策摘要表

「環境影響說明書」需送交核定或審議之目的事業主管機關，經轉送同級之環保主管機關約 50 天之審核，以認定是否應進行第二階段環境影響評估、如須舉辦公開說明會，並採納各方意見等，否則表示審查結案。開發行爲應否進行第二階段環境影響評估，係由各級主管機關所設之「環境影響評估審查委員會」，依其是否對環境有重大影響之虞及相關法規規定審查認定。經審查認定應繼續進行第二階段環境影響評估者，開發單位應辦理公眾閱覽及公開說明會等事宜，再經由環保主管機關辦理評估範疇界定會議後，據此編製「環境影響評估報告書初稿」。

「環境影響評估報告書初稿」應記載之事項如下：

1. 開發單位之名稱及其營業所或事務所。
2. 負責人之姓名、住、居所及身分證統一編號。
3. 評估書綜合評估者及影響項目撰寫者之簽名。

4. 開發行爲之名稱及開發場所。
5. 開發行爲之目的及其內容。
6. 環境現況、開發行爲可能影響之主要及次要範圍及各種相關計畫。
7. 環境影響預測、分析及評定。
8. 減輕或避免不利環境影響之對策。
9. 替代方案。
10. 綜合環境管理計畫。
11. 對有關機關意見之處理情形。
12. 對當地居民意見之處理情形。
13. 結論及建議。
14. 執行環境保護工作所需經費。
15. 預防及減輕開發行爲對環境不良影響對策摘要表。
16. 參考文獻。

「環境影響評估報告書初稿」同樣須送交核定或審議之目的事業主管機關，並由其辦理現場勘察及聽證會後，轉送同級環保主管機關審查，如經審核許可，業者須依照承諾事項及主管機關審查結論切實執行。

習題評量

1. 試述環境影響評估之環境調查要項內容有哪些？
2. 試列出環境影響評估審查作業之流程程序。
3. 試述環境影響評估報告應涵蓋的內容要點如何？

主要參考資料

工業技術研究院能源與礦業研究所（工研院能礦所，1988），環境地質資料庫應用手冊。

內政部營建署、台灣省政府建設廳、工業技術研究院能源與礦業研究所（1988），山坡地開發、建築、防災技術研討會。

何春蓀（1989），普通地質學，五南圖書出版公司。

林啓文、張徽正、盧詩丁、石同生、黃文正（2000），台灣活動斷層概論（第二版）五十萬分之一台灣活動斷層分布圖說明書，經濟部中央地質調查所。

徐鐵良（2000），地質與工程，中國工程師學會，科技圖書股份有限公司。

許泰文、張憲國（2001），永續的鑽石海岸—台灣海岸災害防救與永續利用規劃，經濟部水資源局。

張鏡湖（2002），世界的資源與環境，中國文化大學出版部。

陳淨修（1994），環境影響評估，千華圖書出版事業有限公司。

臺灣營建研究院（1998），山坡地開發技術，內政部營建署。

潘國樑（1993），應用環境地質學，地景企業股份有限公司。

環境與生態課程委員會（2008），環境與生態，中國文化大學出版部。

魏稽生（1991），我國用過核燃料長期處置計畫第二階段工作計畫—調查區域評選報告，工業技術研究院能源與資源研究所。

魏稽生（1999），核廢料處置與環境地質學，放射性廢料最終處置地球科學講座，行政院原子能委員會放射性物料管理局。

魏稽生、朱子豪、嚴治民、張智傑（2005），煤礦遺跡之潛在災害，地質 24 卷第 2 期，67-79 頁，經濟部中央地質調查所。

魏稽生、朱子豪、嚴治民（2007），一個潛在未知的地下問題：台灣煤礦地下開採之地盤下陷研究，工程環境會刊第 19 期，65-80 頁，中華民國工程環境學會。

魏稽生、嚴治民（2008），台灣的礦業，遠足文化事業股份有限公司。

魏稽生、嚴治民（2009），台灣礦業的一大問題—廢棄礦坑地盤下陷的安全評估，礦冶 53 卷第一期，27-37 頁。

薛益忠譯（2010），都市化與環境，中國文化大學地學研究所。

嚴治民（2011），台灣中北部廢棄煤礦地盤下陷潛勢分析，中國文化大學理學院地學研究所博士論文。

Keller, E. A. (2000), Environmental geology, Prentice-Hall, Inc.

Merritts, D. J., Wet, A. D., and Menking, K. (1998), Environmental geology, W. H. Freeman and Company.

網址：本書有關全球暖化、溫室、酸雨、臭氧、沙漠化、鹽化、熱島效應、懸浮微粒等部份資料，參考維基百科網站（2014-2015）。

索　引

四劃

五劃

六劃

七劃

八劃

九劃

十劃

十一劃

十二劃

十三劃

十四劃

十五劃

十六劃

十七劃

十八劃

十九劃

二十劃

二十一劃

二十二劃

二十三劃

二十四劃

二十七劃

國家圖書館出版品預行編目資料

環境地質學／魏稽生，嚴治民著．－－初版．－－臺北市：五南，2015.03

面；　公分

ISBN 978-957-11-8046-5（平裝）

1.環境地質學

350.16　　104002838

5I31

環境地質學

作　　者 — 魏稽生（409.4）　嚴治民
發 行 人 — 楊榮川
總 編 輯 — 王翠華
主　　編 — 王正華
責任編輯 — 金明芬
封面設計 — 童安安
出 版 者 — 五南圖書出版股份有限公司
地　　址：106台北市大安區和平東路二段339號4樓
電　　話：(02)2705-5066　　傳　　真：(02)2706-6100
網　　址：http://www.wunan.com.tw
電子郵件：wunan@wunan.com.tw
劃撥帳號：01068953
戶　　名：五南圖書出版股份有限公司

台中市駐區辦公室/台中市中區中山路6號
電　　話：(04)2223-0891　　傳　　真：(04)2223-3549
高雄市駐區辦公室/高雄市新興區中山一路290號
電　　話：(07)2358-702　　傳　　真：(07)2350-236

法律顧問　林勝安律師事務所　林勝安律師

出版日期　2015年3月初版一刷
定　　價　新臺幣360元

凝煉知識品味閱讀